Regelungstechnik

Eine Einführung für Ingenieure und Naturwissenschaftler

Von

Professor Dr.-Ing. Anneliese Böttiger

Mit 119 Bildern und 20 Tafeln

R. Oldenbourg Verlag München Wien 1988

CIP-Titelaufnahme der Deutschen Bibliothek

Böttiger, Anneliese:
Regelungstechnik : e. Einf. für Ingenieure u.
Naturwissenschaftler / von Anneliese Böttiger. – München ;
Wien : Oldenbourg, 1988
ISBN 3-486-20638-9

Druck: Grafik + Druck, München
Bindung: R. Oldenbourg Graphische Betriebe GmbH, München

ISBN 3-486-20638-9

Inhalt

Vorwort

Dieses Buch ist die Ausarbeitung und Erweiterung des Umdrucks zur Pflichtvorlesung "Regelungstechnik 1, 2, 3" für die Studenten der Fakultät für Elektrotechnik an der Universität der Bundeswehr München. Trotzdem ist es nicht nur für Elektrotechniker bestimmt. Es soll ebenso für Maschinenbauer und Physiker sowie gegebenenfalls für Mathematiker verständlich sein. Das Gebiet Regelungstechnik ist fachübergreifend; man könnte es als "Allgemeinwissen des Ingenieurs" einstufen. Dies wird deutlich, wenn man die erforderlichen Grundkenntnisse betrachtet. Wichtigste Voraussetzung ist eine solide mathematische Ausbildung in folgenden Gebieten: Gewöhnliche, lineare Differential- und Differenzengleichungen, Anwendung der Laplace-Transformation, Umgang mit komplexen Zahlen und Funktionen, sowie mit Vektoren und Matrizen. Daneben wird erwartet, daß die Grundlagen der allgemeinen Physik, der Mechanik und der Elektrotechnik (Elektronik und Antriebstechnik) noch greifbar sind. Mit dieser letzten Forderung wird eine große Schwierigkeit angeschnitten, mit der die Studenten oft kämpfen. Viele von ihnen denken sozusagen "in Schubladen"; es fällt Ihnen schwer, schon abgeprüfte Kenntnisse "herauszukramen" (aus verschiedenen Schubladen gleichzeitig) und anzuwenden. Aber gerade auf diese Vielseitigkeit und auf eine gewisse Flexibilität kommt es an. Durch das Loslösen von der Gerätetechnik und das Herausstellen des Prinzips, d.h. durch das Abstrahieren, lassen sich allgemeine Lösungen entwickeln, die dann dem speziellen Anwendungsfall angepaßt werden. Gerade im Fach Regelungstechnik haben die Studenten die Gelegenheit, einen "Blick über den Zaun" zu werfen. Denn sie werden oft gleichzeitig mit Fragen der Antriebstechnik, der Elektronik und des Maschinenbaus (Mechanik, Pneumatik, Hydraulik) konfrontiert und sind gefordert, ihre mathematischen Kenntnisse anzuwenden. Erst spät erkennen einige Studenten, wie interessant und vielseitig solch ein Blick über den Zaun sein kann.

Prof. Föllinger, Karlsruhe, führt diesen Gedankengang weiter. Auf seine Fragestellung, ob das Studium der Regelungstechnik neben der Ausbildung von Ingenieuren noch allgemeinere Gesichtspunkte vermitteln kann, sagt er u.a.: "Durch die Tatsache, daß die Regelungstechnik nicht an einen bestimmten Objektbereich gebunden ist, stellt sie eine Brückenwissenschaft dar. Indem sie zeigt, daß in materiell ganz verschiedenen Gebieten, wie Elektrotechnik (bzw. Ingenieurwissenschaften - Ergänzung der Autorin), Biologie, Wirtschaftswissenschaften, gleiche Strukturen vorkommen, die sich mit den gleichen Methoden behandeln lassen, weist sie Wege auf, Zusammenhang und Einheit in die Vielzahl der Vorstellungen zu bringen, und kann so zu deren Klärung und Ordnung beitragen. In einer Zeit des ständig wachsenden Wissenstoffes kann sie ein Hilfsmittel sein, mehr Zusammenhang, Ordnung und Klarheit in das Denken zu bringen!"

Nach einem weiteren Gesichtspunkt, in dem er auf "netzhaftes Denken" hinweist, schließ er ab: "In der Einprägung solcher Denkmethoden liegt ein über die Berufsausbildung hinausgehender Wert der Beschäftigung mit Regelungstechnik, sowohl für das Leben des einzelnen als auch für das Zusammenleben der Menschen und ihre Einbettung in das Naturganze" (Automatisierungstechnik 34 (1986), S. 143).

Dieses Buch wurde auf dringenden Wunsch meines Kollegen Prof. Dr.-Ing. A. Gottwald (Herausgeber der Reihe "Einführung in die Nachrichtentechnik") verfaßt. Die umfangreiche Schreibarbeit (Entwürfe und Reinschrift) sowie das mühsame Beschriften der Bilder und Diagramme wurde von Frau I. Moser übernommen. Ich danke ihr für ihren Einsatz, ihre Geduld und ihre Sorgfalt. Meinen (z.T. ehemaligen) Mitarbeitern, Frau Dr.-Ing. M. Riegel-Rauner, den Herren Dr.-Ing. A. Braun, Dipl.-Ing. A. Krügel und Dr.-Ing. D. Scheithauer, sowie unserer wissenschaftlichen Hilfskraft C. Kortbein danke ich für die Rücksichtnahme während dieser Arbeit, für die konstruktive Kritik und die Sorgfalt beim Korrekturlesen. Mein Dank gilt auch Herrn Dr.-Ing. W. Büttner von der Firma Siemens für wertvolle Hinweise. Meinem Kollegen Gottwald und dem Lektor des Verlages danke ich für die hilfreiche Beratung.

München, im Herbst 1987 A. Böttiger

1. Einleitung

Das Fachgebiet Regelungstechnik bildet die Grundlage zur Automatisierungstechnik. In der Automatisierungstechnik geht es um Prozesse, die automatisch, d.h. ohne ständiges Einwirken des Menschen, ablaufen sollen. Ein solcher Prozeß spielt sich beispielsweise in einem Dampfkraftwerk ab. Zunächst muß Dampf mit einer vorgegebenen Temperatur bei festgelegtem Druck bereitgestellt werden. Der Dampf treibt die Turbine mit einer bestimmten Drehzahl an. Die Turbine wiederum treibt den Generator, der eine vorgeschriebene elektrische Leistung mit konstanter Spannung und Frequenz ans Netz liefern muß. Alle Größen, die innerhalb von gegebenen Grenzen bleiben sollen, müssen überprüft und bei Abweichungen über Steuerelemente nachgestellt werden. Es sind daher Messungen erforderlich, auf deren Grundlage Abweichungen oder Fehler festgestellt werden. Aus diesen Fehlern wird der jeweilige Steuerbefehl zur Korrektur gebildet. Entsprechende Zusammenhänge lassen sich auch für verfahrenstechnische Prozesse (z.B. Ölraffinerie, Papier- oder Kunststoffherstellung) beschreiben.

So ist "Automatisieren" eine übergreifende und zusammenfassende Bezeichnung für "Messen-Rechnen-Steuern-Regeln". "Rechnen" beschreibt die Bildung der Steuersignale aufgrund von Meßsignalen nach regelungstechnischen Gesichtspunkten. Diese Aufgabe übernehmen Regler mit elektrischen, mechanischen, pneumatischen oder hydraulischen Elementen; heute werden vorzugsweise Mikroprozessoren oder Kleinrechner eingeführt. Regelungstechnische Gesichtspunkte sind vor allem Wirtschaftlichkeit, höchstmögliche Genauigkeit und Schnelligkeit. Die Wirtschaftlichkeit betrifft überwiegend die Konstruktion der eingesetzten Geräte, ihre Wartungs- und Betriebskosten. Die Genauigkeit stellt Anforderungen an die Empfindlichkeit der Meßgeräte und die exakte Einstellbarkeit der Stellgeräte. Die Forderung nach Schnelligkeit betrifft das gesamte System mit seinem dynamischen Verhalten. Die Untersuchung der Systemdynamik nimmt daher einen sehr breiten Raum innerhalb der Regelungstechnik ein. Dazu gehören z.B. die Bildung des mathematischen Modells aus den physikalischen Zusammenhängen, die Feststellung der Systemreaktionen auf bestimmte Anregungen und der Entwurf von Regelungsstrukturen zur Korrektur von Fehlverhalten.

Meistens gelingt es, ein komplexes System in kleinere Teilsysteme zu zerlegen. So könnte man im oben beschriebenen Kraftwerk die Turbine herausgreifen. Ihre Drehzahl hängt vom Dampfstrom und von der Belastung durch den Generator ab; eine Drehzahlkorrektur ist durch die Änderung der Dampfzufuhr möglich. Ein anderes Teilsystem ist der Generator. Seine Spannung wird durch die abgenommene Leistung beeinflußt. Die Korrektur erfolgt über die Erregung.

Jedes dieser Teilsysteme stellt einen Regelkreis dar. Diese Kreisstruktur entsteht durch die Rückführung (allg. "Feedback") der überwachten Größe zum Zweck des Vergleichs mit der Vorgabe. Somit sind wesentliche Aufgaben der Regelungstechnik die Beschreibung, Analyse und Synthese von dynamischen Systemen, die eine Kreisstruktur aufweisen. Die gerätetechnische Realisierung spielt dabei eine untergeordnete Rolle.

Wie jedes Fachgebiet hat auch die Regelungstechnik ihren eigenen Wortschatz. Einige wichtige Begriffe sollen anhand des folgenden Beispiels eingeführt werden. Bild 1.1 zeigt schematisch die Temperaturregelung eines Raumes. Das wichtigste Element ist der Radiatorregler mit dem Temperaturfühler auf dem Heizkörperventil. Der mit einer Flüssigkeit mit hohem thermischen Ausdehnungskoeffizienten gefüllte Temperaturfühler ist ständig der Luftströmung im Raum ausgesetzt. Ändert sich die Temperatur ϑ_R im Raum, so än-

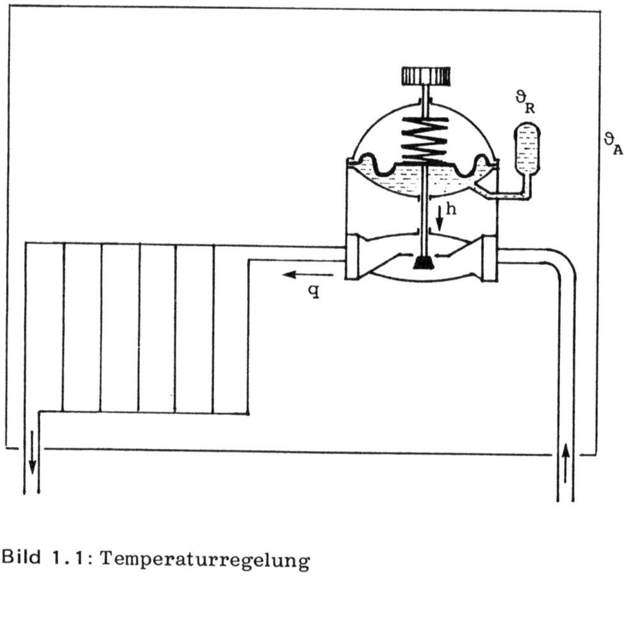

Bild 1.1: Temperaturregelung

dert sich auch das Flüssigkeitsvolumen im Temperaturfühler. Bei steigender Raumtemperatur dehnt sich die Flüssigkeit aus und bewegt dabei über einen Arbeitsstift (Hub h) den Kegel gegen die Kraft einer Rückstellfeder auf den Sitz zu. Bei hoher Temperatur erfolgt dichter Abschluß zwischen Sitz und Kegel. Bei fallender Raumtemperatur (z.B. durch den störenden Einfluß der Außentemperatur ϑ_A) verringert sich das Flüssigkeitsvolumen im Fühler, und die Rückstellfeder bewegt den Kegel vom Sitz weg, so daß mehr Heißwasser (Durchfluß q) durch das Ventil strömen kann.

Da solch eine gerätemäßige Darstellung die Funktionszusammenhänge nur schwer erkennen läßt, verwendet man eine Art "Funktions-" oder Wirkungsplan, Bild 1.2. Die physikalischen Größen, kurz Signale, werden als gerichtete Linien, die Geräte oder Elemente, die diese Größen umsetzen, als Blöcke gezeichnet. Dieser Funktionsablauf nach Bild 1.2 zeigt, wie die gegebene Federvorspannung als Kraft F_S gegen die Kraft F_M der Sensorflüssigkeit wirkt, d.h. die Differenzkraft $F_D = F_S - F_M$ bewegt den Arbeitsstift. Durch den Hub h des Arbeitsstiftes wird die Ventilöffnung verkleinert oder vergrößert und so der Heißwasserdurchfluß q gesteuert, der die Temperatur ϑ_R des Raumes beeinflußt. Über den Meßfühler erfolgt dann die Rückmeldung an die Membran des Ventilantriebes, so daß der Kreis geschlossen ist. Bild 1.2 zeigt die für eine Regelung typische Kreisstruktur, in der die Signale nur in der angegebenen Richtung wirken.

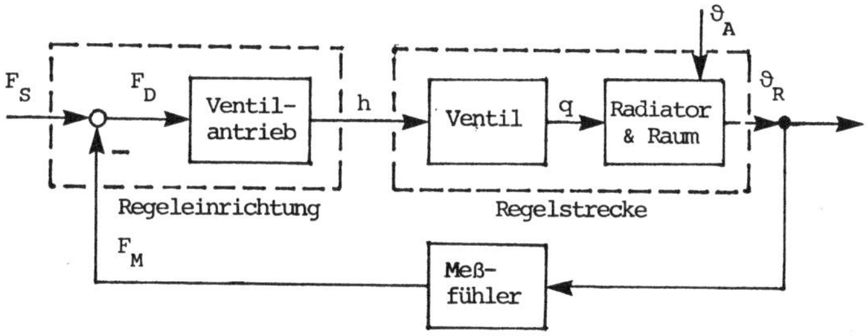

Bild 1.2: Funktionsablauf zu Bild 1.1

Um von einer speziellen Regelungsaufgabe unabhängig zu sein, verwendet man allgemeine Begriffe, vergl. Bild 1.3. Die vorhandene Anlage bzw. der Prozeß und der Meßfühler werden zusammengefaßt als Regelstrecke, deren Ausgangsgröße, die Regelgröße x (oder der Istwert), bestimmte Funktionen oder Werte einhalten soll. Die Vorgabe solcher Funktionen oder Werte erfolgt durch die Führungsgröße w (oder den Sollwert). Die Regeldifferenz e = w-x, gebildet durch den Soll-/Istwertvergleich, bewirkt im Regelverstärker (oder einfach Regler) die Stellgröße y, die die Regelstrecke in geeigneter Weise steuert. Die Störgröße z (es können mehrere Störgrößen auftreten, es wird jedoch nur die Anregung durch eine einzige untersucht) beeinflußt die Anlage so, daß x von dem vorgeschriebenen Wert abweicht und die Regelung korrigierend eingreifen muß. Nach DIN 19 226, Teil 1, ist das Kennzeichen einer Regelung der geschlossene Wirkungsablauf, bei dem die Regelgröße im Wirkungsweg des Regelkreises fortlaufend sich selbst beeinflußt. Mit dem Wirkungsplan nach Bild 1.3 lassen sich viele Regelungsaufgaben beschreiben; er wird den Regelkreisuntersuchungen in Kapitel 5 zugrunde gelegt. Jedoch genügt es nicht, die einzelnen Blöcke, allgemein Übertragungsglieder genannt, mit "Regler" oder "Regelstrecke" zu kennzeichnen. Man benötigt eine mathematische Beschreibung. Dazu wird im folgenden Kapitel das Werkzeug, das sind die möglichen mathematischen Ansätze, zusammengestellt. Darauf aufbauend werden die häufig vorkommenden Übertragungsglieder besprochen. Erst dann kann man daran gehen, die bekannten systemdynamischen Methoden und Verfahren im Regelkreis anzuwenden.

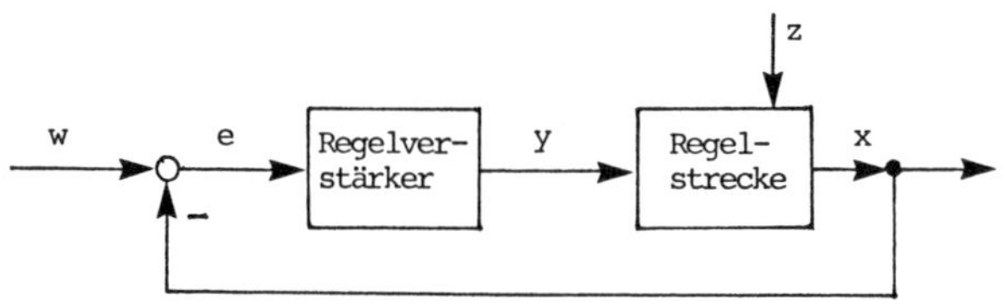

Bild 1.3: Allgemeiner Wirkungsplan eines Regelkreises

2. Mathematische Beschreibung von Übertragungsgliedern

Es geht hier um das Übertragungsverhalten von Übertragungsgliedern. Die Deutsche Norm DIN 19 226, Teil 2, definiert folgende Begriffe:

Übertragungsverhalten: Gegeben sei ein System mit den Eingangsgrößen $u_1(t)$, ..., $u_p(t)$ und den Ausgangsgrößen $v_1(t)$, ..., $v_q(t)$. Gelten für alle Eingangs- und Ausgangsgrößen die Voraussetzungen, daß

(1) $u_i(t) = 0$ für $t < t_o$ $\Big\}$ $i = 1 \ldots p$
(2) $u_i(t)$ Laplace-transformierbar
(3) $v_k(t) \equiv$ konstant, wenn $u_i(t) \equiv 0$ $\quad k = 1 \ldots q$

und existiert für alle Eingangsgrößen $u_i(t)$ eine eindeutige Zuordnung zu den Ausgangsgrößen $v_k(t)$ in der Form

$v_k(t) = \varphi_k[u_1(t), \ldots, u_p(t)] \qquad k = 1 \ldots q$

so heißt diese eindeutige Zuordnung das Übertragungsverhalten des Systems.

Übertragungsglied: Ein System mit den Eingangsgrößen $u_1(t)$, ..., $u_p(t)$, den Ausgangsgrößen $v_1(t)$, ..., $v_q(t)$ und dem Übertragungsverhalten φ_1, ..., φ_q heißt Übertragungsglied.

Die Eingangsgrößen lassen sich als Komponenten des Eingangsvektors $\underline{u}(t)$ auffassen; entsprechend bilden die Ausgangsgrößen die Komponenten des Ausgangsvektors $\underline{v}(t)$. Dann wird das Übertragungsverhalten durch die Vektorfunktion $\underline{\varphi}[\underline{u}(t)]$ beschrieben.

Man kann jedoch solche Mehrgrößensysteme (siehe Kapitel 7) zerlegen in Eingrößensysteme bzw. einfache Übertragungsglieder mit einem Eingangs- und einem Ausgangssignal. Bild 2.1 zeigt die symbolische Darstellung eines Übertragungsgliedes als Block in einem Wirkungsplan. Aus den physikalischen Zusammenhängen zwischen Eingangs- und Ausgangssignal sollen mathematische Ausdrücke zur geeigneten Kennzeichnung eines Übertragungsgliedes hergeleitet werden.

Bild 2.1: Übertragungsglied

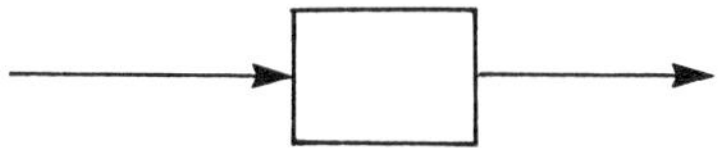

2.1 Allgemeine Beschreibung

Zur allgemeinen Beschreibung dient das mathematische Modell des Systems oder Prozesses. Der Übergang von der gegebenen Anlage oder dem Gerät zu einer schematischen Skizze ist schon der erste Schritt zur Bildung eines (vereinfachten) Modells. Das mathematische Modell erhält man im allgemeinen aus dem Ansatz der Bilanzgleichungen, z.B. aus Knoten- und Maschengleichungen für elektrische oder aus Kraft- und Momentengleichungen für mechanische Teilsysteme. Die allgemeine Beschreibung eines Übertragungsgliedes ergibt dann eine Differentialgleichung erster oder höherer Ordnung bzw. ein System von Differentialgleichungen erster Ordnung.

2.1.1 Aufstellen der Differentialgleichung

An einigen einfachen Beispielen sollen die Modellbildung und die Aufstellung der Differentialgleichungen gezeigt werden.

Beispiel 1, RC-Netz, Bild 2.2: Der Zusammenhang zwischen Eingangsspannung u und Ausgangsspannung v wird über die Knotengleichung bestimmt. Dabei werden die Ströme durch die Spannungen an den jeweiligen Elementen ausgedrückt, so daß $i_R = v/R$, $i_o = (u-v)/R_o$ und $i_C = C\, dv/dt$ ist. In die Knotengleichung $i_R + i_C = i_o$ eingesetzt, erhält man $v/R + C\, dv/dt = (u-v)/R_o$ und geordnet die Differentialgleichung erster Ordnung

$$v + C\,\frac{R\,R_o}{R+R_o}\,\dot{v} = \frac{R}{R+R_o}\,u \tag{2.1}$$

mit $\dot{v} = \dfrac{dv}{dt}$.

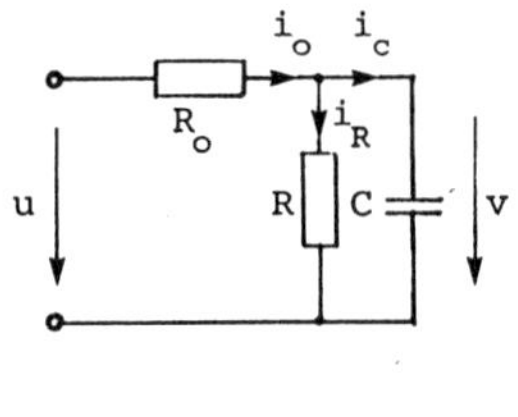

Bild 2.2: RC-Netz zu Beispiel 1

Beispiel 2, seismografischer Beschleunigungsmesser, Bild 2.3: Ein mechanischer Schwingkreis aus Feder (Konstante K), hydraulischem Dämpfer (Konstante D) und Masse m ist in einem Rahmen angeordnet. Dieser Rahmen ist z.B. in einem Fahrzeug befestigt und erfährt so die vertikale Beschleunigung u. Der Ausschlag v ist dann ein Maß für die Beschleunigung. Zur Beschreibung des dynamischen Verhaltens wird die Kraftgleichung angewendet, nach der die Summe der auf die Masse m wirkenden Kräfte verschwinden muß. Diese Kräfte sind die Federkraft Kv, die Dämpferkraft $D\dot{v}$ und die Beschleunigungskraft $m(\ddot{v}-u)$. Aus der Kraftgleichung ergibt sich dann die Differentialgleichung zweiter Ordnung

$$K v + D \dot{v} + m \ddot{v} = m u \tag{2.2}$$

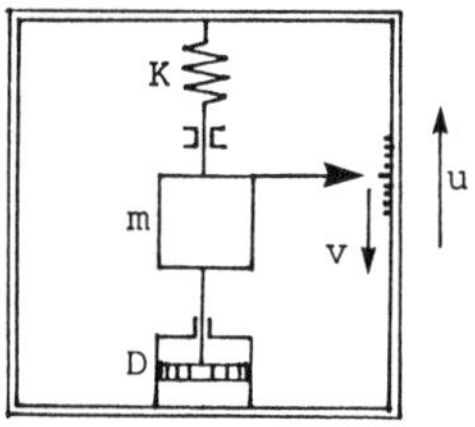

Bild 2.3: Modell eines seismografischen Beschleunigungsmessers zu Beispiel 2

Beispiel 3, Modell eines Gleichstromantriebes mit konstanter Erregung, Bild 2.4: Es handelt sich hier um ein elektromechanisches System. Für den Eingangskreis liefert die Maschengleichung

$$Ri + L \frac{di}{dt} + u_q = u \tag{I}$$

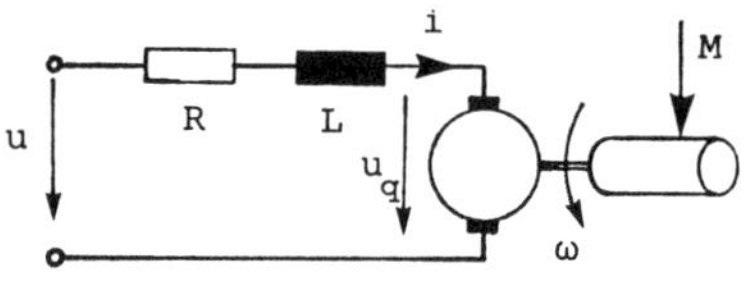

Bild 2.4: Modell eines Gleichstromantriebs zu Beispiel 3

Die Ankerrückwirkungsspannung u_q ist proportional der Winkelgeschwindigkeit ω der Welle, $u_q = Q\omega$ (Q Maschinenkonstante). Da die Winkelgeschwindigkeit proportional zur Drehzahl ist, wird in diesem Beispiel kurz von der Drehzahl ω gesprochen. Das vom Strom i erzeugte innere Moment $M_i = Ki$ muß folgende Momente aufbringen: das Beschleunigungsmoment $J\dot{\omega}$ (mit J als Trägheitsmoment von Anker und Last), das drehzahlproportionale Verlustmoment $V\omega$, sowie das Lastmoment M (einschließlich konstanter Verluste). Somit lautet die Momentengleichung

$$J \dot{\omega} + V \omega + M = K i \tag{II}$$

Durch Umstellung werden beide Gleichungen wie folgt geschrieben:

$$\frac{d\omega}{dt} = -\frac{V}{J}\omega + \frac{K}{J}i - \frac{1}{J}M$$
$$\frac{di}{dt} = -\frac{Q}{L}\omega - \frac{R}{L}i + \frac{1}{L}u \tag{2.3a}$$

Das sind zwei verkoppelte Differentialgleichungen erster Ordnung mit zwei Eingangsgrößen: Ankerspannung u und Lastmoment M, sowie zwei Ausgangsgrößen: Drehzahl ω und Ankerstrom i. Interessiert nur die Drehzahl ω als Ausgangsgröße, so formt man die Gleichungen (2.3a) um in eine Differentialgleichung zweiter Ordnung

$$(VR + QK)\omega + (VL + JR)\dot{\omega} + JL\ddot{\omega} = Ku - (RM + L\dot{M}) \tag{2.3b}$$

Zur Untersuchung solch einer Differentialgleichung läßt man jeweils nur eine Eingangsgröße wirken. Wegen der vorausgesetzten Linearität des Systems kann man dann beide Ergebnisse überlagern.

2.1.2 Formen der Differentialgleichung und Lösungsansatz

Aus den behandelten Beispielen, Gln (2.1), (2.2) und (2.3b), ergibt sich als Ansatz für eine gewöhnliche Differentialgleichung n-ter Ordnung mit u als Eingangs- und v als Ausgangsgröße

$$a_o v + a_1\dot{v} + a_2\ddot{v} + \ldots + a_n \overset{(n)}{v} = b_o u + b_1\dot{u} + \ldots + b_m \overset{(m)}{u} \tag{2.4}$$

wobei $\overset{(n)}{v} = d^n v/dt^n$. Für reale Systeme gilt $n \geq m + 2$, jedoch ist für abgegrenzte Frequenzbereiche auch $n \geq m$ möglich.

Die allgemeine Form zu Gl. (2.3a) ist ein System von n Differentialgleichungen erster Ordnung. Man verwendet dazu die verkürzte Vektor-Matrizen-Schreibweise (Vektoren als unterstrichene Kleinbuchstaben und Matrizen als unterstrichene Großbuchstaben). Oft ist der direkte Ansatz mit den Ausgangsgrößen selbst nicht möglich. Man verwendet dann Zwischengrößen als sog. Zustandsgrößen $(x_1, \ldots, x_n)$, zusammengefaßt als Spaltenvektor $\underline{x}$ und deren erste Ableitungen $(\dot{x}_1, \ldots, \dot{x}_n)$ als $\dot{\underline{x}}$. Die p Eingangsgrößen $(u_1, \ldots, u_p)$ bilden den Spaltenvektor $\underline{u}$. Man erhält so eine Vektordifferentialgleichung erster Ordnung

$$\dot{\underline{x}} = \underline{A}\,\underline{x} + \underline{B}\,\underline{u} \tag{2.5}$$

Die Systemmatrix $\underline{A}$ ist quadratisch mit n Zeilen und n Spalten, die Steuermatrix $\underline{B}$ hat n Zeilen und p Spalten. Die Ausgangsgrößen $v_1, \ldots, v_q$ als Vektor $\underline{v}$ werden über die Ausgangsgleichung berechnet: $\underline{v} = \underline{C}\ \underline{x} + \underline{D}\ \underline{u}$. In Gl. (2.3a) sind Zustands- und Ausgangsgrößen identisch: $v_1 = x_1 = \omega$, $v_2 = x_2 = i$ bzw. $\underline{v} = \underline{x}$. Die Eingangsgrößen sind $u_1 = M$ und $u_2 = u$. In Kapitel 7 wird auf diese Art der Systembeschreibung mit Hilfe von Zustandsgrößen näher eingegangen.

Für die bekannten Lösungsverfahren wird im folgenden Gl. (2.4) zugrunde gelegt. Die Lösung einer gewöhnlichen Differentialgleichung im Zeitbereich soll hier nur kurz angedeutet werden. Der Lösungsweg umfaßt drei Schritte:

a) Lösung der homogenen Differentialgleichung, d.h. für $u = 0$, und somit Bestimmung der Eigenbewegungen. Mit dem Ansatz $v_h(t) = e^{st}$ gilt $\dot{v}_h = s\,v_h$, $\ddot{v}_h = s^2 v_h$ usw. Eingesetzt in die homogene Differentialgleichung erhält man mit $v_h(t) \neq 0$ eine algebraische Gleichung n-ten Grades in s, die sog. charakteristische Gleichung

$$a_n s^n + a_{n-1} s^{n-1} + \ldots + a_2 s^2 + a_1 s + a_o = 0 \qquad (2.6)$$

Die Lösungen $s_1, \ldots, s_n$, die Wurzeln dieser Gleichungen, auch Eigenwerte genannt, beschreiben mit $v_{hj} = e^{s_j t}$ alle Eigenbewegungen, die das System (2.4) ausführen kann.

[Da die Koeffizienten $a_o, \ldots, a_n$ reell sind, treten komplexe Eigenwerte paarweise konjugiert auf. Sind zwei Eigenwerte gleich, $s_{j+1} = s_j$, dann sind die zugehörigen Eigenbewegungen $e^{s_j t}$ und $t\,e^{s_j t}$.]

b) Die Auffindung der stationären Lösung der Differentialgleichung, d.h. die Lösung $v_s(t)$, die nach langer Einwirkung von $u(t)$ - also für $t \to \infty$ - noch bestehen bleibt.

c) Die vollständige Lösung ergibt sich aus der Summe der beiden Lösungen unter Berücksichtigung der Randwerte:

$$v(t) = v_s(t) + \sum_{j=1}^{n} k_j\, v_{hj}(t)$$

Durch Einsetzen der n gegebenen Randwerte lassen sich die freien Konstanten k_j berechnen. Für regelungstechnische Probleme sind die Randwerte im allgemeinen als Anfangswerte gegeben, d.h. zum Zeitpunkt $t = 0$: $v(0)$, $\dot{v}(0)$, ..., $\overset{(n-1)}{v}(0)$.

Die Lösungen v(t) für standardisierte Eingangsfunktionen u(t) werden als Systemantworten in Abschnitt 2.3 vorgestellt.

2.1.3 Stationäre und strukturelle Eigenschaften

In den Abschnitten 2.1.1 und 2.1.2 wurden für die Behandlung von Übertragungsgliedern wesentliche Eigenschaften vorausgesetzt. Sie gelten für den größten Teil dieses Buches. Die wichtigsten dieser Eigenschaften sind Linearität und Zeitinvarianz.

Linearität

Für ein lineares Übertragungsglied gilt das Verstärkungs- und Überlagerungsprinzip:

> Bewirken die Eingangssignale u_1 und u_2 am Ausgang jeweils die Signale v_1 und v_2, dann bewirkt die gewichtete Überlagerung $u = k_1u_1 + k_2u_2$ am Ausgang die gleiche Überlagerung $v = k_1v_1 + k_2v_2$.

Ein reales Übertragungsglied kann diese Bedingung nicht uneingeschränkt erfüllen. Linearität kann nur in einem endlichen Bereich gelten, dem linearen Arbeitsbereich. Bild 2.5 zeigt die grafische Darstellung des stationären Übertragungsverhaltens als Kennlinie, nämlich die Ausgangsgröße v als Funktion der Eingangsgröße u. Kennlinie (a) beschreibt Linearität, die gepunktete Linie deutet die Sättigung an. Kennlinie (b) zeigt einen nichtlinearen Zusammenhang, für den das Verstärkungs- und Überlagerungsprinzip nicht gilt. Wenn sich u und damit auch v nur in einem engen Bereich Δu und Δv um den Arbeitspunkt (U_o, V_o) bewegen, kann eine Linearisierung vorgenommen werden. Für $v = f(u)$ gilt im Arbeitspunkt $V_o = f(U_o)$. Für einen kleinen Bereich Δu kann man näherungsweise schreiben

$$\Delta v = \left.\frac{df(u)}{du}\right|_{u=U_o} \cdot \Delta u$$

Bild 2.5: Lineare (a) und nichtlineare (b) Kennlinie eines Übertragungsgliedes

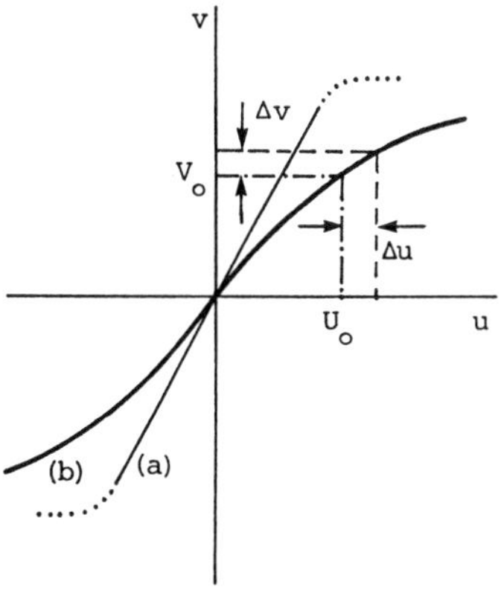

Der Übertragungsbeiwert ist damit die Steigung der Kennlinie im Arbeitspunkt. Die Steigung kann durch Linearisierung grafisch oder analytisch ermittelt werden, je nachdem wie f(u) gegeben ist. Eine dritte Möglichkeit besteht in der Bestimmung des Übertragungsbeiwertes durch Messung.

Gelegentlich kommen beim Zusammenführen von mehreren Signalen nichtlineare Funktionen vor, z.B. Multiplikationen oder Divisionen. Für die Funktion

$$v = f(u_1, u_2)$$

linearisiert man am Arbeitspunkt $V_o = f(U_{10}, U_{20})$, indem man das vollständige Differential bildet

$$\Delta v = \left.\frac{\partial f}{\partial u_1}\right|_{\substack{U_{10}\\U_{20}}} \Delta u_1 + \left.\frac{\partial f}{\partial u_2}\right|_{\substack{U_{10}\\U_{20}}} \Delta u_2$$

Aus einer Multiplikation wird eine gewichtete Addition und aus einer Division eine gewichtete Subtraktion der Signale.

Für Fälle, in denen nicht linearisiert werden kann (z.B. bei Unstetigkeiten) oder wenn man bewußt im nichtlinearen Bereich arbeiten will, müssen spezielle Verfahren für nichtlineare Übertragungsglieder angewendet werden (siehe Kapitel 8).

Zeitinvarianz

Ein zeitinvariantes Übertragungsglied genügt dem Verschiebungsprinzip:

> Bewirkt ein Eingangssignal u(t) am Ausgang das Signal v(t), so muß das um die Zeit T > 0 später einsetzende Signal u(t-T) das entsprechende Ausgangssignal v(t-T) zur Folge haben.

Diese Bedingung ist erfüllt, wenn sich die Parameter des Übertragungsgliedes (z.B. die Koeffizienten der Differentialgleichung oder die Bauelemente eines elektrischen Netzes) mit der Zeit nicht verändern, also konstant sind.

Als weitere Eigenschaft eines Übertragungsgliedes, das im Wirkungsplan (Bild 2.1) als Block dargestellt ist, wird Rückwirkungsfreiheit vorausgesetzt. Bei einer Kettenschaltung von zwei Übertragungsgliedern, siehe Bild 2.6, darf das zweite Übertragungsglied das erste nicht belasten. Oder: eine Änderung am Ausgang des Übertragungsgliedes darf das Eingangssignal nicht beeinflussen.

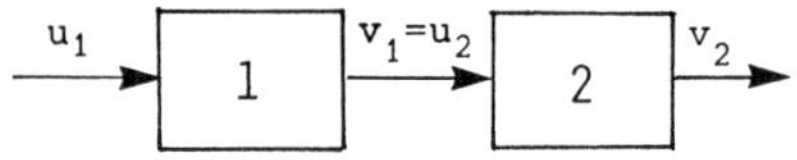

Bild 2.6: Kettenschaltung von zwei Übertragungsgliedern

In diesem Buch werden nur Systeme mit konzentrierten Parametern betrachtet. Das sind Systeme, die durch gewöhnliche Differentialgleichungen beschrieben werden. Ein elektrisches Netzwerk mit konzentrierten Elementen, wie z.B. Kondensatoren und ohmsche Widerstände, ist solch ein System. Dagegen werden Systeme mit verteilten Parametern durch partielle Differentialgleichungen beschrieben. Die Parameter dieser Systeme sind ortsabhängig, wie z.B. bei elektrischen Leitungen.

Die zu regelnden Anlagen sind kontinuierlich, d.h. ihre Vorgänge laufen zeitkontinuierlich ab. Deshalb werden überwiegend zeitkontinuierliche Beschreibungen vorgestellt und entsprechende Dimensionierungsmethoden behandelt. Die modernen Regelungen werden immer häufiger von Prozeßrechnern oder digitalen Reglern übernommen, die jedoch nur zu bestimmten Zeitpunkten Werte einlesen und ausgeben. Deswegen wird in Abschnitt 7.3 auf die zeitdiskrete Beschreibung als Differenzengleichung eingegangen.

2.2 Beschreibung mit Hilfe der Laplace-Transformation

Die Laplace-Transformation ist ein handliches Werkzeug zur mathematischen Behandlung von Differentialgleichungen. Eine Lösung ist jedoch nur für einfache Eingangsfunktionen möglich. So dient die Laplace-Transformation hauptsächlich zur Beschreibung des Übertragungsverhaltens für ein durch eine Differentialgleichung dargestelltes System.

2.2.1 Laplace-Transformation

Hier sollen nur die Ansätze besprochen werden, die für die folgenden Abschnitte wichtig sind. Im übrigen wird auf die einschlägige Literatur zur Laplace-Transformation verwiesen, z.B. /12/. Die Laplace-Transformation faßt die oben genannten Lösungsschritte a) bis c) zusammen, setzt aber das sog. Anfangswertproblem voraus, d.h. nur Werte zum Zeitpunkt t = 0 können vorgegeben werden. Für regelungstechnische Aufgaben ist dies keine Einschränkung, denn jeder Vorgang beginnt zum Zeitpunkt t = 0, zu dem auch der Zustand des betrachteten Systems bekannt sein muß. Somit wird mit der einseitigen Laplace-Transformation gearbeitet:

Das Signal x(t) wird aus dem Zeitbereich in den Bildbereich X(s) nach der Vorschrift

$$X(s) = L\{x(t)\} = \int_0^\infty x(t) e^{-st}\, dt$$

transformiert. Die symbolische Schreibweise dieser Transformation lautet

$$x(t) \circ\!\!-\!\!\bullet X(s)$$

Für die erste Ableitung

$$\dot{x}(t) \circ\!\!-\!\!\bullet \int_0^\infty \dot{x}(t) e^{-st}\, dt \tag{2.7}$$

erhält man durch partielle Integration

$$\dot{x}(t) \circ\!\!-\!\!\bullet s\, X(s) - x(0) \tag{2.8}$$

Für die j-te Ableitung gilt entsprechend

$$\overset{(j)}{x}(t) \circ\!\!-\!\!\bullet\ s^j X(s) - \sum_{k=1}^{j} s^{j-k}\ \overset{(k-1)}{x}(0)$$

Im Summenausdruck sind der Anfangswert und alle Ableitungen bis zur (j-1)-ten zum Zeitpunkt t = 0 (vor Beginn der Anregung) enthalten.

Die Laplace-Transformation gemäß obigem Ansatz wird nun auf die Differentialgleichung (2.4) angewendet mit $u(t) \circ\!\!-\!\!\bullet U(s)$ und $v(t) \circ\!\!-\!\!\bullet V(s)$. Man erhält

$$\sum_{j=0}^{n} a_j s^j V(s) - \sum_{j=1}^{n} \sum_{k=1}^{j} s^{j-k}\ \overset{(k-1)}{v}(0) = \sum_{i=0}^{m} b_i s^i U(s)$$

Diese Gleichung läßt sich formal nach V(s) auflösen

$$V(s) = \frac{\sum_{j=1}^{n} \sum_{k=1}^{j} s^{j-k}\ \overset{(k-1)}{v}(0)}{\sum_{j=0}^{n} a_j s^j} + \frac{\sum_{i=0}^{m} b_i s^i}{\sum_{j=0}^{n} a_j s^j} U(s) \qquad (2.9)$$

Der erste Ausdruck auf der rechten Seite ist die Laplace-Transformierte der nur durch gegebene Anfangswerte angeregten Eigenbewegung. Der zweite Ausdruck ist die Laplace-Transformierte der erzwungenen Bewegung, angeregt von u(t). Der gemeinsame Nenner ist das charakteristische Polynom; dieses zu Null gesetzt, ergibt die charakteristische Gleichung (2.6).

Die Lösung v(t) erhält man durch Rücktransformation von V(s) in den Zeitbereich. Dazu verwendet man Tabellen aus mathematischen Handbüchern oder Formelsammlungen. Im Anhang A1 sind einige Korrespondenzen der Laplace-Transformation zusammengestellt. Meistens muß der Ausdruck, der sich nach Gl. (2.9) ergibt, erst in eine für die Tabellen passende Form gebracht werden. Für $n \geq 3$ ist das mit erheblichem Rechenaufwand verbunden. Im übrigen gibt es nur wenige Funktionen u(t), für die die Laplace-Transformierte bekannt ist. Für regelungstechnische Untersuchungen ist es ohnehin nur sehr selten erforderlich, v(t) analytisch zu berechnen. Jedoch hat die Beschreibung von Übertragungsgliedern mittels der Laplace-Transformation einen großen Vorteil gegenüber der durch die Differentialgleichung. Im nachfolgenden Abschnitt wird darauf eingegangen.

Zuvor soll aber der Vollständigkeit halber die Laplace-Transformation auf Gl. (2.5) angewendet werden. Jede Komponente $x_j(t)$ des Vektors $\underline{x}(t)$ wird transformiert, so daß

$$\underline{x}(t) \circ\!\!-\!\!\bullet\ \underline{X}(s)$$

Für die erste Ableitung gilt dann

$$\dot{\underline{x}}(t) \circ\!\!-\!\!\bullet\ s\ \underline{I}\ \underline{X}(s) - \underline{x}(0)$$

wobei $\underline{x}(0)$ der Spaltenvektor aus allen Anfangswerten $x_1(0), \ldots, x_n(0)$ ist. Somit lautet Gl. (2.5) im Bildbereich

$$s\ \underline{I}\ \underline{X}(s) - \underline{x}(0) = \underline{A}\ \underline{X}(s) + \underline{B}\ \underline{U}(s)$$

Dabei ist $\underline{I}$ die Einheitsmatrix, deren sämtliche Elemente in der Hauptdiagonale 1 sind; alle übrigen Elemente sind 0.

Diese Gleichung wird nach $\underline{X}(s)$ aufgelöst

$$\underline{X}(s) = (s\ \underline{I} - \underline{A})^{-1}\ \underline{x}(0) + (s\ \underline{I} - \underline{A})^{-1}\ \underline{B}\ \underline{U}(s) \tag{2.10}$$

Auch hier enthält der erste Ausdruck die durch den Anfangsvektor $\underline{x}(0)$ angeregten Eigenbewegungen, der zweite Ausdruck die durch den Steuervektor $\underline{u}(t)$ angeregten erzwungenen Bewegungen. Aus der Inversion der Matrix $(s\ \underline{I} - \underline{A})$ erhalten beide Ausdrücke den Nenner $\det(s\ \underline{I} - \underline{A})$; daraus ergibt sich als charakteristische Gleichung für das mit Gl. (2.5) beschriebene System

$$\det\ (s\ \underline{I} - \underline{A}) = 0 \tag{2.11}$$

In der Regelungstechnik geht man davon aus, daß das System vor Beginn der Anregung in Ruhe ist und nur seine Reaktion auf die Anregung interessiert, also die erzwungene Bewegung.

2.2.2 Übertragungsfunktion

Die Laplace-Transformierte der erzwungenen Bewegung erhält man aus Gl. (2.9) durch Nullsetzen der Anfangswerte $\overset{(k-1)}{x}(0)$, $k=1 \ldots n$ (bzw. aus Gl. (2.10) mit $\underline{x}(0) = 0$):

$$V(s) = \frac{\sum\limits_{i=0}^{m} b_i s^i}{\sum\limits_{j=0}^{n} a_j s^j} U(s) = F(s) \cdot U(s)$$

mit der Übertragungsfunktion

$$F(s) = \frac{b_o + b_1 s + \ldots b_m s^m}{a_o + a_1 s + \ldots a_n s^n} \qquad (2.12)$$

Demnach braucht man im Bildbereich das Eingangssignal $U(s)$ nur mit der Übertragungsfunktion $F(s)$ zu multiplizieren, um das Ausgangssignal $V(s)$ zu erhalten, vergl. Bild 2.7. $F(s)$ beschreibt also das Übertragungsverhalten des zugehörigen Übertragungsgliedes. Gemäß ihrer Herleitung ist die Übertragungsfunktion nur eine andere Schreibweise für die Differentialgleichung mit dem Operator $s \mathrel{\hat{=}} \frac{d}{dt}$, der im Bildbereich als Faktor auftritt. Denn mit

$$F(s) = \frac{V(s)}{U(s)}$$

kann man aus Gl. (2.12) durch kreuzweises Ausmultiplizieren und Übergang in den Zeitbereich die Differentialgleichung in der Form (2.4) zurückerhalten.

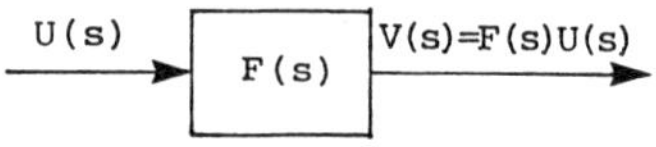

Bild 2.7: Übertragungsglied

Die Aufstellung der Übertragungsfunktion wird am Beispiel des Gleichstromantriebes (Bild 2.4, Beispiel 3) erklärt. Die Ausgangsgröße ist die Drehzahl $\omega(t)$ bzw. $\Omega(s)$, und als Eingangsgröße soll das Lastmoment M bzw. $M(s)$ gewählt werden (die Ankerspannung u sei konstant). Aus Gl. (2.3b) erhält man die Übertragungsfunktion, indem man zunächst die Zeitfunktionen und ihre Ableitungen durch die Laplace-Transformierten ersetzt, d.h. indem man Gl. (2.3b) umschreibt in die Form

$$(VR+QK)\Omega(s) + (VL+JR)s\ \Omega(s) + JL\ s^2\Omega(s) = -RM(s) - L\ s\ M(s)$$

und dann nach $\Omega(s)/M(s)$ löst

$$F(s) = \frac{\Omega(s)}{M(s)} = \frac{-(R+Ls)}{(VR+QK) + (VL+JR)s + J\ L\ s^2} \qquad (2.13)$$

Geht man von Gl. (2.3a) aus, so ergibt sich gemäß Gl. (2.10)

$$\begin{bmatrix} \Omega(s) \\ I(s) \end{bmatrix} = \begin{bmatrix} s + \frac{V}{J} & -\frac{K}{J} \\ \frac{Q}{L} & s + \frac{R}{L} \end{bmatrix}^{-1} \begin{bmatrix} -\frac{1}{J} \\ 0 \end{bmatrix} M(s)$$

Für die Ausgangsgröße $\Omega(s)$ erhält man dann

$$\Omega(s) = \frac{-\frac{1}{J}\,[s+\frac{R}{L}]}{(s+\frac{V}{J})(s+\frac{R}{L}) + \frac{QK}{JL}}\, M(s)$$

Dieser Ausdruck läßt sich leicht in die Form von Gl. (2.13) überführen.

Die Übertragungsfunktion (2.12) ist der Quotient von zwei Polynomen in s; der Nenner ist das charakteristische Polynom. Neben dieser Polynomform wird häufig die Produktform verwendet

$$F(s) = V\,\frac{(s-z_1)(s-z_2)\ \ldots\ (s-z_m)}{(s-s_1)(s-s_2)\ \ldots\ (s-s_n)} \qquad (2.14a)$$

mit den endlichen Nullstellen z_i aus $F(z_i) = 0$, $(i=1\ \ldots\ m)$, den Polen oder Eigenwerten s_j, $(j=1\ \ldots\ n)$, aus $F(s_j) \to \infty$ und dem Faktor $V = b_m/a_n$ aus Gl. (2.12).

Sind zwei Pole konjugiert komplex, d.h.

$$s_1 = \sigma_1 + j\omega_1 \qquad\qquad s_2 = \sigma_1 - j\omega_1$$

dann faßt man die beiden zugehörigen Elemente zu einem reellen, quadratischen Term zusammen

$$(s-s_1)(s-s_2) = s^2 - 2\sigma_1 s + (\sigma_1{}^2+\omega_1{}^2)$$

Für regelungstechnische Untersuchungen wird die Form

$$F(s) = K \frac{(1+T_{z1}s)(1+T_{z2}s) \; \ldots \; (1+T_{zm}s)}{(1+T_1 s)(1+T_2 s) \; \ldots \; (1+T_n s)} \qquad (2.14b)$$

bevorzugt mit dem Übertragungsbeiwert $K = b_o/a_o$, $T_{zi} = -1/z_i$ ($i=1 \ldots m$) und den Zeitkonstanten $T_j = -1/s_j$ ($j=1 \ldots n$). Im Fall von konjugiert komplexen Polen wird der quadratische Term zu

$$\omega_o{}^2(1 + 2d \frac{s}{\omega_o} + \frac{s^2}{\omega_o{}^2})$$

mit $\omega_o{}^2 = \sigma_1{}^2 + \omega_1{}^2$ und $\sigma_1 = -\omega_o d$.

ω_o ist die Kennkreisfrequenz, d der Dämpfungsgrad. In Abschnitt 3.2 wird auf das zuletzt genannte Element beim Übertragungsglied zweiter Ordnung besonders eingegangen.

Die Übertragungsfunktion F(s) wird als sog. Pol-Nullstellen-Konfiguration oder -Verteilung in der komplexen s-Ebene ($s = \sigma+j\omega$) grafisch dargestellt. Für den Gleichstromantrieb, Beispiel 3, hat die Übertragungsfunktion (2.13) eine Nullstelle, $z_1 = -R/L$, und zwei Pole s_1 und s_2. Die beiden Pole sind entweder negativ reell oder konjugiert komplex mit negativem Realteil, vergl. Bild 2.8.

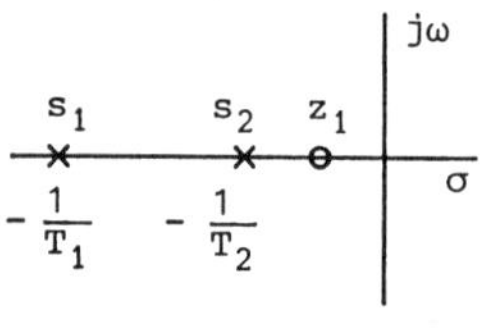

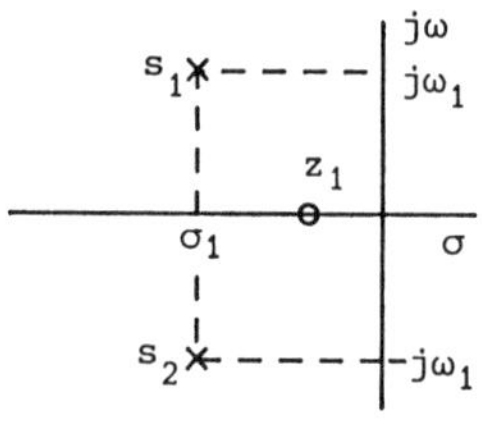

Bild 2.8: Mögliche Pol-Nullstellen-Konfiguration zu Beispiel 3
a) reelle und b) konjugiert komplexe Pole

Die Anwendung der Übertragungsfunktion erleichtert das Arbeiten mit größeren Systemen. Denn ein Wirkungsplan, der aus mehreren Übertragungsgliedern besteht, läßt sich schnell zusammenfassen. Man unterscheidet drei Grundschaltungen, die kombiniert in einem Wirkungsplan vorkommen können. In Bild 2.9 wird zu jeder Schaltung die Gesamtübertragungsfunktion hergeleitet, die zu folgenden Ergebnissen führt:

- Die Gesamtübertragungsfunktion einer Kettenschaltung oder Steuerkette ist das Produkt der Einzelübertragungsfunktionen.

- Die Gesamtübertragungsfunktion einer Parallelschaltung ist die vorzeichenbehaftete Summe der Einzelübertragungsfunktionen.

- Bei einer Kreisschaltung ist die

$$\text{Gesamtübertragungsfunktion} = \frac{\text{Übertragungsfunktion des Vorwärtszweiges}}{1 \underset{(-)}{+} \text{Kreisübertragungsfunktion}}$$

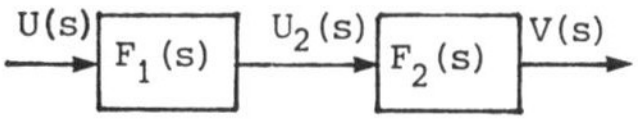

$$V(s) = F_2(s)U_2(s)$$
$$U_2(s) = F_1(s)U(s)$$
$$\underline{\underline{F_{ges}(s) = F_1(s)F_2(s)}} = \frac{V(s)}{U(s)}$$

Kettenschaltung oder Steuerkette

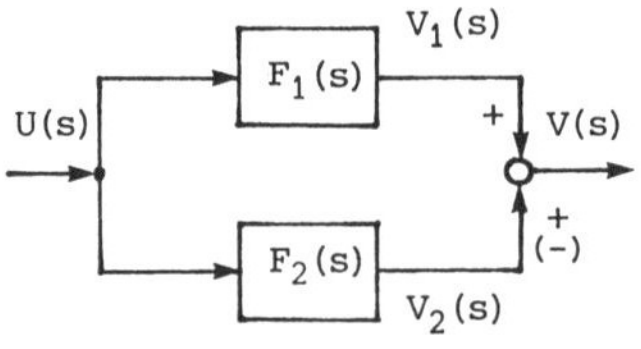

$$V_1(s) = F_1(s)U(s)$$
$$V_2(s) = F_2(s)U(s)$$
$$V(s) = V_1(s) \underset{(-)}{+} V_2(s)$$
$$\underline{\underline{F_{ges}(s) = F_1(s) \underset{(-)}{+} F_2(s)}} = \frac{V(s)}{U(s)}$$

Parallelschaltung

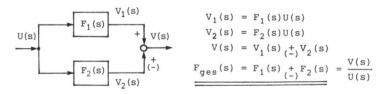

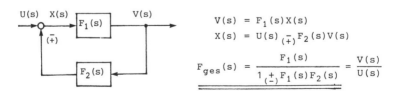

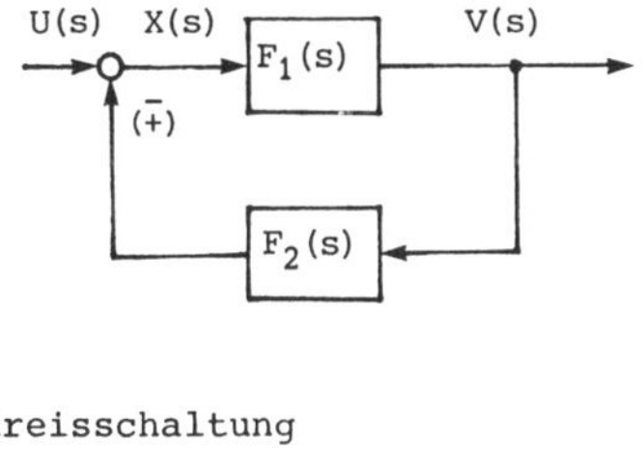

$$V(s) = F_1(s)X(s)$$
$$X(s) = U(s) \underset{(+)}{-} F_2(s)V(s)$$
$$\underline{\underline{F_{ges}(s) = \frac{F_1(s)}{1 \underset{(-)}{+} F_1(s)F_2(s)}}} = \frac{V(s)}{U(s)}$$

Kreisschaltung

Bild 2.9: Grundschaltungen im Wirkungsplan

Dabei ist die Kreisübertragungsfunktion das Produkt aller Einzelübertragungsfunktionen im Kreis. Das Pluszeichen gilt bei Gegenkopplung, die wegen des Soll-/Istwertvergleichs am Reglereingang in der Regelungstechnik fast ausschließlich vorkommt. Bei Mitkopplung ist das Minuszeichen einzusetzen.

Der Gleichstromantrieb eignet sich sehr gut als Beispiel für das Aufstellen und Zusammenfassen eines Wirkungsplanes. Transformiert man die Gleichungen (I) und (II) in den Bildbereich, indem man die Ableitung nach der Zeit durch den Faktor s bzw. bei Auflösung nach dem Strom i und der Drehzahl ω die Integration durch den Faktor 1/s ersetzt, so kann man schrittweise den Wirkungsplan, Bild 2.10, aufbauen. Er zeigt die funktionsmäßigen Zusammenhänge wesentlich besser auf als der Geräteplan in Bild 2.4. Beim Zusammenführen von Signalen wird nur das Minuszeichen rechts vom Pfeil in Signalrichtung angegeben. Bild 2.10 enthält Ketten- und Kreisschaltungen. Durch Zusammenfassen der inneren Kreise oder Schleifen erhält man Bild 2.11. Bildet man für den Eingang M(s) die Gesamtübertragungsfunktion $\Omega(s)/M(s)$, so ergibt sich Gl. (2.13). Wenn man zusätzlich den Eingang U(s) berücksichtigt, dann erhält man Gl. (2.3b) im Bildbereich.

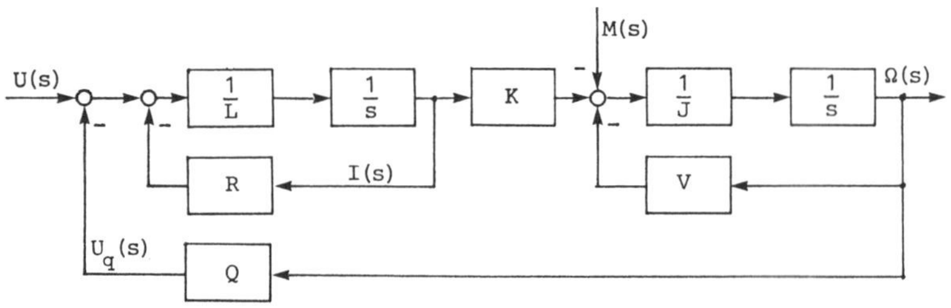

Bild 2.10: Wirkungsplan zu Beispiel 3

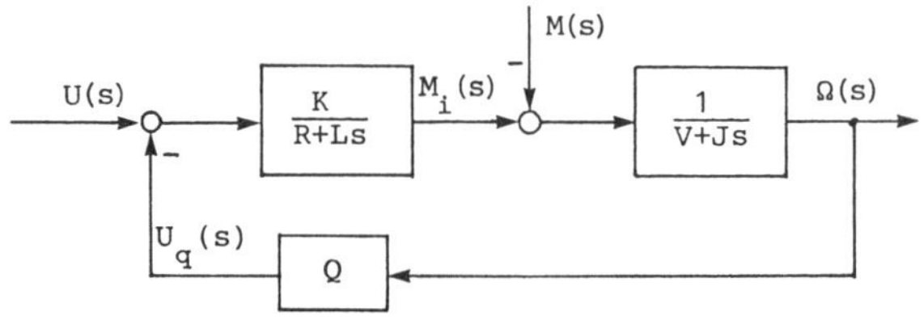

Bild 2.11: Zusammenfassung der inneren Ketten und Schleifen aus Bild 2.10

2.3 Beschreibung durch die Lösung der Differentialgleichung für spezielle Anregungsfunktionen

Während die Übertragungsfunktion das Verhalten eines Übertragungsgliedes allgemein charakterisiert, soll seine Reaktion auf ganz bestimmte Eingangsfunktionen das dynamische Verhalten beschreiben.

2.3.1 Systemantworten als vollständige Lösung

Die Systemantwort v(t) ist die vollständige Lösung der Differentialgleichung auf die gegebene Anregungsfunktion u(t). Es wird vorausgesetzt, daß das System oder Übertragungsglied vor Einsetzen der Anregung in Ruhe ist, d.h. alle Anfangswerte sind Null. Für dynamische Untersuchungen werden drei sog. Testfunktionen zugrunde gelegt und die zugehörigen Systemantworten definiert.

a) Die einfachste Testfunktion ist die Sprungfunktion, die für die Sprunghöhe 1 als Einheitssprung $\sigma(t)$ bezeichnet wird. $\sigma(t)$ hat den Wert 1 für $t \geq 0$ und den Wert 0 für $t < 0$, Bild 2.13. Für das Eingangssignal $u(t) = \sigma(t)$ eines Übertragungsgliedes mit der Übertragungsfunktion F(s) ist das Ausgangssignal v(t) die Sprungantwort bzw. die Übergangsfunktion h(t). Sie beschreibt den zeitlichen Verlauf des Übergangs von einem Ruhezustand (für $t < 0$) zu einem anderen (für $t \to \infty$). Die Laplace-Transformierte für den Einheitssprung ist $\sigma(t) \circ\!\!-\!\!\bullet\ 1/s$. Somit gilt für die Übergangsfunktion $h(t) \circ\!\!-\!\!\bullet\ F(s)/s$.

b) Als weitere Testfunktion wird die Anstiegsfunktion oder Rampe verwendet. Sie ist Null für $t < 0$ und hat eine konstante Geschwindigkeit oder Steigung für $t \geq 0$. Mit der Steigung 1 kann man für die Rampe $\rho(t)$ schreiben: $\rho(t) = t\,\sigma(t)$, Bild 2.13. Ein Eingangssignal $u(t) = \rho(t)$ liefert als Ausgangssignal des Übertragungsgliedes die Anstiegsantwort $v(t) = r(t)$. Mit der Laplace-Transformation ergibt sich $\rho(t) \circ\!\!-\!\!\bullet\ 1/s^2$ und damit $r(t) \circ\!\!-\!\!\bullet\ F(s)/s^2$. Im Vergleich mit der Sprung- und der Übergangsfunktion gilt

$$\rho(t) = \int_0^t \sigma(\tau)d\tau \quad \text{bzw.} \quad \sigma(t) = \dot{\rho}(t)$$

und

$$r(t) = \int_0^t h(\tau)d\tau \quad \text{bzw.} \quad h(t) = \dot{r}(t)$$

c) Gelegentlich kommt der Dirac-Impuls $\delta(t)$ als Testfunktion vor. Man kann ihn mit Hilfe der Sprungfunktion definieren, vergl. Bild 2.12:

$$\delta(t) = \lim_{t_1 \to 0} \frac{\sigma(t) - \sigma(t-t_1)}{t_1}$$

Dieser Grenzwert ist die Ableitung der Sprungfunktion nach der Zeit:

$$\delta(t) = \dot{\sigma}(t)$$

Die Systemantwort auf einen Dirac-Impuls ist die Impulsantwort bzw. die Gewichtsfunktion $g(t)$. Da $\delta(t)$ o—● 1 ist, gilt $g(t)$ o—● $F(s)$ und im Vergleich mit der Übergangsfunktion

$$g(t) = \dot{h}(t) \quad \text{bzw.} \quad h(t) = \int_0^t g(\tau)d\tau$$

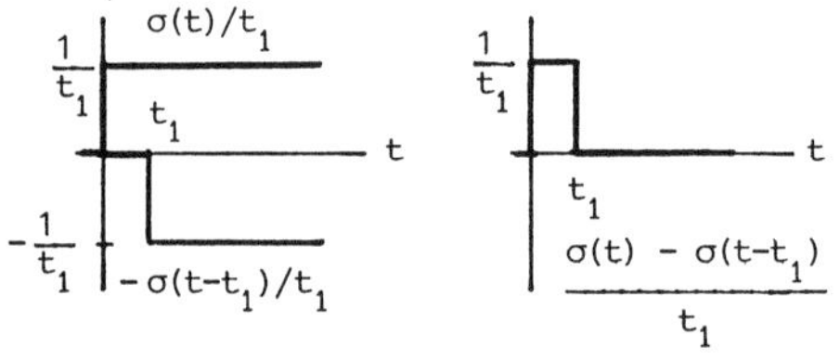

Bild 2.12: Skizzen zur Definition des Dirac-Impulses

Die drei Systemantworten sind für ein Übertragungsglied in Bild 2.13 zusammengestellt. Dazu ist der Gleichstromantrieb von Beispiel 3 in Bild 2.4 zugrundegelegt. Die Übertragungsfunktion Gl. (2.13) gilt für das Lastmoment als Eingangsgröße und die Drehzahl als Ausgangsgröße. Mit den Abkürzungen $K_m = -R/(VR+QK)$; $T_z = L/R$; $a_1 = (VL+JR)/(VR+QK)$; $a_2 = JL/(VR+QK)$ lautet die Übertragungsfunktion

$$F(s) = \frac{K_m(1 + T_z s)}{1 + a_1 s + a_2 s^2} \tag{2.15}$$

(Für die Berechnung wurde gewählt: $K_m = 1$; $a_1 = 1$ sec; $a_2 = 1\ \text{sec}^2$; $T_z = 2$ sec und 0,5 sec). Es werden jeweils zwei Fälle gezeigt: für $T_z > a_1$ (ausgezogene Linien) und $T_z < a_1$ (gestrichelte Linien); bei der Anstiegsantwort ist zum Vergleich die Anstiegsfunktion als gepunktete Linie eingetragen. Die oben besprochenen Zusammenhänge sind leicht einzusehen.

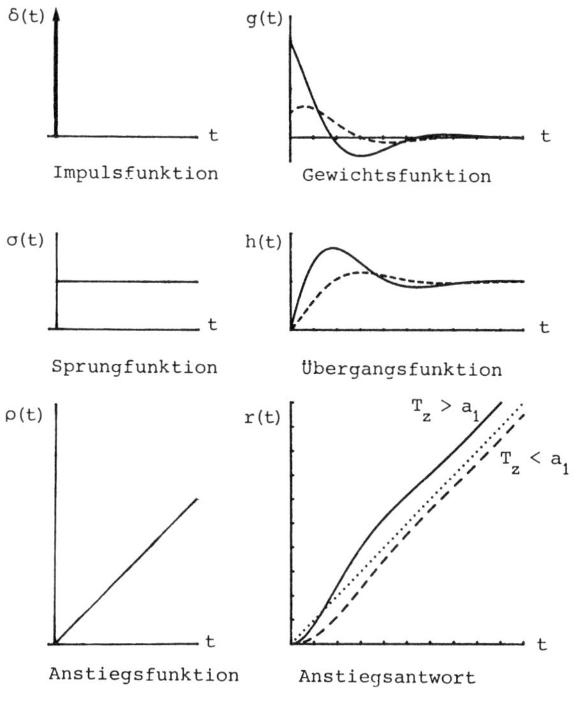

Bild 2.13: Systemantworten zu Beispiel 3 mit

$$F(s) = \frac{K_m(1 + T_z s)}{1 + a_1 s + a_2 s^2}$$

——— $T_z > a_1$

----- $T_z < a_1$

Zur Beurteilung des dynamischen Verhaltens wird vorwiegend die Übergangsfunktion untersucht, bei bestimmten regelungstechnischen Aufgaben (Abschnitt 5.1.2) wird auch die Anstiegsantwort herangezogen. Die Gewichtsfunktion g(t), die nur Auskunft über die Eigenbewegung gibt, ist wichtig für beliebige Eingangsfunktionen u(t), für die man keine Laplace-Transformierte U(s) angeben kann. Für V(s) = F(s)U(s) gilt im Zeitbereich das sog. Faltungsintegral

$$v(t) = \int_0^t g(t-\tau)u(\tau)d\tau \tag{2.16}$$

Dieses Integral kann mittels bewährter Algorithmen auf dem Digitalrechner bestimmt werden. Man legt schrittweise konstante Funktionen u(t) zugrunde und hat es dann mit einer zeitdiskreten Beschreibung zu tun, auf die in Abschnitt 7.3 eingegangen wird.

Für regelungstechnische Untersuchungen ist der analytische Ausdruck der Systemantwort v(t) nur selten von Bedeutung. Über die Eigenbewegung bekommt man auch Auskunft durch die Eigenwerte, den Lösungen der charakteristischen Gl. (2.6). Im übrigen interessieren meist nur Anfangs- und Endwerte und gegebenenfalls Anfangs- und Endsteigungen. Anfangswert und -steigung sind die Werte der Funktionen v(t) und $\dot{v}(t)$ unmittelbar nach Einsetzen der Anregung u(t), also zum Zeitpunkt $t = 0_+$. (Alle Werte vor Einsetzen der Anregung, d.h. zum Zeitpunkt $t = 0_-$, sind Null als gegebene Voraussetzung durch Festlegung des Arbeitspunktes.) Die Werte für $t = 0_+$ lassen sich aus den Grenzwertsätzen der Laplace-Transformation bestimmen.

Es gilt

$$\int_{0_+}^{\infty} \dot{x}(t)e^{-st}dt = s\,X(s) - x(0_+) \tag{2.17}$$

Für $s \to \infty$ verschwindet die Exponentialfunktion, für s = 0 nimmt sie den Wert 1 an. Da die Exponentialfunktion im ganzen Bereich endlich bleibt, darf man Grenzübergang und Integration in der Reihenfolge vertauschen, so daß

$$\lim_{s\to\infty} \int_{0_+}^{\infty} \dot{x}(t)e^{-st}dt = 0$$

und

$$\lim_{s\to 0} \int_{0_+}^{\infty} \dot{x}(t)e^{-st}\,dt = x(t\to\infty) - x(0_+)$$

Durch Vergleich mit Gl. (2.17) erhält man zusammengefaßt für Anfangs- und Endwert

$$\boxed{\lim_{\substack{t\to 0_+\\ t\to\infty}} x(t) = \lim_{\substack{s\to\infty\\ s\to 0}} [s\,X(s)]} \tag{2.18}$$

Für Anfangs- bzw. Endsteigung verfährt man entsprechend

$$\int_{0_+}^{\infty} \ddot{x}(t)e^{-st}\,dt = s^2\,X(s) - s\,x(0_+) - \dot{x}(0_+) \tag{2.19}$$

mit

$$\lim_{s\to\infty} \int_{0_+}^{\infty} \ddot{x}(t)e^{-st}\,dt = 0$$

und

$$\lim_{s\to 0} \int_{0_+}^{\infty} \ddot{x}(t)e^{-st}\,dt = \dot{x}(t\to\infty) - \dot{x}(0_+)$$

aus Gl. (2.19)

$$\boxed{\lim_{\substack{t\to 0_+\\ t\to\infty}} \dot{x}(t) = \lim_{\substack{s\to\infty\\ s\to 0}} [s^2\,X(s) - s\,x(0_+)]} \tag{2.20}$$

Die so ermittelten Endwerte für $t \to \infty$ (bzw. $s \to 0$) sind nur gültig, wenn die Eigenwerte negativen Realteil haben, weil nur dann ein stationärer Zustand möglich ist (siehe Abschnitt 5.2).

Diese Grenzwertsätze sollen auf die Systemantworten, Bild 2.13, von Beispiel 3 mit der Übertragungsfunktion Gl. (2.15) angewendet werden. Für die Gewichtsfunktion $g(t)$ ○—● $F(s)$ erhält man mit Gl. (2.19) für den Anfangs- und Endwert

$$g(0_+) = K_m \frac{T_z}{a_2} \quad \text{und} \quad g(t\to\infty) = 0$$

Mit Gl. (2.20) werden Anfangs- und Endsteigung

$$\dot{g}(0_+) = \frac{K_m}{a_2}\left(1 - \frac{a_1}{a_2} T_z\right) \quad \text{und} \quad \dot{g}(t\to\infty) = 0$$

Für die Übergangsfunktion mit $h(t)$ ○—● $F(s)/s$ verfährt man entsprechend

$$h(0_+) = 0 \qquad h(t\to\infty) = K_m$$

$$\dot{h}(0_+) = K_m \frac{T_z}{a_2} \qquad \dot{h}(t\to\infty) = 0$$

Für die Anstiegsantwort, d.h. für $r(t)$ ○—● $F(s)/s^2$, wird

$$r(0_+) = 0 \qquad r(t\to\infty) = \infty$$

$$\dot{r}(0_+) = 0 \qquad \dot{r}(t\to\infty) = K_m$$

Bei der Anstiegsantwort sieht man, daß sie mit $t \to \infty$ parallel zur idealen Rampe $K_m t$ gegen Unendlich strebt. Der konstante Abstand d_r von der idealen Rampe wird mit dem Grenzwertsatz Gl. (2.19) für $t \to \infty$ bestimmt. Dazu wird die Differenz $d_r(t) = K_m t - r(t)$ oder ihre Laplace-Transformierte

$$D_r(s) = \frac{K_m}{s^2} - F(s)\frac{1}{s^2} = \frac{K_m[(a_1-T_z)s + a_2 s^2]}{(1 + a_1 s + a_2 s^2)s^2}$$

berechnet und man erhält als stationären Abstand

$$d_r = \lim_{s\to\infty} d_r(t) = \lim_{s\to 0} [s\, D_r(s)] = K_m(a_1-T_z)$$

Ab einer gewissen Zeit verläuft deshalb die Anstiegsantwort für $T_z > a_1$ (ausgezogen) oberhalb der idealen Kurve, während sie für $T_z < a_1$ (gestrichelt) unter der Rampe bleibt.

Die Grenzwertsätze lassen sich auch anwenden, um aus einer gegebenen oder gemessenen Übergangsfunktion h(t) eine Art Minimaldarstellung für die Übertragungsfunktion F(s) anzugeben. Auf diese Fragestellung wird in Abschnitt 4.1 eingegangen.

2.3.2 Frequenzgang aus der stationären Lösung

Als anregende Funktion wird hier eine Sinus- oder Cosinusfunktion gewählt, z.B. $u(t) = \hat{u}\cos\omega t$. Gesucht ist nur die stationäre Lösung der Differentialgleichung als Systemantwort, die auch eine Sinus- oder Cosinusfunktion ist, in diesem Fall ist $v(t) = \hat{v}\cos(\omega t+\varphi)$. Da der Zeitverlauf des Ausgangs bekannt ist, müssen nur noch Amplitude $\hat{v}$ und Phasenwinkel φ bestimmt werden; sie hängen von der Kreisfrequenz ω ab. Die Berechnung ist relativ einfach, wenn man die komplexe Schreibweise anwendet.

Die Eingangsfunktion sei $u(t) = \hat{u}\, e^{j\omega t}$

dann ist die Ausgangsfunktion $v(t) = \hat{v}\, e^{j(\omega t+\varphi)}$

Somit gilt $\dot{u} = j\omega u\,; \quad \ddot{u} = (j\omega)^2 u\,; \ldots$

bzw. $\dot{v} = j\omega v\,; \quad \ddot{v} = (j\omega)^2 v\,; \ldots$

Diese Substitutionen werden in die Differentialgleichung (2.4) eingesetzt

$$[a_o + a_1 j\omega + a_2 (j\omega)^2 + \ldots + a_n (j\omega)^n]\hat{v}\, e^{j(\omega t+\varphi)} =$$

$$= [b_o + b_1 j\omega + \ldots + b_m (j\omega)^m]\hat{u}\, e^{j\omega t}$$

und es wird

$$\frac{\hat{v}}{\hat{u}}\, e^{j\varphi} = \frac{b_o + b_1(j\omega) + \ldots + b_m(j\omega)^m}{a_o + a_1(j\omega) + \ldots + a_n(j\omega)^n} = \underline{F}(j\omega) \qquad (2.21)$$

Man erhält also den komplexen <u>Frequenzgang</u> $\underline{F}(j\omega)$ aus der Übertragungsfunktion F(s), Gl. (2.12), indem man s durch $j\omega$ ersetzt. (Die komplexe Funktion wird durch Unterstreichen gekennzeichnet).

Während die Übertragungsfunktion F(s) die Differentialgleichung im Bildbereich wiedergibt, ist der Frequenzgang $\underline{F}(j\omega)$ eine komplexe Funktion der Kreisfrequenz $\omega = 2\pi f$ (die Frequenz f ist der Kehrwert der Schwingungsdauer). Nach DIN 19 226 Teil 2: "Die Übertragungsfunktion auf der Geraden $s = j\omega$ (imaginäre Achse) der komplexen s-Ebene heißt Frequenzgang".

Im allgemeinen arbeitet man mit der grafischen Darstellung des Frequenzgangs. Für komplexe Funktionen geschieht dies in der komplexen Ebene mit dem Realteil als Abszisse und dem Imaginärteil als Ordinate, so daß $\underline{F}(j\omega)$ als Ortskurve in Abhängigkeit von ω erscheint. Diese Darstellung hat sich bei regelungstechnischen Untersuchungen für lineare Systeme nicht bewährt. Deshalb zerlegt man den Frequenzgang $\underline{F}(j\omega)$ nicht in Real- und Imaginärteil sondern in Betrag und Phase, denn für die Ausgangsfunktion v(t) sind die Amplitude $\hat{v}$ und die Phase φ gesucht.

$$\underline{F}(j\omega) = A(\omega)e^{j\varphi(\omega)} \tag{2.22}$$

Dann wird der Frequenzgang in zwei getrennten Diagrammen als <u>Amplitudengang</u> $A(\omega)$ und <u>Phasengang</u> $\varphi(\omega)$ in Abhängigkeit von der Kreisfrequenz ω aufgetragen. Überdies bringt die logarithmische Darstellung noch einige Vorteile. Von Gl. (2.22) wird der Logarithmus gebildet

$$\lg[\underline{F}(j\omega)] = \lg[A(\omega)] + j\lg(e)\ \varphi(\omega) \tag{2.23}$$

Über der Kreisfrequenz ω im logarithmischen Maßstab werden der Betrag A entweder logarithmisch oder linear in dB (Dezibel; 20 lg A, mit dem dekadischen Logarithmus) und der Winkel φ linear aufgetragen. Der Koeffizient jlg(e) stellt nur einen Maßstabsfaktor dar und kann deshalb ignoriert werden. Ein wesentlicher Vorteil dieser Darstellung im sog. <u>Bodediagramm</u> ist, daß die Frequenzgänge addiert werden:

$$\lg[\underline{F}_1(j\omega)\underline{F}_2(j\omega)] = \lg[A_1(\omega)] + \lg[A_2(\omega)] + j\lg(e)\ [\varphi_1(\omega) + \varphi_2(\omega)] \tag{2.24}$$

Es ist daher angeraten, den Frequenzgang entsprechend den Gleichungen (2.14a) oder (2.14b) möglichst in Produktform anzugeben.

$$\underline{F}(j\omega) = V\,\frac{(j\omega-z_1)\ \ldots\ (j\omega-z_m)}{(j\omega-s_1)\ \ldots\ (j\omega-s_n)} \tag{2.25a}$$

oder

$$\underline{F}(j\omega) = K \frac{(1+j\omega T_{z1}) \ \ldots \ (1+j\omega T_{zm})}{(1+j\omega T_1) \ \ldots \ (1+j\omega T_n)} \tag{2.25b}$$

Diese Darstellung enthält vier Grundformen, aus denen die meisten Frequenzgänge zusammengesetzt sind, so daß die zugehörigen Amplituden- und Phasengänge im Bodediagramm addiert werden können. In Bild 2.14 sind die vier Frequenzgänge als Bodediagramm zusammengestellt.

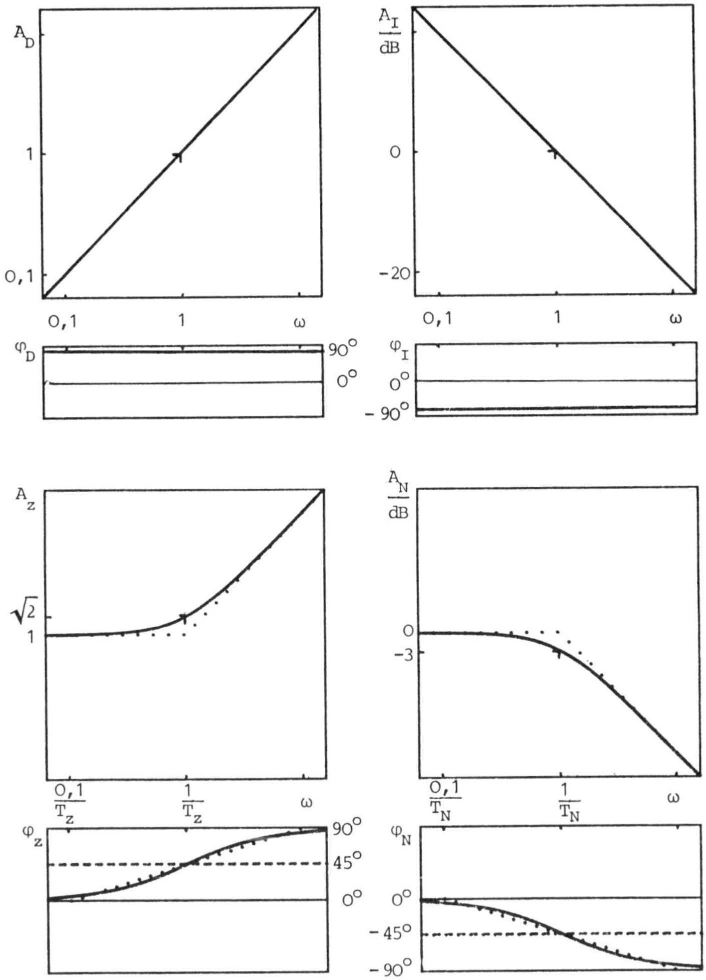

Bild 2.14: Bodediagramme zu vier Grundformen eines Frequenzganges

a) Für den Fall $z_1 = 0$ erscheint im Zähler von Gl. (2.25a) das Element

$$\underline{F}_D(j\omega) = j\omega \qquad (2.26)$$

mit $A_D(\omega) = \omega$ und $\varphi_D = 90^\circ$

Der Index D wird deshalb gewählt, weil die zugehörige Übertragungsfunktion $F_D(s) = s$ die Rechenvorschrift "Differenzieren" angibt.

b) Falls ein Pol z.B. $s_1 = 0$ ist, enthält Gl. (2.25a) das Element

$$\underline{F}_I(j\omega) = \frac{1}{j\omega} \qquad (2.27)$$

bzw.

$$A_I(\omega) = \frac{1}{\omega} \quad \text{und} \quad \varphi_I = -90^\circ$$

Hier heißt die zu $1/s$ gehörende Rechenvorschrift "Integrieren". Die Funktion $A_I(\omega) = 1/\omega$ ist im logarithmischen Maß eine Gerade mit der Steigung -1 bzw. -20 dB/Dekade, weil

$$\lg A_I(\omega) = -\lg \omega$$

c) Das dritte Element entnehmen wir dem Zähler von Gl. (2.25b)

$$\underline{F}_Z(j\omega) = 1 + j\omega\, T_Z \qquad (2.28)$$

mit $A_Z(\omega) = \sqrt{1+(\omega T_Z)^2}$ und $\varphi_Z(\omega) = \arctan \omega T_Z$

Zur Darstellung im Bodediagramm genügen folgende Betrachtungen

$\omega T_Z \ll 1$: $A_Z(\omega) = 1$ $\quad \varphi_Z(\omega) = 0$

$\omega_o T_Z = 1$: $A_Z(\omega_o) = \sqrt{2}$ $\quad \varphi_Z(\omega_o) = 45^\circ$

$\omega T_Z \gg 1$: $A_Z(\omega) = \omega$ $\quad \varphi_Z(\omega) = 90^\circ$ (wie A_D und φ_D)

An der Eckfrequenz $\omega_o = 1/T_Z$ ist die Amplitude um 3 dB angehoben. Dieser Wert entspricht dem Verstärkungsfaktor $\sqrt{2}$.

d) Das vierte Element ist

$$\underline{F}_N(j\omega) = \frac{1}{1 + j\omega T_N} \tag{2.29}$$

mit $A_N(\omega) = \dfrac{1}{\sqrt{1+(\omega T_N)^2}}$ und $\varphi_N(\omega) = -\arctan \omega T_N$

Für $T_N = T_Z$ ist $\underline{F}_N(j\omega)$ der Kehrwert von $\underline{F}_Z(j\omega)$, d.h., daß im Bodediagramm der Amplitudengang $A_Z(\omega)$ an der 1- bzw. 0dB-Linie und der Phasengang $\varphi_Z(\omega)$ an der 0°-Linie gespiegelt werden. Trotzdem sollen noch einmal die zwei Frequenzbereiche und die Eckfrequenz betrachtet werden

$\omega T_N \ll 1$: $A_N(\omega) = 1$ $\varphi_N(\omega) = 0^o$

$\omega_o T_N = 1$: $A_N(\omega_o) = \frac{1}{\sqrt{2}}$ $\varphi_N(\omega_o) = -45^o$

$\omega T_N \gg 1$: $A_N(\omega) = \frac{1}{\omega}$ $\varphi_N(\omega) = -90^o$ (wie A_I und φ_I)

Hier ist die Amplitude an der Eckfrequenz $\omega_o = 1/T_N$ um 3 dB abgesenkt.

Bei den Bodediagrammen dieser vier Grundformen, Bild 2.14, sind die Amplitudengänge der linken Spalte im logarithmischen Maßstab, die der rechten Spalte in dB angegeben. Der Faktor K oder V wurde mit dem Wert 1 festgelegt - ein beliebiger Zahlenwert bedeutet nur eine Verschiebung des Amplitudenganges in vertikaler Richtung. Die Bodediagramme für $\underline{F}_Z(j\omega)$ und $\underline{F}_N(j\omega)$ zeigen noch einen weiteren Vorteil der logarithmischen Darstellung: Der Amplitudengang schmiegt sich eng an seine Asymptoten an. Nur je eine halbe Dekade unterhalb bis oberhalb der Eckfrequenz ist eine Abweichung zu erkennen, sie ist mit 3 dB (Faktor $\sqrt{2}$) an der Eckfrequenz am größten. Deshalb begnügt man sich für schnelle Untersuchungen mit den Asymptoten des Amplitudenganges (gepunktet). Beim Phasengang sieht es ähnlich aus. Die geradlinige Verbindung zwischen den Winkelgrenzwerten von einer Dekade unterhalb bis zu einer Dekade oberhalb der Eckfrequenz weicht nicht mehr als 6° vom exakten Verlauf ab. So kommt man bei der Frequenzgangdarstellung für diese Elemente mit dem Lineal aus. Die Überlagerungen mehrerer Frequenzgänge ergeben dann Geradenstücke. Da die Kennwerte des zugrundegelegten Übertragungsgliedes meist sowieso nicht allzu genau bekannt sind, ist diese Vereinfachung zu rechtfertigen und liefert bei Untersuchungen zur Reglerauslegung befriedigende Ergebnisse.

Im folgenden Kapitel wird eine Reihe von Übertragungsgliedern vorgestellt, die aus den hier behandelten Grundelementen zusammengesetzt sind. Nur das quadratische Element für konjugiert komplexe Pole (oder Nullstellen) wurde in diesem Zusammenhang noch nicht berücksichtigt, da es in Abschnitt 3.2 ausführlich behandelt wird.

Abschließend soll das Bodediagramm zu Beispiel 3 (Gleichstromantrieb) mit der Übertragungsfunktion nach Gl. (2.15) angegeben werden. Der Frequenzgang ist

$$\underline{F}(j\omega) = K_m \frac{1 + j\omega T_z}{1 - a_2\omega^2 + ja_1\omega} \tag{2.30}$$

vergl. Bild 2.15. Die Kennwerte sind die gleichen wie für die Systemantworten von Bild 2.13, nämlich $K_m = 1$; $a_1 = 1$ sec; $a_2 = 1\ \text{sec}^2$; $T_z = 2$ sec (bzw. $\frac{1}{2}$ sec). Hier liegt ein Fall mit konjugiert komplexen Polen vor. Zunächst kann man ohne viel Rechnung feststellen:

$\omega \to 0$: $A(0) = K_m = 1$ oder 0 dB $\quad \varphi(0) = 0^\circ$

$\omega = 1/\text{sec}$: $A(1) = \sqrt{5}$ (bzw. $\sqrt{5}/2$) $\quad \varphi(1) = -26{,}6^\circ$ (bzw. $-63{,}4^\circ$)

$\omega \to \infty$: $A(\omega) = \dfrac{T_z}{a_2\omega} = \dfrac{2}{\omega}$ (bzw. $\dfrac{1}{2\omega}$) $\quad \varphi(\omega) = -90^\circ$

wie $\underline{F}_I(j\omega)$ vergl. gepunktete Linien.

Mit Hilfe der komplexen Rechnung lassen sich noch weitere markante Werte bestimmen: die Frequenz ω_m für den Maximalwert $A(\omega_m)$, hier $A(0{,}95) = 2{,}25$ (bzw. $A(0{,}76) = 1{,}23$); die Durchtrittsfrequenz ω_D, für die $A(\omega_D) = 1$ oder 0 dB ist, hier $\omega_D = \sqrt{5}$ (bzw. $\sqrt{5}/2$). Diese Werte genügen, um den Amplitudengang $A(\omega)$, Bild 2.15, zu zeichnen. Der Phasengang ist für dieses Beispiel nicht so einfach - es sei denn, man begnügt sich mit einer groben Näherung. So sei zum Schluß nur noch auf die Phasenanhebung für $T_z > a_1$ hingewiesen. Sie tritt dann auf, wenn die Eckfrequenz des Zählers kleiner als die Kennkreisfrequenz des Nenners ist.

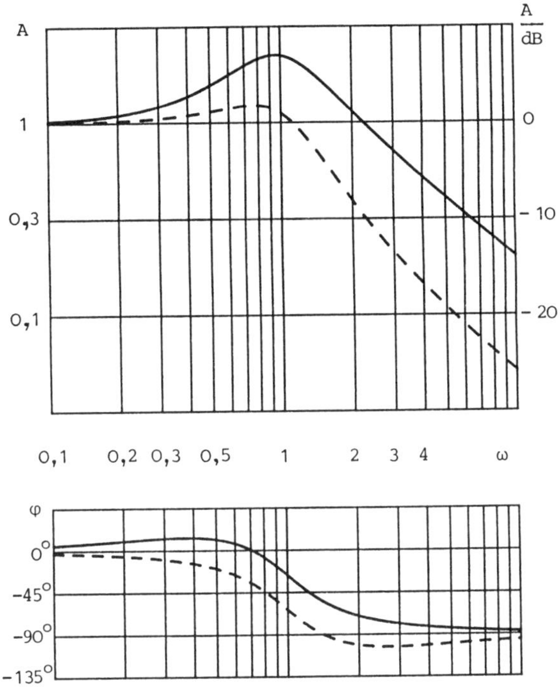

Bild 2.15: Bodediagramm zu Beispiel 3, Gl. (2.30)

—— $T_z > a_1$ ---- $T_z < a_1$

2.4 Zusammenfassung

Die in diesem Kapitel vorgestellten Formen der mathematischen Beschreibung von linearen Übertragungsgliedern sind in Bild 2.16 als grafische Übersicht zusammengefaßt. Diese Grafik soll die Beziehungen zwischen den einzelnen Beschreibungsformen illustrieren. (Die Abkürzung WOK im mittleren Block unten verweist auf das Verfahren der Wurzelortskurve in Abschnitt 5.2.3.)

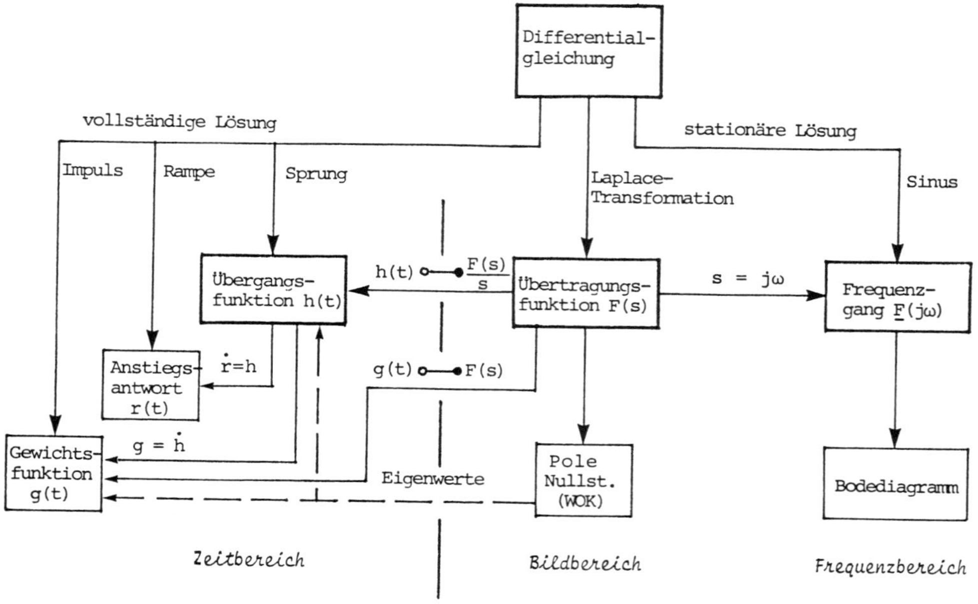

Bild 2.16: Grafische Übersicht zur mathematischen Beschreibung von linearen Übertragungsgliedern

3. Wichtige Übertragungsglieder

Die in Kapitel 2 vorgestellten Beschreibungsformen werden nun auf solche Übertragungsglieder angewendet, die in technischen Systemen häufig vorkommen. Im allgemeinen hat man es mit regulären Übertragungsgliedern zu tun; sie werden auch Phasenminimumsysteme (PM-Systeme oder Minimalphasenglieder) genannt. Minimalphasenglieder werden durch die folgenden zwei Kriterien charakterisiert:

- Die Pole und Nullstellen der Übertragungsfunktion eines stabilen PM-Systems haben negativen Realteil.

- Für einen gegebenen Amplitudengang hat ein PM-System die geringste Phasennacheilung (nach DIN 19 226 Teil 2; "Bei Minimalphasengliedern ist der Amplitudengang eindeutig durch den Phasengang bestimmt").

Irreguläre Übertragungsglieder erfüllen diese beiden Kriterien nicht. Sie werden in Abschnitt 3.3 vorgestellt. Die Diagramme zu den in den folgenden Abschnitten behandelten Übertragungsgliedern sind in den Tafeln 3.1.1 bis 3.3.3 zusammengestellt. Sie sind nach folgendem Schema aufgebaut: im oberen Teil ist im Frequenzbereich das Bodediagramm, darunter im Bildbereich die Pol-Nullstellen-Konfiguration dargestellt; im unteren Teil ist im Zeitbereich die Übergangsfunktion grafisch und analytisch angegeben.

3.1 Reguläre Übertragungsglieder erster Ordnung

Alle hier aufgeführten Übertragungsglieder werden durch Differentialgleichungen erster Ordnung beschrieben.

3.1.1 Elementare Übertragungsglieder

Sie lassen sich aus dem RC-Netz, Bild 2.2 (Beispiel 1), entnehmen. Um zu einer allgemeinen Beschreibung zu kommen, werden folgende Abkürzungen eingeführt:

Übertragungsbeiwert $K = \frac{R}{R_o+R}$

Zeitkonstante $T = C\,\frac{R_o\,R}{R_o+R}$

Zunächst wird der ohmsche Spannungsteiler für sich betrachtet ($C = 0$ bzw. $T = 0$). Dann reduziert sich die zugehörige Differentialgleichung zu

$$v(t) = K\,u(t)$$

Das Ausgangssignal hat also den gleichen Zeitverlauf wie das Eingangssignal, lediglich die Amplitude ist um den Faktor K vergrößert oder verkleinert. Wegen seiner proportionalen Eigenschaft wird dieses Übertragungsglied P-Glied genannt.

Seine Übergangsfunktion $h_P(t)$ ist deshalb eine Sprungfunktion

$$h_P(t) = K\,\sigma(t)$$

Zur Kennzeichnung eines Übertragungsgliedes im Wirkungsplan wird gelegentlich anstelle der Übertragungsfunktion F(s) die Übergangsfunktion h(t) als Skizze verwendet. Dabei wird die untere Kante des Blocks als Zeitachse und die linke Kante als Ordinate gewählt. Diese Darstellung erleichtert das Verfolgen der Signale in einem größeren System. Bild 3.1 links zeigt die symbolische Darstellung des P-Gliedes.

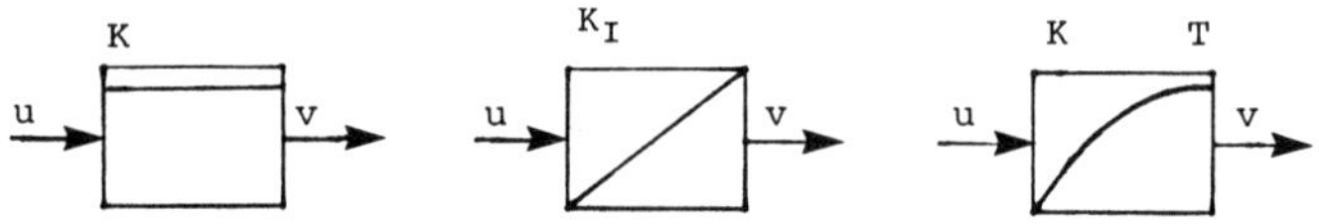

P-Glied I-Glied P-T_1-Glied

Bild 3.1: Symbolische Darstellung der elementaren Übertragungsglieder

Übertragungsfunktion und Frequenzgang des P-Gliedes sind gleich dem Übertragungsbeiwert K, d.h.

$$A_P(\omega) = K \quad \text{und} \quad \varphi_P(\omega) = 0^\circ$$

Betrachtet man nun den Kondensator allein mit dem Kondensatorstrom i_c als Eingangsgröße, dann erhält man die Gleichung

$$C \dot{v} = i_c$$

Oder man läßt in Bild 2.2 den Kondensator im Vergleich zu den Widerständen sehr groß werden, so wird aus Gl. (2.1)

$$T \dot{v}(t) = K u(t) \quad \text{oder} \quad v(t) = \frac{K}{T} \int u(t)\, dt$$

Bei solch einem Übertragungsglied ist das Ausgangssignal proportional dem Integral des Eingangssignals; es wird deshalb als I-Glied bezeichnet. Seine Übergangsfunktion $h_I(t)$ ist eine Anstiegsfunktion mit der Steigung $K_I = K/T$

$$h_I(t) = K_I t\sigma(t)$$

vergl. Bild 3.1 Mitte.

Aus der Differentialgleichung ergibt sich die Übertragungsfunktion $F_I(s) = K_I/s$ mit einem Pol im Ursprung. Der zugehörige Frequenzgang wurde schon als Element F_I der Produktdarstellung in Gl. (2.27), Abschnitt 2.3.2, erwähnt (dort mit $K_I = 1$). So sind Amplituden- und Phasengang des I-Gliedes

$$A_I(\omega) = \frac{K_I}{\omega} \quad \text{und} \quad \varphi_I(\omega) = -90^\circ$$

Aus diesen beiden elementaren Übertragungsgliedern können alle realen Übertragungssysteme zusammengesetzt werden (vergl. z.B. Bild 2.10). Jedoch ist es unpraktisch, immer auf P- und I-Glieder zurückzugehen. Deshalb werden noch weitere Übertragungsglieder definiert. Haben alle Bauteile in Beispiel 1 vergleichbare Werte, dann gehorcht das Übertragungsglied der Differentialgleichung (2.1), bzw. mit den genannten Abkürzungen der Gl.(3.1)

$$v + T \dot{v} = K u \tag{3.1}$$

im Bildbereich der Übertragungsfunktion

$$F_1(s) = \frac{K}{1 + Ts} \tag{3.2}$$

mit einem Eigenwert oder Pol $s_1 = -\frac{1}{T}$.

Sein Frequenzgang entspricht dem nach Gl. (2.29), Abschnitt 2.3.2, definierten Element $\underline{F}_N(j\omega)$, also

$$F_1(j\omega) = \frac{K}{1 + j\omega T}$$

oder

$$A_1(\omega) = \frac{K}{\sqrt{1 + \omega^2 T^2}} \quad \text{und} \quad \varphi_1(\omega) = -\arctan \omega T$$

mit der Eckfrequenz $\omega_o = 1/T$.

Die Übergangsfunktion $h_1(t)$ entnimmt man am besten der Laplace-Korrespondenztabelle (Anhang A1 Nr. 9)

$$h_1(t) = K(1 - e^{-\frac{t}{T}})\sigma(t) \tag{3.3}$$

mit der symbolischen Darstellung nach Bild 3.1 rechts. $h_1(t)$ beschreibt für das RC-Netz den Ladevorgang des Kondensators nach Einschalten einer konstanten Eingangsspannung.

Für $\frac{t}{T} >> 1$ ist die Exponentialfunktion in Gl. (3.3) vernachlässigbar, so daß nach langer Zeit $h_1(t) = h_P(t)$. Deswegen spricht man hier von einem verzögerten P-Glied oder kurz $\underline{\text{P-T}_1\text{-Glied}}$.

Da P- und I-Glied Grenzfälle des P-T_1-Gliedes darstellen, sind die drei als elementare Übertragungsglieder in Tafel 3.1.1 gemeinsam in einem Diagramm dargestellt. Der obere Teil zeigt den Frequenz- und Bildbereich:

$\omega T << 1$: P-Verhalten; der Pol wandert nach $-\infty$
$\omega T >> 1$: I-Verhalten; der Pol wandert in den Ursprung
$0.1 \leq \omega T \leq 10$: P-T_1-Verhalten mit dem Pol $s_1 = -\frac{1}{T}$

Im unteren Teil mit dem Zeitbereich ist die Übergangsfunktion dargestellt, man beachte die Zeitmaßstäbe:

$\frac{t}{T} \gg 1$: P-Verhalten, da $e^{-\frac{t}{T}} \to 0$ $\qquad h_1(t) \to h_P(t)$

$\frac{t}{T} \ll 1$: I-Verhalten, da $e^{-\frac{t}{T}} \to 1 - \frac{t}{T}$ $\qquad h_1(t) \to h_I(t)$

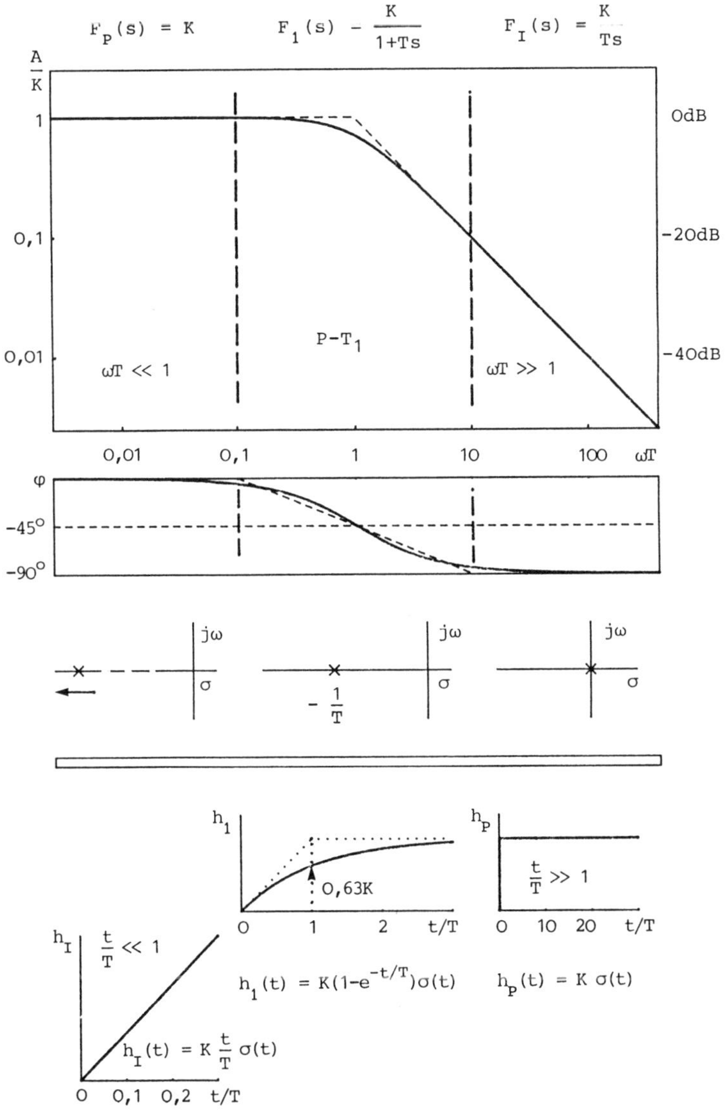

Tafel 3.1.1: Elementare Übertragungsglieder

Zum Schluß soll noch gezeigt werden, daß das P-T_1-Glied als Kreisschaltung mit einem I-Glied im Vorwärtszweig und einem P-Glied in der Rückführung (hier speziell als Einheitsrückführung) dargestellt werden kann, Bild 3.2. Diese Konfiguration entsteht durch Umsetzen der Differentialgleichung (3.1): $T\,\dot{v} = K\,u - v$, das ist das Eingangssignal des I-Gliedes.

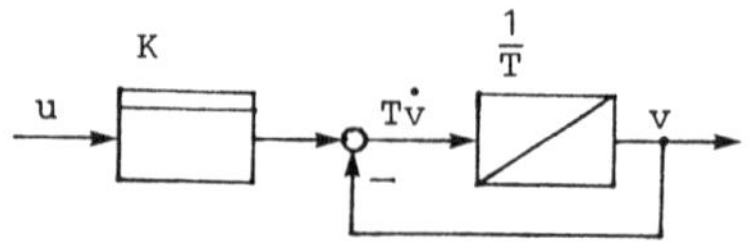

Bild 3.2: P-T_1-Glied als Kreisschaltung

3.1.2 D-T_1-Glied und PI-Glied

Im RC-Netz (Bild 2.2) soll der Kondensatorstrom i_c als Ausgangsgröße v_D betrachtet werden. In Gl. (2.1) wird $C\,\dot{v} = i_c$ gesetzt; sie muß deshalb für i_c noch einmal differenziert werden. Mit $K_D = K\,C$ und $v_D = i_c$ erhält man die Differentialgleichung

$$v_D + T\,\dot{v}_D = K_D\,\dot{u} \qquad (3.4)$$

und daraus die Übertragungsfunktion

$$F_{D1}(s) = \frac{K_D\,s}{1 + Ts} \qquad (3.5)$$

$F_{D1}(s)$ hat eine Nullstelle im Ursprung und einen Pol $s_1 = -1/T$. Da in Gl. (3.4) die Eingangsfunktion u differenziert wird, der Ausgang v_D aber um die Zeitkonstante T verzögert wird, bezeichnet man dieses Übertragungsglied als verzögertes D-Glied oder D-T_1-Glied. (Ein reines D-Glied mit $F_D(s) = K_D\,s$ kommt in der Praxis nicht vor.)

Die Übergangsfunktion $h_{D1}(t)$ o—• $F_{D1}(s)/s$ entnimmt man entweder der Korrespondenztabelle (Anhang A1 Nr. 8) oder man differenziert wegen Gl. (3.5) die Übergangsfunktion des P-T_1-Gliedes

$$h_{D1}(t) = C\,\dot{h}_1(t) = \frac{K_D}{T}\,e^{-\frac{t}{T}}\,\sigma(t) \qquad (3.6)$$

Das D-T_1-Glied ist mit seinem Symbol in Bild 3.3 rechts dargestellt. Die Kreisschaltung links mit einem P-Glied im Vorwärtszweig und einem I-Glied in der Rückführung kann man durch Integration von Gl. (3.4) entwickeln: $T\, v_D(t) = K_D\, u(t) - \int v_D(t)dt$. Das Signal Tv_D wird an der Vergleichsstelle gebildet.

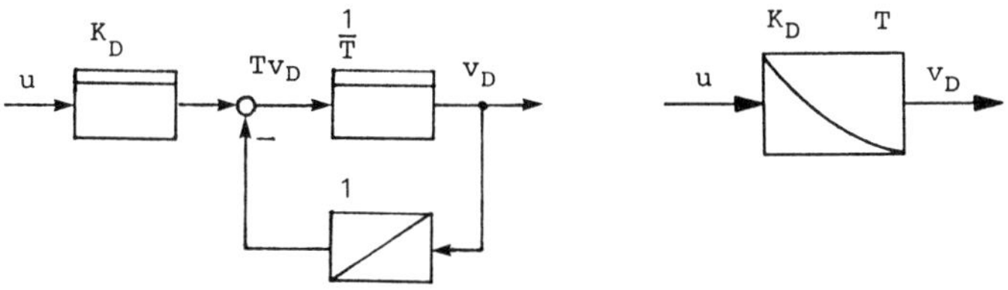

Bild 3.3: D-T_1-Glied als Parallelschaltung und als Symbol

Der Frequenzgang setzt sich aus den Elementen $\underline{F}_D(j\omega)$ und $\underline{F}_N(j\omega)$, Gl. (2.26) und (2.29) zusammen

$$F_{D1}(j\omega) = \frac{K_D j\omega}{1 + j\omega T}$$

mit

$$A_{D1}(\omega) = \frac{K_D\omega}{\sqrt{1 + \omega^2 T^2}} \quad \text{und} \quad \varphi_{D1}(\omega) = 90^\circ - \arctan \omega T$$

Wie beim P-T_1-Glied lassen sich zwei Bereiche unterhalb und oberhalb der Eckfrequenz $\omega_o = 1/T$ unterscheiden

$\omega T \ll 1 \qquad A_{D1}(\omega) = K_D\omega \qquad \varphi_{D1}(\omega) = 90^\circ$ (ideales D-Verhalten)

$\omega_o T = 1 \qquad A_{D1}(\frac{1}{T}) = \frac{K_D}{\sqrt{2}\, T} \qquad \varphi_{D1}(\frac{1}{T}) = 45^\circ$

$\omega T \gg 1 \qquad A_{D1}(\omega) = \frac{K_D}{T} \qquad \varphi_{D1}(\omega) = 0^\circ$ (wie P-Verhalten)

Die Phasenanhebung, bzw. die Voreilung des Ausgangssignals bei sinusförmigem Eingangssignal, ist kennzeichnend für das D-Verhalten.

Das PI-Glied entsteht aus der Parallelschaltung eines P- und eines I-Gliedes, Bild 3.4. Demnach erhält man als Übertragungsfunktion

$$F_{PI}(s) = K + \frac{K_I}{s} = K(1 + \frac{1}{T_n s}) = \frac{K}{T_n s}(1 + T_n s) \tag{3.7}$$

Sie hat eine Nullstelle $z_1 = -1/T_n$ und einen Pol im Ursprung. Aus dem rechten Ausdruck von Gl. (3.7) wird die Differentialgleichung aufgestellt

$$T_n \dot{v} = K(u + T_n \dot{u}) \tag{3.8}$$

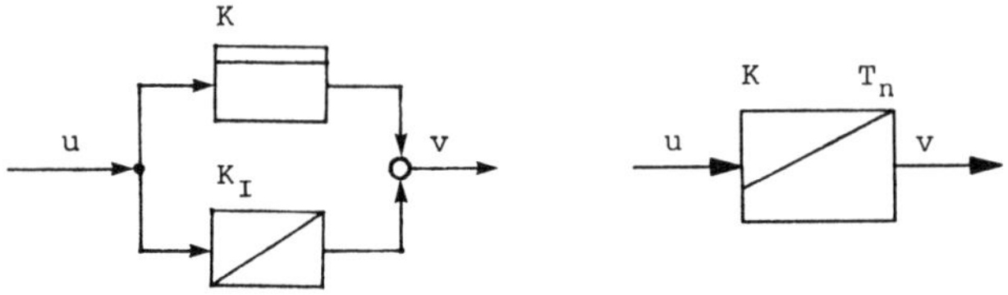

Bild 3.4: PI-Glied als Parallelschaltung und als Symbol

Die Übergangsfunktion erhält man nach Bild 3.4 aus der Addition von Sprung- und Anstiegsfunktion: $h_P(t) + h_I(t)$

$$h_{PI}(t) = (K + K_I t)\sigma(t) = K(1 + \frac{t}{T_n})\sigma(t) \tag{3.9}$$

Sie verläuft wie eine Anstiegsfunktion, die schon zur Zeit $t = -T_n$ angefangen hat, deshalb bezeichnet man diese Zeit als Nachstellzeit T_n (vergl. zeitlichen Verlauf in Tafel 3.1.2).

Der Frequenzgang

$$\underline{F}_{PI}(j\omega) = K(1 + \frac{1}{j\omega T_n}) = \frac{K}{j\omega T_n}(1 + j\omega T_n)$$

stellt den Kehrwert des Frequenzganges $\underline{F}_{D1}(j\omega)$ dar, weswegen beide Übertragungsglieder in Tafel 3.1.2 nebeneinander gezeigt sind. Man beachte auch die Vertauschung von Pol und Nullstelle. So lassen sich $A_{PI}(\omega)$ und $\varphi_{PI}(\omega)$ durch Spiegelung an der 1- bzw. 0 dB-Achse und an der 0°-Achse erzeugen, wobei die Eckfrequenz $\omega_o = 1/T_n$ und die Übertragungskonstante ersetzt werden müssen.

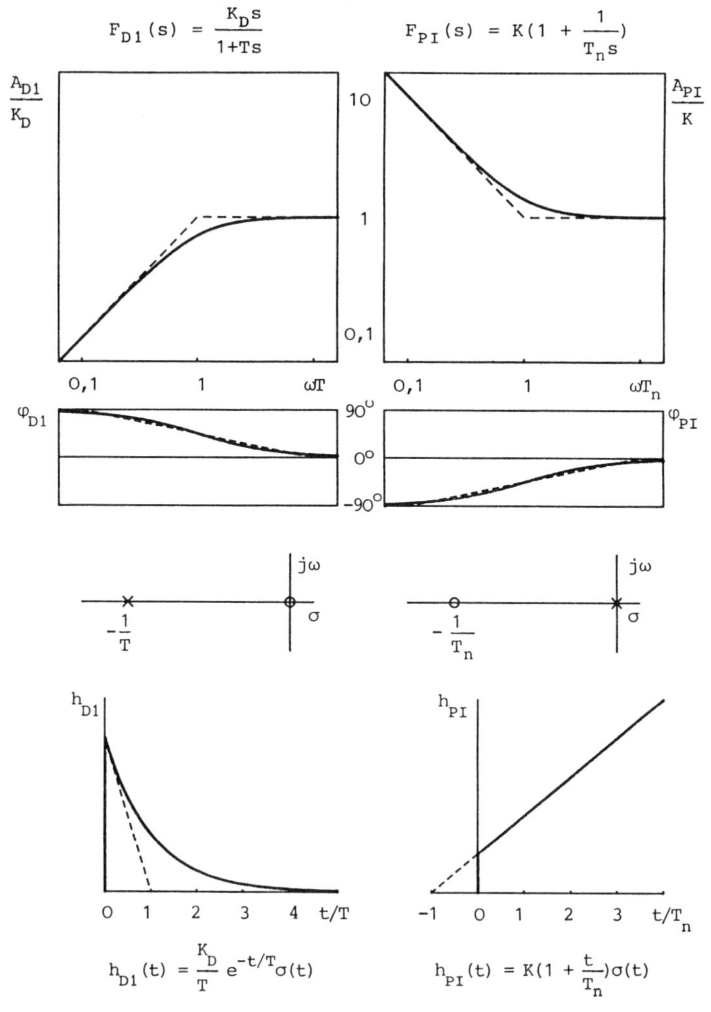

Tafel 3.1.2: D-T_1-Glied PI-Glied

$\omega T_n \ll 1$ $\qquad A_{PI}(\omega) = \dfrac{K}{T_n \omega}$ $\qquad \varphi_{PI}(\omega) = -90^\circ$ (reines I-Verhalten)

$\omega_o T_n = 1$ $\qquad A_{PI}\left(\dfrac{1}{T_n}\right) = \sqrt{2}\,K$ $\qquad \varphi_{PI}\left(\dfrac{1}{T_n}\right) = -45^\circ$

$\omega T_n \gg 1$ $\qquad A_{PI}(\omega) = K$ $\qquad \varphi_{PI}(\omega) = 0^\circ$ (wie P-Verhalten)

3.1.3 PD-T_1-Glied

Betrachtet man im RC-Netz (Bild 2.2) die Spannung v_o am Widerstand R_o als Ausgangsgröße in Bezug zur Eingangsspannung u, d.h. ersetzt man in Gl. (2.1) v durch $u-v_o$ und löst nach v_o auf, so erhält man

$$v_o + T\dot{v}_o = K(u + T_v\dot{u}) \tag{3.10}$$

Zeitkonstante T und Übertragungsbeiwert K sind wie in Abschnitt 3.1.1 definiert; für T_v gilt hier

$$\frac{T_v}{T} = 1 + \frac{R}{R_o} > 1$$

Jedoch gilt $T_v > T$ nicht immer. Als Beispiel wird das RC-Netz abgeändert, indem die Parallelschaltung von Widerstand R und Kondensator C durch eine Reihenschaltung ersetzt wird, Bild 3.5. Für die Ausgangsspannung v an dieser Reihenschaltung ergibt sich die Differentialgleichung

$$v + T\dot{v} = K(u + T_v\dot{u})$$

mit $K = 1$; $T = C(R+R_o)$; $T_v = C\,R$. Sie hat dieselbe Form wie Gl. (3.10), doch gilt hier

$$\frac{T}{T_v} = 1 + \frac{R_o}{R} > 1 \qquad \text{bzw.} \qquad \frac{T_v}{T} < 1$$

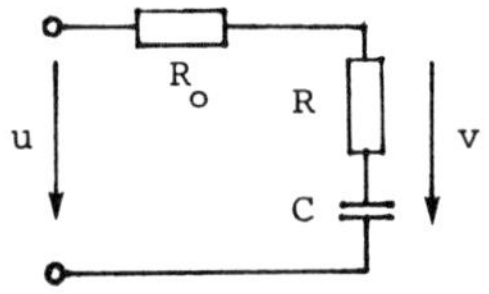

Bild 3.5: RC-Netz

Im folgenden muß deshalb darauf geachtet werden, ob $T_v > T$ oder $T_v < T$ ist. In Tafel 3.1.3 sind beide Fälle nebeneinander dargestellt.

Die Übertragungsfunktion zu Gl. (3.10)

$$F_{PD1}(s) = K\,\frac{1 + T_v s}{1 + T\,s} \tag{3.11}$$

mit der Nullstelle $z_1 = -1/T_v$ und dem Pol $s_1 = -1/T$ schlägt eine Parallelschaltung aus P-T_1- und D-T_1-Glied vor, was zur Bezeichnung PD-T_1-Glied oder verzögertes PD-Glied führt. Die Übergangsfunktion $h_{PD1}(t)$ erhält man deshalb am schnellsten durch Addition von $h_{P1}(t)$ und $h_{D1}(t)$ mit Anpassung der Konstanten, so daß

$$h_{PD1}(t) = K[1 + (\frac{T_v}{T} - 1)e^{-\frac{t}{T}}]\sigma(t) \qquad (3.12)$$

$$F(s) = K\frac{1+T_v s}{1+Ts}$$

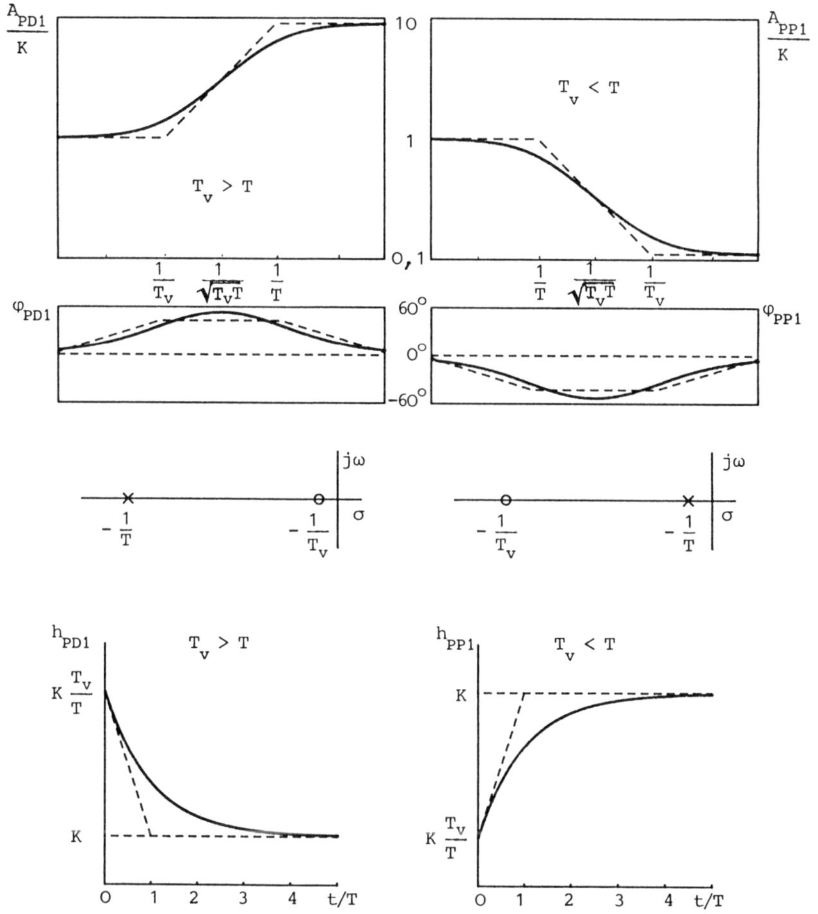

$$h(t) = K[1 + (\frac{T_v}{T} - 1)e^{-t/T}]\sigma(t)$$

Tafel 3.1.3: PD-T_1-Glied PP-T_1-Glied

Beim Zeitverlauf in Tafel 3.1.3 sieht man: für $T_v > T$ springt das Ausgangssignal zuerst auf einen großen Wert und klingt dann ab auf einen kleinen Endwert. Diese Vorhalt-Reaktion (vor allem bei der Steuerung von Fahrzeugen erforderlich) führt zur Bezeichnung Vorhaltzeit T_v. (Beim Menschen kann man darin ein Maß für das Vorausdenken sehen.) Für $T_v < T$ ist von solch einem Vorhalt nichts zu sehen: von einem niedrigen Wert nach Einsatz der Sprunganregung wird der höhere Endwert verzögert erreicht. Aus dem Frequenzgang

$$\underline{F}_{PD1}(j\omega) = K \frac{1 + j\omega T_v}{1 + j\omega T}$$

der sich aus den Elementen $\underline{F}_Z(j\omega)$ und $\underline{F}_N(j\omega)$ Gl. (2.28) und (2.29) in geraden Linienzügen zusammensetzen läßt, ist der Vorhalt für $T_v > T$ festzustellen: Im Amplitudengang nimmt nach Erreichen der ersten Eckfrequenz $\omega_1 = 1/T_v$ die Amplitude zu und bleibt nach Erreichen der zweiten Eckfrequenz $\omega_2 = 1/T$ auf dem konstanten Wert. Entsprechend nimmt der Phasengang zunächst zu, was eine Phasenvoreilung bedeutet, und geht wieder auf 0° zurück. Auf diese Phasenvoreilung als ein entscheidendes Merkmal für differenzierendes Verhalten wurde schon beim D-T_1-Glied hingewiesen. Die Frequenz ω_m, für die der Winkel φ seinen Extremwert φ_m erreicht, läßt sich aus dem Phasengang mittels der Extremwertrechnung bestimmen

$$\varphi_{PD1}(\omega) = \text{arc tan}\ \omega T_v - \text{arc tan}\ \omega T$$

Der Ansatz $\left.\frac{d\varphi}{d\omega}\right|_{\omega=\omega_m} = 0$ führt zu $\omega_m = \frac{1}{\sqrt{T_v T}}$

Im logarithmischen Maßstab liegt ω_m genau in der Mitte zwischen den beiden Eckfrequenzen. Dazu gehört

$$\varphi_m = \text{arc tan}\sqrt{\frac{T_v}{T}} - \text{arc tan}\sqrt{\frac{T}{T_v}} \qquad (3.13)$$

d.h. für $T_v > T$ ist $\varphi_m > 0^\circ$, für $T_v < T$ ist $\varphi_m < 0^\circ$.

Die Bezeichnung PD-T_1 hat also nur Sinn für $T_v > T$. Für $T_v < T$ spricht man vom PP-T_1-Glied, weil auf dem anfänglichen Sprung eine verzögerte P-Antwort aufgesetzt ist. (Gelegentlich findet man die Bezeichnung PIP als passive Realisierung eines PI-Gliedes im Bereich $t < T$ bzw. $\omega > 1/T$. In der englischen Fachliteratur heißt es treffend für $T_v > T$ "lead-lag-network" und für $T_v < T$ "lag-lead-network".)

3.2 Reguläre Übertragungsglieder zweiter Ordnung

Das dynamische Verhalten dieser Übertragungsglieder wird durch Differentialgleichungen zweiter Ordnung beschrieben.

3.2.1 P-T_2-Glied (und I-T_1-Glied)

Die mathematische Beschreibung der Dynamik des Beschleunigungsmessers (Beispiel 2) und des Gleichstromantriebs (Beispiel 3) lieferte Differentialgleichungen zweiter Ordnung. Wenn man beim Antrieb den Einfluß des Lastmoments außer acht läßt, also nur den Einfluß der Ankerspannung berücksichtigt, haben beide Gleichungen (2.2) und (2.3b) dieselbe Form. Mit den in Abschnitt 2.2.2 eingeführten Parametern, der Kennkreisfrequenz ω_o und dem Dämpfungsgrad d, sowie mit u als Eingangs- und v als Ausgangssignal, lautet die Differentialgleichung unabhängig von der gerätemäßigen Realisierung

$$v + 2d\,\frac{\dot{v}}{\omega_o} + \frac{\ddot{v}}{\omega_o^2} = K\,u \qquad (3.14)$$

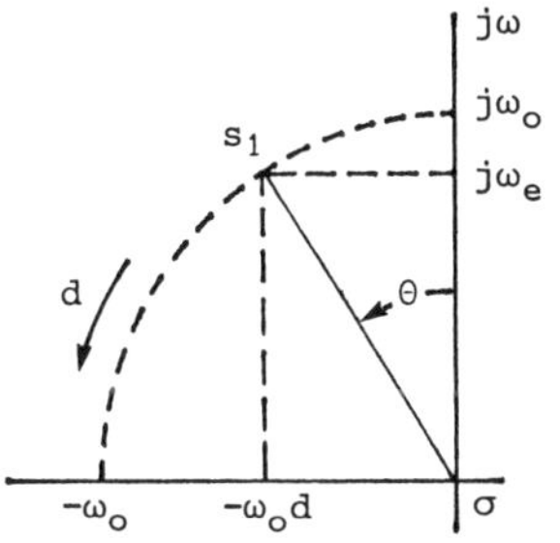

Bild 3.6: Polverlauf des P-T_2-Gliedes für $0 \leq d \leq 1$

Das so beschriebene Übertragungsglied verhält sich stationär (für $\dot{v} = \ddot{v} = 0$) wie ein P-Glied. Man nennt es deshalb P-Glied zweiter Ordnung oder P-T_2-Glied. Der Übertragungsfunktion

$$F_2(s) = \frac{K}{1 + 2d\frac{s}{\omega_o} + \frac{s^2}{\omega_o^2}} \qquad (3.15)$$

entnimmt man die charakteristische Gleichung

$$\left(\frac{s}{\omega_o}\right)^2 + 2d\left(\frac{s}{\omega_o}\right) + 1 = 0$$

mit den zwei Lösungen s_1 und s_2 als Eigenwerte oder Pole

$$\frac{s_{1,2}}{\omega_o} = -d \pm \sqrt{d^2-1} \qquad (3.16)$$

Während die Kennkreisfrequenz ω_o nur als Maßstabsfaktor auftritt, hat der Dämpfungsgrad d einen entscheidenden Einfluß auf die Form der analytischen Lösungen und Kurvenverläufe.

$0 \leq d < 1$ (Schwingfall): die Eigenwerte sind konjugiert komplex

$$s_{1,2} = -\omega_o d \pm j\,\omega_o\sqrt{1-d^2} \qquad (3.17)$$

mit negativem Realteil. Die Abklingkonstante $\omega_o d$ beeinflußt das Abklingen der Eigenbewegung, vergl. Bild 3.7. Ihr Kehrwert kann als Zeitkonstante der Hüllkurve angesehen werden. Der Imaginärteil ist die Eigenkreisfrequenz ω_e, mit der das Ausgangssignal des Übertragungsgliedes schwingt:

$$\omega_e = \omega_o\sqrt{1-d^2}$$

Gl. (3.17) kann in Exponentialform geschrieben werden

$$s_{1,2} = \omega_o\, e^{\pm j(\frac{\pi}{2} + \Theta)} \qquad \text{für} \quad 0 \leq \Theta \leq \frac{\pi}{2}$$

wobei $\sin\Theta = d$.

Diese Exponentialfunktion beschreibt in Abhängigkeit des Winkels Θ bzw. des Dämpfungsgrades d einen Halbkreis um den Ursprung in der linken Hälfte der komplexen s-Ebene. Wegen der Symmetrie ist in Bild 3.6 nur der Verlauf von s_1, dem Pol mit positivem Imaginärteil, gezeigt.

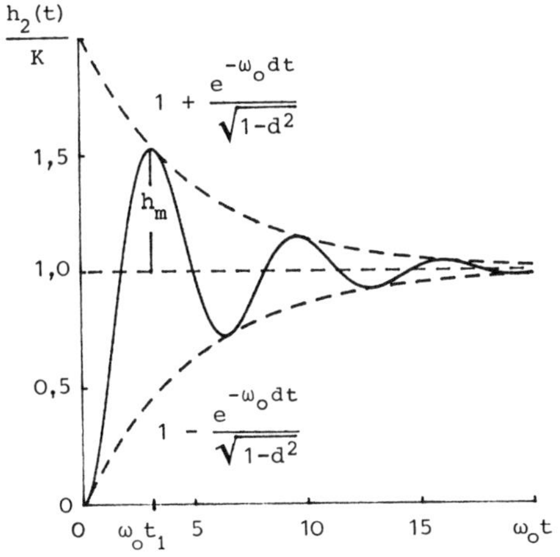

Bild 3.7: Übergangsfunktion des P-T_2-Gliedes für $d < 1$

Die Übergangsfunktion $h_2(t)$ entnimmt man der Korrespondenztabelle Anhang 1 (Nr. 21)

$$h_2(t) = K[1 - \frac{\omega_o}{\omega_e} e^{-\omega_o dt} \cos(\omega_e t - \Theta)]\sigma(t) \tag{3.18}$$

Bild 3.7 zeigt einen solchen Schwingfall (weitere Beispiele finden sich in Tafel 3.2.1a). Die Hüllkurve erhält man, indem man die Cosinusfunktion durch +1 bzw. -1 ersetzt. Sie klingt mit der Abklingkonstanten $\omega_o d$ ab. Aus Gl. (3.18) kann man die Extremwerte der Übergangsfunktion berechnen. Für den ersten Überschwinger, d.h. für die maximale Überschwingweite h_m, gilt (vergl. Bild 3.7) $\omega_e t_1 = \pi$; dann ist $\omega_o t_1 = \pi/\sqrt{1-d^2}$ und damit

$$h_m = K\, e^{-\pi \tan \Theta}$$

Aus dem gemessenen Verlauf der Übergangsfunktion läßt sich mit h_m der Dämpfungsgrad $d = \sin \Theta$ bestimmen:

$$d = \frac{1}{\sqrt{1 + (\pi/\ln \frac{K}{h_m})^2}}$$

Für $d = 0$ liegen die Pole auf der Imaginärachse: $s_{1,2} = \pm j\omega_o$, das System führt Dauerschwingungen mit der Kreisfrequenz ω_o aus; denn in diesem Fall ist $h_2(t) = K[1 - \cos \omega_o t]\sigma(t)$.

$d = 1$ (aperiodischer Grenzfall): beide Eigenwerte sind gleich

$$s_1 = s_2 = -\omega_o$$

Man spricht hier von einem Doppelpol, es ist der Schnittpunkt des Kreises mit der negativen σ-Achse in Bild 3.6. Die Übertragungsfunktion vereinfacht sich zu

$$F_2(s) = \frac{1}{(1 + \frac{s}{\omega_o})^2} \tag{3.15a}$$

Sie beschreibt also eine Kettenschaltung von zwei gleichen P-T_1-Gliedern mit der Zeitkonstante $T = 1/\omega_o$.

Die Übergangsfunktion ist in diesem Fall (Anhang 1, Nr. 13)

$$h_2(t) = K[1 - (1 + \omega_o t)e^{-\omega_o t}]\sigma(t) \tag{3.18a}$$

$d > 1$ (Kriechfall): beide Eigenwerte sind negativ reell.

Man setzt hier $s_1 = -\frac{1}{T_1}$ und $s_2 = -\frac{1}{T_2}$, so daß man aus Gl. (3.16)

$$T_{1,2} = \frac{1}{\omega_o}(d \pm \sqrt{d^2-1})$$

erhält, mit $\omega_o = \frac{1}{\sqrt{T_1T_2}}$ und $d = \frac{1}{2}\left[\sqrt{\frac{T_1}{T_2}} + \sqrt{\frac{T_2}{T_1}}\right]$

Die Übertragungsfunktion

$$F_2(s) = \frac{1}{(1+T_1s)(1+T_2s)} \tag{3.15b}$$

entsteht so aus der Kettenschaltung von zwei P-T_1-Gliedern mit den Zeitkonstanten T_1 und T_2. Man findet deshalb gelegentlich die Bezeichnung zweifach verzögertes P-Glied. Die Übergangsfunktion $h_2(t)$ ist (nach Anhang 1, Nr. 17)

$$h_2(t) = K[1 - \frac{1}{T_1-T_2}(T_1 e^{-\frac{t}{T_1}} - T_2 e^{-\frac{t}{T_2}})]\sigma(t) \qquad (3.18b)$$

Für den Frequenzgang eines P-T_2-Gliedes gehen wir von der allgemeinen Form für $F_2(s)$ in Gl. (3.15) aus, die für den gesamten Bereich $0 \leq d < \infty$ gilt

$$\underline{F}_2(j\omega) = \frac{K}{1 - (\frac{\omega}{\omega_o})^2 + 2jd\frac{\omega}{\omega_o}}$$

Für das Bodediagramm in Tafel 3.2.1a unterscheidet man zwei Bereiche:

$\frac{\omega}{\omega_o} << 1$ $\quad A_2(\omega) = K$ $\quad \varphi_2(\omega) = 0^\circ$ (P-Verhalten)

$\frac{\omega}{\omega_o} >> 1$ $\quad A_2(\omega) = \frac{K\,\omega_o^2}{\omega^2}$ $\quad \varphi_2(\omega) = -180^\circ$ (zweifaches I-Verhalten)

Beide Grenzlinien schneiden sich im Punkt $\frac{\omega}{\omega_o} = 1$ und $A_2 = K$, an dieser Stelle ist

$\omega = \omega_o$ $\quad A_2(\omega_o) = \frac{K}{2d}$ $\quad \varphi_2(\omega_o) = -90^\circ$

Für $d < 0{,}5$ ist der Wert $A_2(\omega_o)$ größer als K. Der maximale Wert für $A_2(\omega)$, die sog. Resonanzüberhöhung, liegt jedoch nicht bei ω_o, sondern bei der Resonanzkreisfrequenz ω_r. Sie wird mittels der Extremwertrechnung aus dem Amplitudengang $A_2(\omega)$ bestimmt

$$\omega_r = \omega_o\sqrt{1-2d^2} \quad \text{mit} \quad A_2(\omega_r) = \frac{K}{2d\sqrt{1-2d^2}}$$

d.h. $\omega_r < \omega_o$ und $A_2(\omega_r) > A_2(\omega_o)$; eine Resonanzüberhöhung tritt nur für $d < \frac{1}{\sqrt{2}}$ auf. Ebenfalls für $d < \frac{1}{\sqrt{2}}$ ist noch ein dritter markanter Wert, die Durchtrittskreisfrequenz ω_D, zu berechnen, für die $A_2(\omega_D) = K$, oder für die der Amplitudengang $A_2(\omega)/K$ die 1- bzw. 0 dB-Linie schneidet

$$\omega_D = \omega_o\sqrt{2(1-2d^2)} = \sqrt{2}\,\omega_m$$

$$F_2(s) = \frac{K}{1 + 2d\,\frac{s}{\omega_o} + \left(\frac{s}{\omega_o}\right)^2}$$

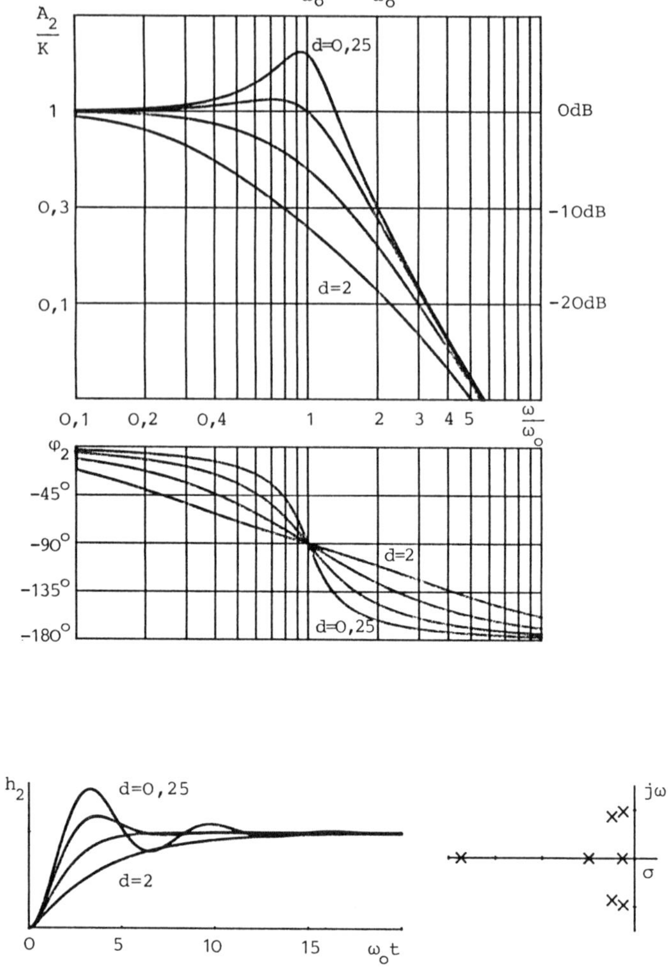

Tafel 3.2.1a: P-T_2-Glied für d = 0,25; 0,5; 1; 2

Mit diesen Werten läßt sich der Amplitudengang in dem Frequenzbereich skizzieren, in dem man das Lineal nicht verwenden kann. Für den Phasengang genügt meist die freie Zeichnung nach Vorlage in Tafel 3.2.1a. Für $d \geq 1$ geht man von Gl. (3.15b) aus. Man ersetzt das P-T_2-Glied durch eine Kettenschaltung von zwei P-T_1-Gliedern. Dann kann man im Amplituden- und Phasengang die einzelnen geraden Linienzüge mit den Eckfrequenzen $\omega_1 = 1/T_1$ und $\omega_2 = 1/T_2$ addieren, vergl. Tafel 3.2.1b links.

$$F_2(s) = \frac{K}{(1+T_1 s)(1+T_2 s)} \qquad\qquad F_{I1}(s) = \frac{K_I}{s(1+T_1 s)}$$

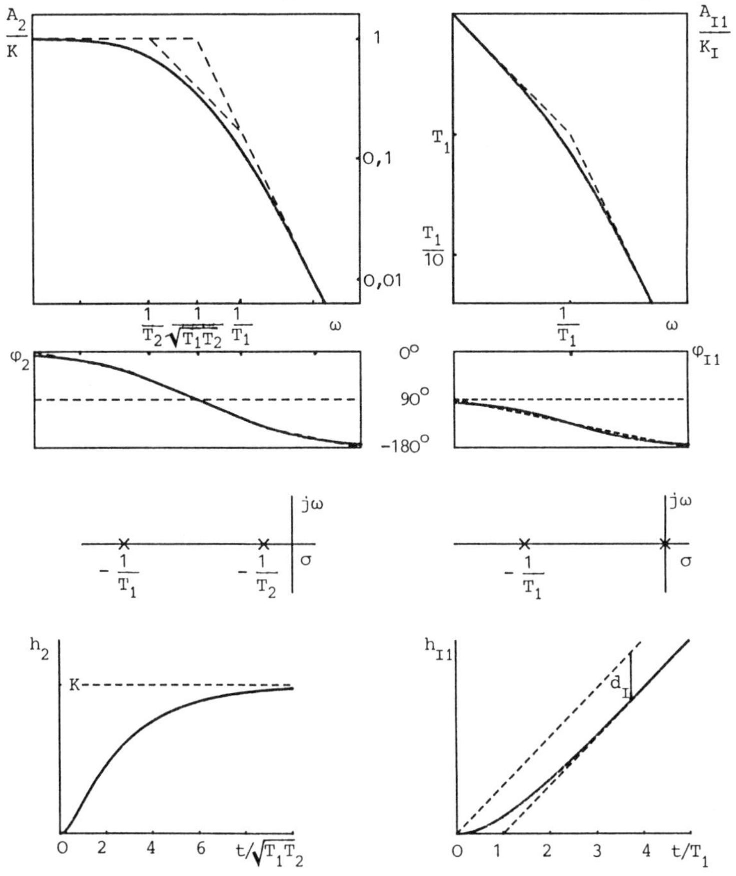

$$h_2(t) = K\left[1 - \frac{1}{T_1 - T_2}\left(T_1 e^{-\frac{t}{T_1}} - T_2 e^{-\frac{t}{T_2}}\right)\right]\sigma(t) \qquad\qquad h_{I1}(t) = K_I T_1\left[\frac{t}{T_1} - \left(1 - e^{-\frac{t}{T_1}}\right)\right]\sigma(t)$$

Tafel 3.2.1b: P-T_2-Glied ($d > 1$) I-T_1-Glied

Das I-T_1-Glied

Ähnlich wie beim P-T_1-Glied (Abschnitt 3.1.1), das im oberen Frequenz- bzw. im unteren Zeitbereich I-Verhalten zeigt (sein Pol wandert in den Ursprung), kann man beim P-T_2-Glied ein I-T_1-Verhalten oder verzögertes I-Verhalten finden. In Tafel 3.2.1b sind deshalb das P-T_2-Glied für $d > 1$ (links) und das I-T-$_1$-Glied (rechts) nebeneinander dargestellt. Läßt man den Pol $s_2 = -1/T_2$ in den Ursprung wandern, wird die Übertragungsfunktion

$$F_{I1}(s) = \frac{K_I}{s(1+T_1 s)} \tag{3.19}$$

(im Vergleich zu Gl. (3.15b) wäre $K_I = \frac{K}{T_2}$)

mit der Differentialgleichung

$$\dot{v} + T_1\ddot{v} = K_I u \tag{3.20}$$

Die Übergangsfunktion $h_{I1}(t)$ kann durch Integration von $h_1(t)$, mit $h_{I1}(o) = 0$ ermittelt werden, oder man entnimmt sie der Tabelle Anhang 1, Nr. 10

$$h_{I1}(t) = K_I T_1 [\frac{t}{T_1} - (1 - e^{-\frac{t}{T_1}})]\sigma(t) \tag{3.21}$$

Der Verlauf von $h_{I1}(t)$ in Tafel 3.2.1b zeigt für $t \to \infty$ einen konstanten Abstand d_I von der idealen Rampe $K_I t$ (gestrichelt). Gl. (3.21) ergibt $h_{I1}(t\to\infty) = K_I(t-T_1)$, so daß $d_I = K_I T_1$ ist. Ohne Kenntnis der Übergangsfunktion arbeitet man mit der Laplace-Transformation und dem Endwertsatz (vergl. Abschnitt 2.3.1). Es ist

$$D_I(s) = \frac{K_I}{s^2} - \frac{K_I}{s^2(1+T_1 s)} = \frac{K_I T_1 s}{s^2(1+T_1 s)}$$

Aus dem Endwertsatz erhält man

$$d_I = \lim_{s\to 0} [s\, D_I(s)] = K_I T_1$$

Der Frequenzgang des $I\text{-}T_1$-Gliedes

$$F_{I1}(j\omega) = \frac{K_I}{j\omega(1+j\omega T_1)}$$

setzt sich zusammen aus den Frequenzgängen eines I-Gliedes und eines $P\text{-}T_1$-Gliedes. Die asymptotische Näherung des Amplitudengangs hat für Frequenzen $\omega < \omega_o = 1/T_1$ die Steigung -1 bzw. -20 dB/Dek und für $\omega > 1/T_1$ die Steigung -2 bzw. -40 dB/Dek. Der

Phasengang ist gegenüber dem des P-T_1-Gliedes um 90° abgesenkt, vergl. Tafel 3.2.1b.

3.2.2 PI-T_1-Glied

Das verzögerte PI-Glied kann dargestellt werden als Kettenschaltung eines PI- und eines P-T_1-Gliedes oder als Parallelschaltung eines P-T_1- und eines I-T_1-Gliedes mit gleicher Zeitkonstante. Die Übertragungsfunktion ist dann

$$F_{PI1}(s) = K\left(1 + \frac{1}{T_n s}\right)\frac{1}{1+Ts} = \frac{K(1+T_n s)}{T_n s(1+Ts)} \qquad (3.22)$$

mit der zugehörigen Differentialgleichung

$$T_n \dot{v} + T_n T \ddot{v} = K(u + T_n \dot{u})$$

Aus der Parallelschaltung erhält man durch Addition $h_1(t)$ + + $h_{I1}(t)$ die Übergangsfunktion für das PI-T_1-Glied

$$h_{PI1}(t) = K\left[1 - \frac{T}{T_n} + \frac{t}{T_n} - \left(1 - \frac{T}{T_n}\right)e^{-\frac{t}{T}}\right]\sigma(t) \qquad (3.23)$$

Das PI-T_1-Verhalten kann auch durch Integration nach einem PD-T_1-Glied erzeugt werden, wie man aus dem rechten Ausdruck von Gl. (3.22) ersieht; zu dem Pol und der Nullstelle des PD-T_1-Gliedes kommt ein Pol im Ursprung hinzu. Es gelten also die entsprechenden Überlegungen zum Verhältnis T_n/T wie beim PD-T_1-Glied zu T_v/T; ein echtes PI-T_1-Verhalten gibt es nur für $T_n > T$. Tafel 3.2.2 zeigt: die Anfangssteigung der Übergangsfunktion für $T_n > T$ ist größer als die Endsteigung, und die Kurve verläuft oberhalb der idealen Rampe (Anwendung der Grenzwertsätze!). Für $T_n < T$ verhalten sich die Steigungen umgekehrt; der Verlauf der Übergangsfunktion ähnelt dem eines I-T_1-Gliedes. Auch beim Frequenzgang

$$\underline{F}_{PI1}(j\omega) = \frac{K}{j\omega T_n}\,\frac{(1 + j\omega T_n)}{(1 + j\omega T)}$$

wird diese Bedingung bestätigt. Den Amplitudengang A_{PI1} erhält man durch Addition der Amplitudengänge eines PD-T_1-Gliedes (Tafel 3.1.3) und eines I-Gliedes (Tafel 3.1.1). Tafel 3.2.2 zeigt beide Verläufe: für $T_n > T$ erkennt man im Bereich $\omega < 1/T$ den

$$F(s) = K \frac{1+T_n s}{T_n s(1+Ts)}$$

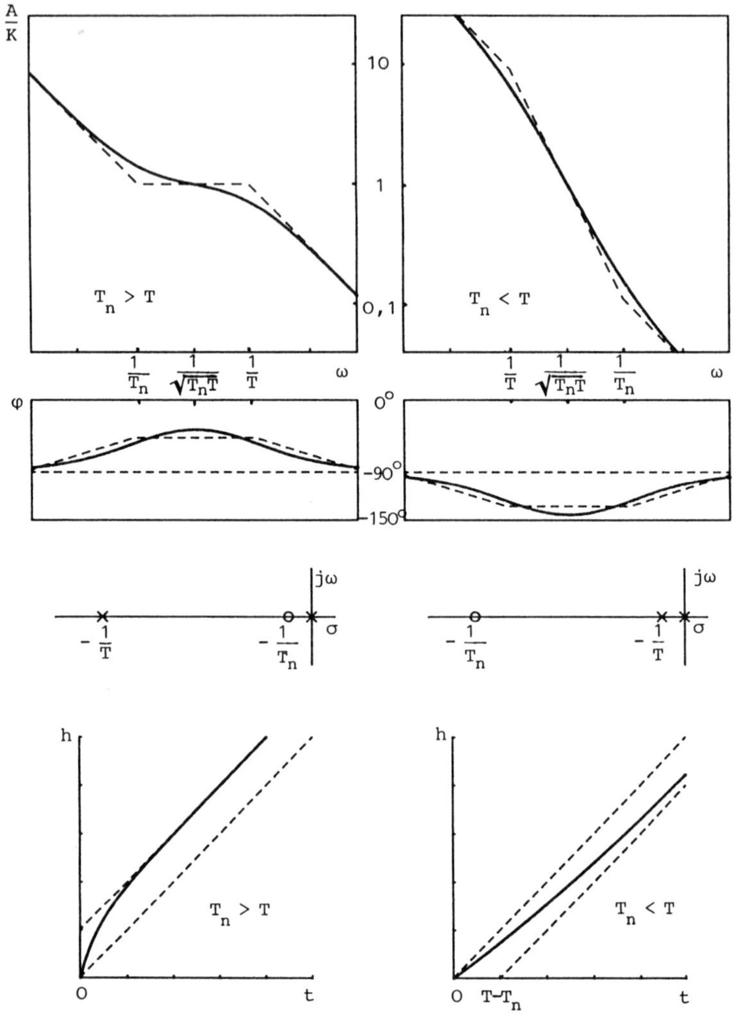

$$h(t) = K[1 - \frac{T}{T_n} + \frac{t}{T_n} - (1 - \frac{T}{T_n})e^{-t/T}]\sigma(t)$$

Tafel 3.2.2: PI-T_1-Glied

Amplitudenverlauf eines PI-Gliedes, für $T_n < T$ dagegen im gleichen Frequenzbereich den eines I-T_1-Gliedes. Der Phasengang, zusammengesetzt aus den Verläufen von PD-T_1- und I-Glied, zeigt für $T_n > T$ die Phasenanhebung im andern Fall die -absenkung.

3.2.3 PID-T_1-Glied

Dieses Übertragungsglied kann man sich durch Parallel- und Kettenschaltung zusammengesetzt denken. Seine Übertragungsfunktion ist

$$F_{PID}(s) = K(1 + \frac{1}{T_n s} + T_v s) \frac{1}{1+Ts} \tag{3.24}$$

Zum Aufstellen der Differentialgleichung benötigt man die Form

$$F_{PID}(s) = K \frac{1 + T_n s + T_n T_v s^2}{T_n s(1+Ts)} \tag{3.24a}$$

so daß

$$T_n \dot{v} + T_n T \ddot{v} = K(u + T_n \dot{u} + T_n T_v \ddot{u}) \tag{3.25}$$

Die Übergangsfunktion hierzu ergibt sich z.B. durch Addition von $h_{PI1}(t)$ und $h_{D1}(t)$:

$$h_{PID}(t) = K[1 - \frac{T}{T_n} + \frac{t}{T_n} - (1 - \frac{T}{T_n} - \frac{T_v}{T})e^{-\frac{t}{T}}]\sigma(t) \tag{3.26}$$

dargestellt in Tafel 3.2.3.

Für die Pol-Nullstellen-Konfiguration geht man von Gl. (3.24a) aus. Der Zähler, zu Null gesetzt, liefert die zwei Nullstellen

$$z_{1,2} = -\frac{1}{2T_v}(1 \pm \sqrt{1 - 4\frac{T_v}{T_n}})$$

Sie sind reell und negativ für $T_n > 4T_v$. Nur dieser Fall wird weiter verfolgt, da er beim praktischen Einsatz des PID-Reglers üblich ist. Dann setzt man $T_{z1,2} = -1/z_{1,2}$, so daß

$$T_{z1,2} = \frac{T_n}{2}\left(1 \pm \sqrt{1 - 4\frac{T_v}{T_n}}\right)$$

wobei $T_n = T_{z1} + T_{z2}$ und $T_n \cdot T_v = T_{z1} \cdot T_{z2}$.

Es wird ferner vorausgesetzt, daß $T_v > T$ (möglichst $T_v \geq 5T$) ist. Die beiden Nullstellen z_1 und z_2 liegen daher zwischen den beiden Polen $s_1 = -\frac{1}{T}$ und $s_2 = 0$, vergl. Tafel 3.2.3.

$$F(s) = K[1 + \frac{1}{T_n s} + T_v s]\,\frac{1}{1+Ts}$$

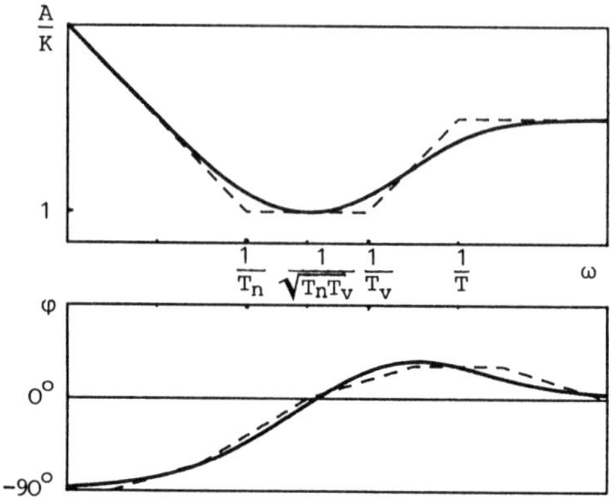

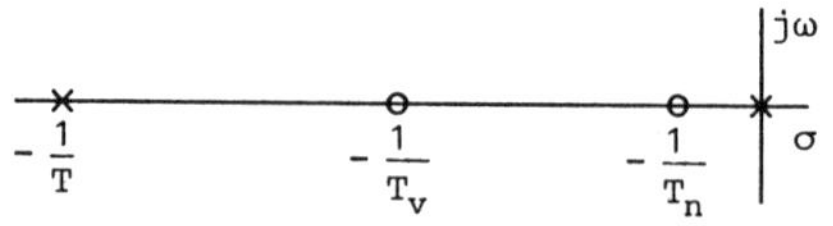

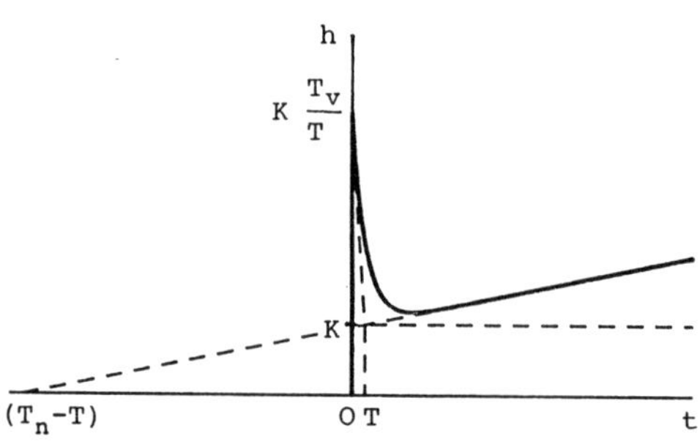

$$h(t) = K[1 - \frac{T}{T_n} + \frac{t}{T_n} - (1 - \frac{T}{T_n} - \frac{T_v}{T})e^{-t/T}]\sigma(t)$$

Tafel 3.2.3: PID-T_1-Glied

Der Frequenzgang in Produktform lautet

$$\underline{F}_{PID}(j\omega) = \frac{K(1 + j\omega T_{z1})(1 + j\omega T_{z2})}{j\omega T_n(1 + j\omega T)}$$

Diese Darstellung eignet sich zum Zeichnen des Phasengangs, der sich aus den zu diesen Elementen gehörenden Geradenstücken zusammensetzen läßt. Zur Ermittlung des Amplitudengangs geht man besser von der Form der Gl. (3.24) aus, mit der Abgrenzung folgender Bereiche:

$$\omega \ll \frac{1}{T_n}: \quad A_{PID}(\omega) = \frac{K}{\omega T_n} \quad \left[\varphi_{PID}(\omega) = -90^\circ\right]$$

$$\frac{1}{T_n} \leq \omega \leq \frac{1}{T_v}: \quad A_{PID}(\omega) \approx A_{PID}\left(\frac{1}{\sqrt{T_n T_v}}\right) = K \quad \left[\varphi_{PID}\left(\frac{1}{\sqrt{T_n T_v}}\right) = -\arctan \omega T\right]$$

$$\frac{1}{T_v} < \omega < \frac{1}{T}: \quad A_{PID}(\omega) \approx K\,T_v\,\omega \quad \text{(Einfluß von T vernachlässigen)}$$

$$\omega \gg \frac{1}{T}: \quad A_{PID}(\omega) = K\frac{T_v}{T} \quad \left[\varphi_{PID}(\omega) \to 0^\circ\right]$$

Anmerkung: Zu den Übertragungsgliedern zweiter Ordnung gehören auch das D-T_2- und das PD-T_2-Glied (letzteres wird beispielsweise mit der Übertragungsfunktion nach Gl. (2.15) oder dem Frequenzgang nach Gl. (2.30) beschrieben). Diese und die Übertragungsglieder höherer Ordnung lassen sich aus den in diesem Kapitel besprochenen Übertragungsgliedern zusammensetzen.

3.3 Irreguläre Übertragungsglieder

In den Abschnitten 3.1 und 3.2 wurden die wesentlichen Eigenschaften von stabilen Phasenminimum-Systemen, wie sie am Anfang dieses Kapitels aufgestellt sind, bestätigt. So liegen die Pole und Nullstellen aller besprochenen Übertragungsfunktionen in der linken s-Halbebene. Die Frequenzgänge zeigen folgende Zusammenhänge: Zu einem konstanten Amplitudengang $A(\omega)$ gehört der konstante Phasengang $\varphi(\omega) = 0^\circ$ (P-Glied); bei einer Steigung des

Amplitudengangs von +1 bzw. +20 dB/Dek ist der Phasenwinkel $+90^\circ$ (D-Verhalten) bzw. bei einer Neigung von -1 bzw. -20 dB/Dek ist der Phasenwinkel -90° (I-Glied). Ein irreguläres Übertragungsglied oder ein Nichtphasenminimum-System hat dagegen ein oder mehrere Nullstellen mit positivem Realteil. Auch gibt es keine eindeutige Beziehung zwischen Amplituden- und Phasengang.

Als Beispiel diene ein Gleichstrommotor, dessen Drehzahl über die Erregung gesteuert wird. Die entsprechende Übertragungsfunktion kann mit

$$F(s) = K \frac{1 - T_z s}{(1 + T_1 s)(1 + T_2 s)}$$

angenähert werden. Sie hat eine positive Nullstelle $z_1 = 1/T_z$. Der Frequenzgang hat folgende Eigenschaften: Im oberen Frequenzbereich, d.h. für Kreisfrequenzen ω, die mehr als das 10-fache der größten Eckfrequenz betragen, ist der Amplitudengang $A(\omega) \approx K\, T_z/(T_1 T_2 \omega)$. Er hat eine Neigung von -1 bzw. -20 dB/Dekade. Jedoch erreicht der Phasengang $\varphi(\omega) = -\arctan \omega T_1 - \arctan \omega T_2 - \arctan \omega T_z$ einen Winkel von -270°. Nach dem Satz von Bode "kann jedes irreguläre Übertragungsglied in eine Kette aus einem Phasenminimum-System und einem Allpaß zerlegt werden". Für den Gleichstrommotor wird die Übertragungsfunktion entsprechend erweitert

$$F(s) = K \frac{1 + T_z s}{(1 + T_1 s)(1 + T_2 s)} \cdot \frac{1 - T_z s}{1 + T_z s}$$

Der linke Teil der Übertragungsfunktion mit einer negativen Nullstelle und zwei negativen Polen beschreibt ein Phasenminimum-System; der rechte Teil beschreibt einen Allpaß erster Ordnung mit einem negativen Pol und einer symmetrisch zum Pol liegenden positiven Nullstelle. Ein Allpaß ist ein Nichtphasenminimum-System mit speziellen Eigenschaften.

3.3.1 Allpaß erster Ordnung

Die Brückenschaltung in Bild 3.8 ist als "Phasenschieber" bekannt, wenn der Widerstand R oder der Kondensator C variabel sind. Ihr

Übertragungsverhalten ist das eines Allpasses erster Ordnung. Mit u_e als Eingangs- und u_a als Ausgangsspannung erhält man die Differentialgleichung

$$u_a + RC\,\dot{u}_a = \frac{1}{2}(u_e - RC\,\dot{u}_e)$$

oder allgemein

$$v + T\,\dot{v} = K(u - T\,\dot{u}) \qquad (3.27)$$

wobei

$$T = RC \quad \text{und} \quad K = \frac{1}{2}$$

Mit der Hilfsgröße x gemäß der Differentialgleichung

$$T\,\dot{x} = -x + u \quad \text{so daß} \quad v = K(x - T\,\dot{x})$$

läßt sich der Wirkungsplan dieses Allpasses mit einem P- und einem I-Glied aufstellen, Bild 3.8.

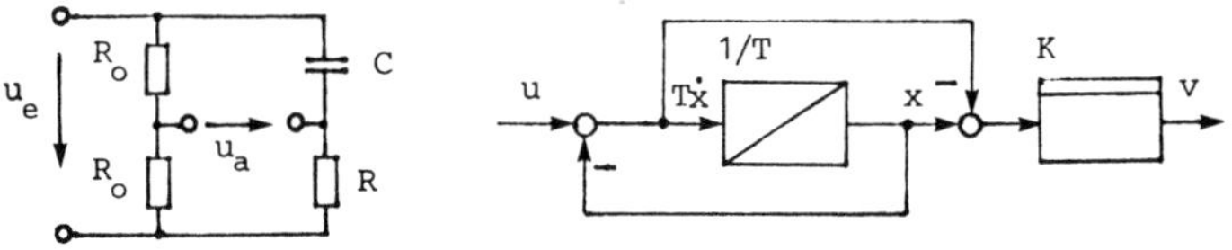

Bild 3.8: RC-Brücke als Allpaß erster Ordnung und Wirkungsplan zu Gl. (3.27)

Die Übertragungsfunktion zu Gl. (3.27) wird dann

$$F_A(s) = K\,\frac{1 - Ts}{1 + Ts} \qquad (3.28)$$

Sie hat eine positive Nullstelle $z_1 = +\,1/T$ und symmetrisch dazu einen negativen Pol $s_1 = -\,1/T$.

Die Übergangsfunktion ist gemäß Gl. (3.28) die Differenz der Übergangsfunktionen für ein P-T_1- und ein D-T_1-Glied und damit

$$h_A(t) = K(1 - 2e^{-\frac{t}{T}})\sigma(t) \qquad (3.29)$$

d.h. bei positivem Eingangssprung antwortet der Allpaß am Ausgang zunächst mit einem negativen Sprung und verläuft dann mit der Zeitkonstante T verzögert auf den positiven Endwert, vergl. Tafel 3.3.1.

Der Name Allpaß kommt vom Frequenzgang

$$\underline{F}_A(j\omega) = K \frac{1 - j\omega T}{1 + j\omega T}$$

mit

$$A_A(\omega) = K \qquad und \qquad \varphi_A(\omega) = -2 \text{ arc tan } \omega T$$

$$F_A(s) = K \frac{1-Ts}{1+Ts} \qquad\qquad F_t(s) = e^{-T_t s}$$

$$h_A(t) = K [1 - 2e^{-t/T}]\sigma(t) \qquad\qquad h_t(t) = \sigma(t-T_t)$$

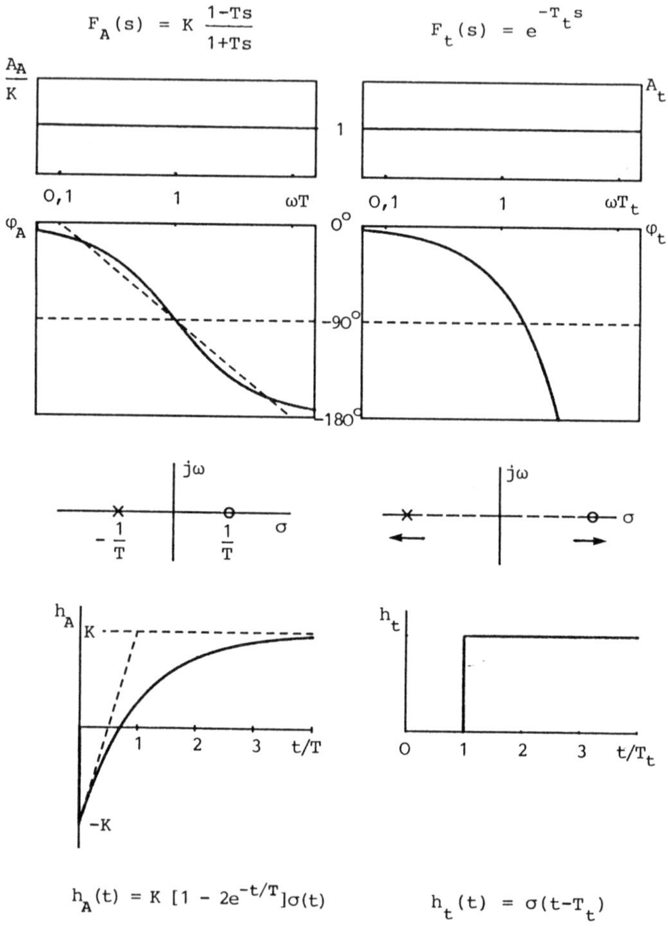

Tafel 3.3.1/3:   Allpaß   Totzeitglied

Der Amplitudengang ist wie bei einem P-Glied konstant, d.h. der Allpaß läßt Sinusschwingungen beliebig hoher Frequenzen ohne Amplitudenänderung passieren. Die Phasenverschiebung ist aber beträchtlich. Der Phasengang $\varphi_A(\omega)$ gleicht nämlich dem eines P-T_2-Gliedes mit Doppelpol (d.h. für d = 1); er verläuft also nicht minimal.

3.3.2 Allpaß höherer Ordnung

Einen Allpaß zweiter Ordnung erhält man beispielsweise, indem man die Kapazität der Brückenschaltung, Bild 3.8, durch eine LC-Reihenschaltung ersetzt. Die Übertragungsfunktion eines Allpasses beliebiger Ordnung lautet in Produktform

$$F(s) = K \frac{(1 - T_1 s)(1 - T_2 s) \ldots (1 - \frac{2d}{\omega_o} s + \frac{1}{\omega_o^2} s^2) \ldots}{(1 + T_1 s)(1 + T_2 s) \ldots (1 + \frac{2d}{\omega_o} s + \frac{1}{\omega_o^2} s^2)} \qquad (3.30)$$

oder in Polynomform

$$F(s) = K \frac{1 - a_1 s + a_2 s^2 \qquad \pm a_{n-1} s^{n-1} \mp a_n s^n}{1 + a_1 s + a_2 s^2 + \ldots + a_{n-1} s^{n-1} + a_n s^n} \qquad (3.31)$$

Aus Gl. (3.30) entnimmt man als reelle Pole $s_1 = -1/T_1$, $s_2 = -1/T_2$ usw. sowie möglicherweise konjugiert komplexe Pole $s_{k,l} = -\omega_o d \pm j\omega_o\sqrt{1-d^2}$ für $d < 1$. Die Pole sind negativ oder haben negativen Realteil. Die Nullstellen liegen spiegelbildlich zur Imaginärachse und sind daher positiv bzw. haben positiven Realteil: $z_1 = +1/T_1$, $z_2 = +1/T_2$, ..., $z_{k,l} = +\omega_o d \pm j\omega_o\sqrt{1-d^2}$. Die Eigenschaften des Frequenzgangs lassen sich ebenfalls aus der Produktform Gl. (3.30) entnehmen. Der Amplitudengang ist konstant $A(\omega) = 1$, denn die einzelnen Beträge $\sqrt{1 + \omega^2 T_j^2}$, ... sind in Zähler und Nenner gleich. Dagegen zeigt der Phasengang mit

$$\varphi(\omega) = -2\left(\sum_j \arctan \omega T_j + \arctan \frac{2d\, \omega_o\, \omega}{\omega_o^2 - \omega^2}\right)$$

die zweifache Nacheilung gegenüber einem P-T_n-Glied mit dem Nenner von F(s).

Zur Abschätzung der Übergangsfunktion eines Allpasses zieht man besser die Polynomform Gl. (3.31) heran. Mit den Grenzwertsätzen der Laplace-Transformation (Gln (2.18) und (2.20) Abschnitt 2.3.1) lassen sich folgende Aussagen zur Übergangsfunktion h(t) machen: Für ungerade Ordnung n des Allpasses springt h(t) nach Einsetzen des Eingangssprunges $\sigma(t)$ auf den Wert -K und hat unmittelbar danach die Ableitung +2K; der Endwert ist +K (vergl. Allpaß erster Ordnung). Bei einem Allpaß mit gerader Ordnung n ist die Anfangssprunghöhe am Ausgang +K, die Anfangssteigung aber -2K; der Endwert ist ebenfalls +K. Die Dynamik des Übergangs vom Anfangs- zum Endwert wird durch die Eigenwerte, d.h. durch die Pole der Übertragungsfunktion, bestimmt.

Zusammenfassend läßt sich der Allpaß durch folgende Eigenschaften charakterisieren:

- Im Zeitbereich reagiert ein Allpaß anfangs in die falsche Richtung.
- Der Amplitudengang eines Allpasses ist konstant, der Phasengang entspricht dem quadrierten Nenner seines Frequenzganges.
- Seine Übertragungsfunktion hat ebenso viele Nullstellen z_j mit positivem Realteil wie Pole s_j mit negativem Realteil. Sie liegen symmetrisch zur Imaginärachse.
- Ein Allpaß verschlechtert die Stabilität eines Regelkreises.

3.3.3 Totzeitglied

Bei einem Totzeitglied wird das Ausgangssignal gegenüber dem Eingangssignal um die <u>Totzeit T_t</u> verschoben, analytisch ausgedrückt

$$v(t) = u(t - T_t) \qquad (3.32)$$

So ist die Übergangsfunktion $h_t(t)$ eine verschobene Sprungfunktion

$$h(t) = \sigma(t - T_t)$$

Wendet man den Verschiebungssatz der Laplace-Transformation auf Gl. (3.32) an, so wird

$$V(s) = e^{-T_t s} U(s)$$

Die Übertragungsfunktion eines T_t-Gliedes ist daher

$$F_t(s) = e^{-T_t s} \tag{3.33}$$

Man kann einen Pol mit $p \to -\infty$ angeben und symmetrisch dazu eine Nullstelle mit $z \to +\infty$. Für das Bodediagramm erhält man einen konstanten Amplitudengang $A_t(\omega) = 1$.

Die Phase ist proportional der Kreisfrequenz

$$\varphi_t(\omega) = -\omega T_t$$

im logarithmischen Maßstab für ω ist der Phasengang eine gekrümmte Linie. Die Phasennacheilung wird mit zunehmender Signalfrequenz beliebig groß. Deshalb verschlechtern Totzeitglieder in einem Regelkreis dessen Stabilität. Da das Totzeitglied im Bild- und Frequenzbereich ähnliche Eigenschaften hat wie ein Allpaß, wurden die Diagramme in Tafel 3.3.1/3 nebeneinander dargestellt.

In der Praxis findet man Totzeiten bei Transportsystemen; auch die "Lange Leitung" (elektrisch oder im übertragenen Sinne beim Menschen) kann als Totzeitglied dargestellt werden. Bei zeitdiskreter Signalverarbeitung, wie z.B. bei einer digitalen Regelung, tritt eine Totzeit auf, die etwa dem halben Wert der Abtastzeit entspricht. Da ein Totzeitglied nur mittels einer Differenzengleichung (3.32) oder einer transzendenten Übertragungsfunktion (3.30) beschrieben werden kann, wird zur Systemanalyse bei Anwesenheit von Totzeiten die zeitdiskrete Darstellung in Form von Differenzengleichungen angewendet, vergl. Abschnitt 7.3.

4. Elemente der Regelkreise

Die zwei wichtigsten Elemente des Regelkreises sind Regelstrecke und Regeleinrichtung, während Meßfühler und Stellgerät nur gerätetechnisch von Interesse sind. Für regelungstechnische Untersuchungen werden die beiden letzteren deshalb häufig in Regelstrekke bzw. -einrichtung einbezogen. Somit wird für die beiden folgenden Unterabschnitte von dem Wirkungsplan, Bild 1.3, ausgegangen.

4.1 Regelstrecke

Dem Bild 1.3 aus Kapitel 1 entnimmt man die Regelstrecke gemäß Bild 4.1. Sie ist die gegebene Anlage (bzw. der Prozeß). Ihre Prozeß- oder Regelgröße x soll entweder innerhalb der Toleranzbreite eines vorgegebenen Arbeitspunktes verharren oder einen bestimmten Funktionsverlauf aufweisen. Diese Forderung gilt unabhängig von einer Störung, die hier als Störgröße z gekennzeichnet ist. Um diese Bedingungen einzuhalten, muß eine Steuerung mit der Stellgröße y möglich sein. Somit kann die Regelstrecke durch zwei Übertragungsfunktionen beschrieben werden:

- die Störübertragungsfunktion $F_L(s)$, die den Einfluß der Störgröße z auf die Regelgröße x wiedergibt bei konstanter Stellgröße y

- die Steuerübertragungsfunktion $F_S(s)$, die den Einfluß der Stellgröße y auf die Regelgröße x wiedergibt bei konstanter Störung (meist als Belastung)

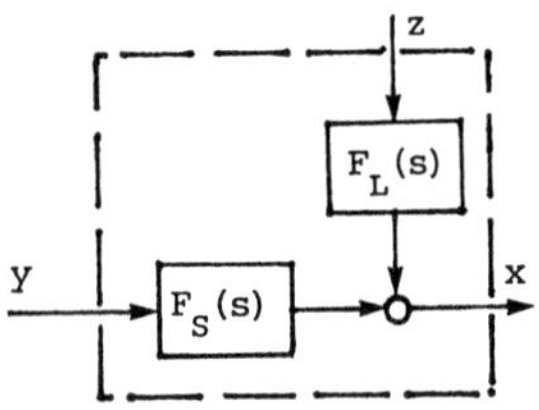

Bild 4.1: Regelstrecke

Als Arbeitspunkt wird normalerweise der Nennbetrieb der Anlage zugrunde gelegt, so daß nur die Abweichungen der Größen vom Betriebspunkt untersucht werden. Wegen der vorausgesetzten Linearität gilt bei gleichzeitiger Anregung von Steuerung und Störung im Bildbereich

$$X(s) = F_S(s)Y(s) + F_L(s)Z(s) \tag{4.1}$$

Für die Untersuchung des Regelkreises und die Auslegung von Reglern (Kapitel 5) ist die Steuerübertragungsfunktion $F_S(s)$ besonders wichtig, weil sie das Verhalten der Regelstrecke innerhalb des Kreises beschreibt.

Die Angabe von $F_S(s)$ und $F_L(s)$ ist oft recht schwierig, manchmal muß man sich mit groben Näherungen und Vereinfachungen zufrieden geben. Wenn die physikalischen Zusammenhänge bekannt sind, lassen sich die Differentialgleichungen aufstellen, wie in Kapitel 2 mit Beispiel 3 illustriert wurde. Hier ist das Steuerverhalten durch $\Omega(s)/U(s)$ und das Störverhalten durch $\Omega(s)/M(s)$, Gl. (2.13) gegeben. Gelegentlich ist es möglich, die Frequenzgänge $\underline{F}_S(j\omega)$ und $\underline{F}_L(j\omega)$ zu messen. Für die Heizungsregelung in Kapitel 1 kann die analytische Beschreibung mit Differentialgleichungen nur stark vereinfacht durchgeführt werden. Eine Frequenzgangmessung scheidet aus, weil das System viel zu langsam ist. Hier, wie in anderen Fällen, besteht die Möglichkeit, die Übergangsfunktion aufzunehmen (z.B. Verlauf der Temperaturänderung $\Delta\vartheta_R(t)$ als Reaktion auf eine feste Änderung des Ventilhubs $\Delta h\sigma(t)$). Aufgrund bekannter Zusammenhänge wird dann eine Übertragungsfunktion aufgestellt. Dabei spielen die Grenzwertsätze der Laplace-Transformation, Gln (2.18) und (2.20), eine entscheidende Rolle. Es sei

$$h_S(t) \circ\!\!-\!\!\bullet \frac{b_o + b_1 s + \ldots + b_m s^m}{a_o + a_1 s + \ldots + a_n s^n} \cdot \frac{1}{s} = F_S(s)\,\frac{1}{s} \tag{4.2}$$

Die Parameter m und n sowie die Koeffizienten b_i und a_j sind unbekannt.

Die Anfangssätze für $t \to 0_+$ (bzw. $s \to \infty$) geben Hinweise auf die Dynamik. Folgende Fälle sind denkbar:

a) $h_S(0_+) = 0$, $\dot{h}_S(0_+) = 0$ — $n-m \geq 2$ — z.B. $P\text{-}T_n$ $(n \geq 2)$, $I\text{-}T_n$ $(n \geq 1)$, $PD\text{-}T_n$ $(n \geq 3)$

b) $h_S(0_+) = 0$, $\dot{h}_S(0_+) = V_o = \frac{b_m}{a_n}$ — $n-m = 1$ — z.B. $PD\text{-}T_2$, $PI\text{-}T_1$, ...

c) $h_S(0_+) = H_o = \frac{b_n}{a_n}$, $\dot{h}_S(0_+)$ beliebig — $n-m = 0$ — z.B. $PD\text{-}T_1$, PI

Der zeitliche Verlauf läßt nur zwei Annahmen zu:

schwingend : komplexe Eigenwerte möglich
kriechend : überwiegend reelle Eigenwerte

Die Endwertsätze für $t \to \infty$ (bzw. $s \to 0$) liefern zwei Aussagen über das stationäre Verhalten:

1) $h_S(t \to \infty) = \frac{b_o}{a_o}$

$\dot{h}_S(t \to \infty) = 0$

P-Verhalten (die Regelstrecke kann zusätzliche D-Anteile oder Totzeitglieder enthalten)

2) $h_S(t \to \infty) \to \infty$

$\dot{h}_S(t \to \infty) \to \frac{b_o}{a_1}$

dann ist $a_o \equiv 0$

I-Verhalten (die Regelstrecke kann zusätzliche P- und D-Anteile sowie Totzeitglieder enthalten)

(Der Fall $h_S(t \to \infty) = 0$ und $\dot{h}_S(t \to \infty) = 0$, der mit $b_o \equiv 0$ ein D-Verhalten kennzeichnet, ist als Regelstrecke uninteressant.)

Aufgrund des stationären Verhaltens unterscheidet man zwei Arten von Regelstrecken, nämlich solche mit und solche ohne Ausgleich.

4.1.1 Regelstrecke mit Ausgleich

Sie hat stationär P-Verhalten, d.h. zu einer konstanten Stellgröße y gehört eine konstante Regelgröße x (meist gilt Entsprechendes für die Störgröße z).

Die ausgezogene Linie im oberen Diagramm von Bild 4.2 ist der typische Verlauf der Übergangsfunktion $h_S(t)$ für eine Regelstrecke mit Ausgleich; hier gilt $n-m \geq 2$. Es werde ein P-T_n-Glied zugrunde gelegt: $m = 0$, $n \geq 2$. Für $n = 2$ ließen sich a_1 und a_2, Gl. (4.2), ermitteln: für $n \geq 3$ ist die Bestimmung der Koeffizienten a_1 bis a_n mit rein analytischen Methoden nicht möglich. Da $h_S(t)$ einen kriechenden Verlauf zeigt, werden für die weiteren Überlegungen reelle Pole angenommen, so daß

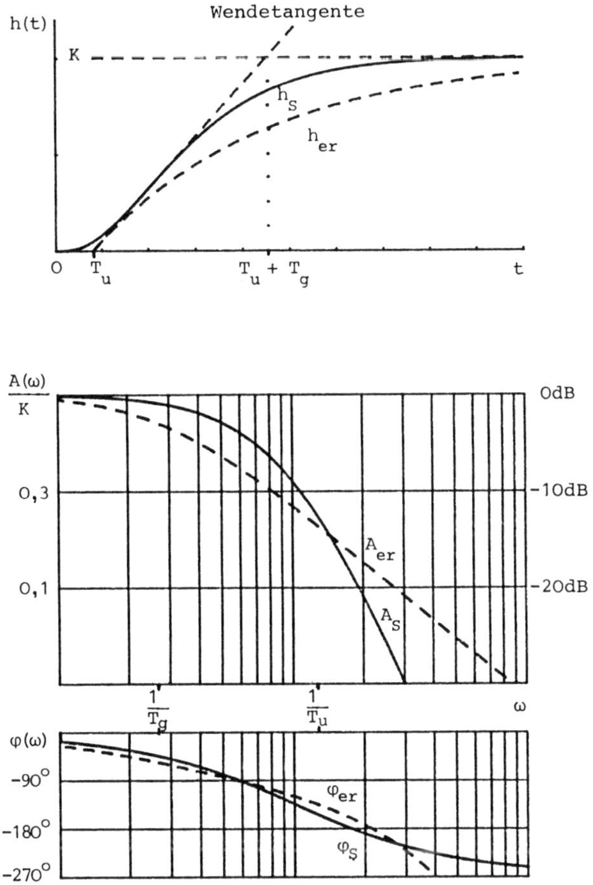

Bild 4.2: Übergangsfunktion und Frequenzgang einer Regelstrecke mit Ausgleich; —— exakter Verlauf, ------ P-T_1-T_t-Näherung

$$F_S(s) = \frac{K}{(1+T_1 s)(1+T_2 s) \ldots (1+T_n s)} =$$

$$= \frac{K}{1 + \sum_{j=1}^{n} T_j s + \ldots + \prod_{j=1}^{n} T_j s^n}$$

Die Übergangsfunktion dazu lautet

$$h_S(t) = K(1 - \sum_{j=1}^{n} k_j \, e^{-t/T_j})\sigma(t)$$

Für bekannte Zeitkonstanten T_j lassen sich die Konstanten k_j aus $F_S(s)$ mittels Residuen bestimmen. Da die Zeitkonstanten für $n \geq 3$ aus $\underline{h}_S(t)$ nicht festzustellen sind, ersetzt man die Übergangsfunktion durch den gestrichelten Kurvenverlauf. Dazu zeichnet man die Wendetangente im Punkt der steilsten Steigung ein, die die Verzugszeit T_u und die Ausgleichszeit T_g festlegt, wie Bild 4.2 zeigt. Mit T_u als Ersatztotzeit und T_g als Ersatzzeitkonstante schreibt man für die Ersatzübergangsfunktion

$$h_{er}(t) = K(1 - e^{-\frac{t-T_u}{T_g}})\sigma(t-T_u) \qquad (4.3)$$

mit der Ersatzübertragungsfunktion

$$F_{er}(s) = \frac{K\,e^{-T_u s}}{1 + T_g s} \qquad (4.4)$$

Das ist eine Kettenschaltung aus einem P-T_1- und einem T_t-Glied. Der zu Gl. (4.4) gehörende Amplitudengang ist

$$A_{er}(\omega) = \frac{K}{\sqrt{1 + (\omega T_g)^2}}$$

Der Phasengang $\varphi_{er}(\omega)$ setzt sich zusammen aus $\varphi_1(\omega) = -\arctan \omega T_g$ für den P-T_1-Anteil und $\varphi_t(\omega) = -\omega T_u$ für den T_t-Anteil. Bild 4.2 zeigt im unteren Teil zum Vergleich den exakten Frequenzgang zu der durch $h_S(t)$ gegebenen Regelstrecke (ausgezogene Linien) und $A_{er}(\omega)$ sowie $\varphi_{er}(\omega)$ entsprechend der Ersatzübertragungsfunktion (Gl. (4.4), gestrichelte Linien). Das zum Reglerentwurf eingesetzte Wendetangentenverfahren (Abschnitt 5.3.3, Einstellregeln) arbeitet mit diesen Näherungen. Dieses Verfahren gewährleistet Stabilität für den Regelkreis. Einen wesentlichen Einfluß auf die Qualität der Regelung hat das Verhältnis T_g/T_u. Es wird als eine Art Gütemaß für die Regelbarkeit der Strecke betrachtet. Als Bezugsmaß wird das Verhältnis so gewählt, daß für die 10-fache Eckfrequenz $\omega_{10} = 10/T_g$ des P-T_1-Anteils, mit $\varphi_1(\omega_{10}) \approx -\pi/2$, auch der T_t-Anteil eine Phasennacheilung $\varphi_t(\omega_{10}) = -\omega_{10}\, T_u = -\pi/2$ bewirkt. Dann wird $T_g/T_u = 20/\pi \approx 6$. Eine Regelstrecke, deren Kennwerte dieses Verhältnis haben, wird als "regelbar" bezeichnet. Für $T_g/T_u \geq 10$ gilt die Strecke als "gut regelbar"; wird das Verhältsnis kleiner als 3 ist sie "schlecht regelbar". Für das Beispiel von Bild 4.2 ist $T_g/T_u =$ $= 4{,}6$; diese Regelstrecke ist demnach regelbar.

Die meisten Anlagen, die im Bereich eines gegebenen Arbeitspunktes arbeiten sollen, sind Regelstrecken mit Ausgleich. Hier einige Beispiele:

- Heizungsregelung (siehe Kapitel 1) mit der Raumtemperatur x, dem Ventilhub y und der Außentemperatur z.
- Elektrische Antriebsregelung (siehe Beispiel 3, Kapitel 2) mit der Drehzahl x, der Ankerspannung y (gelegentlich wird die Erregung gesteuert) und dem Lastmoment z.
- Spannungsregelung eines Generators mit der Klemmenspannung x, der Drehzahl y (bzw. bei Synchrongeneratoren der Erregungsspannung y) und dem Laststrom z.

4.1.2 Regelstrecke ohne Ausgleich

Sie hat stationär I-Verhalten, d.h. zu einer konstanten Stellgröße y gehört eine konstante Geschwindigkeit $\dot{x}$ der Regelgröße. Eine typische Übergangsfunktion ist in Bild 4.3 dargestellt. Sie bleibt stationär um eine Differenz d_I hinter der idealen Rampe (gestrichelt) zurück. Für eine näherungsweise Beschreibung geht man von einem I-T_n-Glied mit reellen Polen aus und setzt als Übertragungsfunktion

$$F_{SI}(s) = \frac{K_I}{s(1+T_1 s)\ \dots\ (1+T_j s)\ \dots} =$$

$$= \frac{K_I}{s(1 + \sum_{j=1}^{n} T_j s + \dots + \prod_{j=1}^{n} T_j s^n)}$$

Die zugehörige Übergangsfunktion ist

$$h_{SI}(t) = K_I(t - \sum_{j=1}^{n} T_j + \sum_{j=1}^{n} k_j\ e^{-t/T_j})\sigma(t)$$

Ihre Asymptote trifft die Zeitachse in der Ersatzzeitkonstanten

$$T_e = \sum_{j=1}^{n} T_j \qquad (4.5)$$

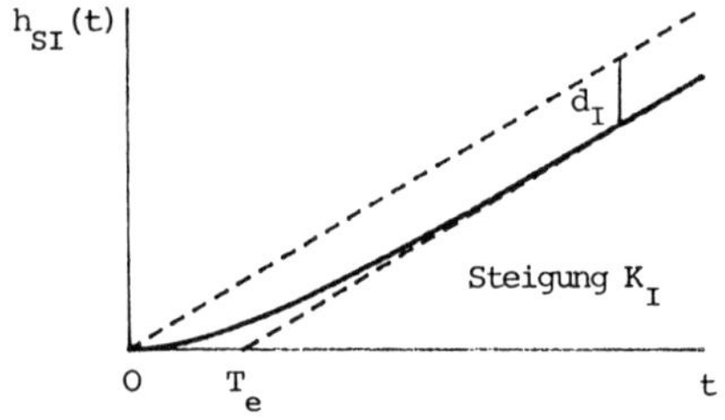

Bild 4.3: Übergangsfunktion einer Regelstrecke ohne Ausgleich

Dann ist der bleibende Abstand $d_I = K_I\ T_e$. Für Regelstrecken ohne Ausgleich sind zwei Näherungen üblich, je nachdem welche Methode zur weiteren Untersuchung eingesetzt werden soll. Entweder man betrachtet sie als I-T_1-Glied mit den Funktionen nach Tafel 3.2.1b:

$$F_{SI}(s) = \frac{K_I}{s(1 + T_e s)} \qquad (4.6)$$

und

$$h_{SI}(t) = K_I(t - T_e + e^{-t/T_e})\sigma(t) \qquad (4.7)$$

oder man ersetzt sie durch eine Kettenschaltung aus I- und T_t-Glied als I-T_t-Glied mit

$$h_{SI}(t) = K_I(t-T_e)\sigma(t-T_e) \quad \text{und} \quad F_{SI}(s) = \frac{K_I}{s} e^{-T_e s}$$

Regelstrecken ohne Ausgleich findet man meistens in Positionierungs- und Servosystemen, bei denen es in erster Linie auf das Steuerverhalten ankommt, z.B.:

- Elektrischer Stellmotor mit der Ankerspannung y und dem Winkel x der Welle bzw. Position x.
- Hydraulischer Stellmotor mit der Ventilstellung y und der Kolbenstellung x.

Eine andere Regelstrecke ohne Ausgleich findet man bei der Niveauregelung von Flüssigkeiten mit dem Zufluß y, dem Pegelstand x und dem Abfluß z.

4.2 Regeleinrichtung

Die Aufgabe einer Regeleinrichtung besteht darin, die Regelgröße x laufend mit der Führungsgröße w zu vergleichen und beim Auftreten einer Abweichung ein Stellsignal y zu liefern, das diese Abweichung verringert oder ganz beseitigt. So gehört zur Regeleinrichtung die Vergleichsstelle, die die Regeldifferenz e = w-x bildet, und das Übertragungsglied, das die Reglerübertragungsfunktion $F_R(s) = Y(s)/E(s)$ übernimmt, vergl. Bild 4.4. Bei kommerziellen Reglern, besonders solchen, die in Schalttafeln eingebaut werden, ist die Vergleichsstelle nicht zugänglich. Unabhängig davon, ob das Übertragungsglied mit $F_R(s)$ oder die ganze Einrichtung betrachtet wird, spricht man kurz vom Regler.

Bild 4.4: Elemente und Signale eines Reglers

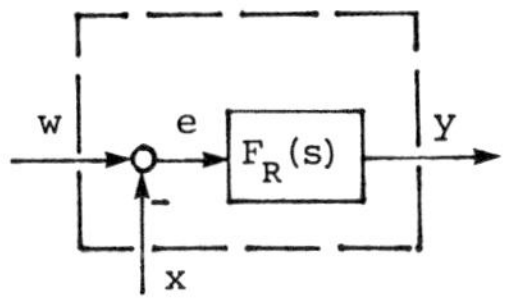

Regler werden nach verschiedenen Kriterien eingeteilt:
- nach dem Verlauf der Kennlinie in stetige (meist linear) und unstetige Regler (z.B. Zweipunkt- oder Dreipunktregler, siehe Kapitel 8)
- nach dem dynamischen Verhalten (z.B. P-, PI- oder PID-Regler)

- nach der Betriebsart: mit Hilfsenergie (z.B. elektrische oder pneumatische Regler) und ohne Hilfsenergie
- nach der Funktionsweise: zeitkontinuierlich und zeitdiskret (z.B. digitale Regler)

Beim Reglerentwurf und bei der Regelkreisuntersuchung geht es überwiegend um das dynamische Verhalten des Reglers mit linearer Kennlinie. Die anderen Kriterien sind wichtig für die gerätetechnische Realisierung in einer gegebenen Anlage.

4.2.1 Reglerkennwerte

Bei der Festlegung des Reglertyps $F_R(s)$ und seinen Kennwerten geht man zunächst von einem PID-Regler aus, der im Zeitbereich beschrieben wird durch

$$y(t) = K\, e(t) + K_I \int_0^t e(\tau)\,d\tau + K_D \frac{de(t)}{dt} \qquad (4.8)$$

und im Bildbereich durch die Übertragungsfunktion

$$F_R(s) = K + \frac{K_I}{s} + K_D s = K\left(1 + \frac{1}{T_n s} + T_v s\right) \qquad (4.9)$$

Neben dem Übertragungsfaktor K werden die folgenden Kennwerte verwendet:

Integrationsbeiwert K_I oder Nachstellzeit $T_n = K/K_I$ und Differenzierbeiwert K_D oder Vorhaltzeit $T_v = K_D/K$.

Je nach Wahl der Parameter kann man einen P-, PI-, PD- oder PID-Regler einstellen. (I- und D-Regler werden in der Praxis nicht eingesetzt.) Der D-Anteil kann aber nur verzögert als D-T_1-Glied mit der Verzögerungszeitkonstante T_1 realisiert werden. Sie verfälscht die Parameter K, T_n und T_v, wie nachfolgend gezeigt wird. In Gl. (4.9) wird das D-Glied durch ein D-T_1-Glied ersetzt

$$F_{R1}(s) = K\left(1 + \frac{1}{T_n s} + \frac{T_v s}{1+T_1 s}\right)$$

Auf die Form des PID-T_1-Gliedes - siehe Tafel 3.2.3 - gebracht, erhält man

$$F_{R1}(s) = K \cdot A\left(1 + \frac{1}{T_n A \cdot s} + \frac{T_v + T_1}{A} s\right) \frac{1}{1 + T_1 s} \qquad (4.10)$$

mit dem Abhängigkeitsfaktor A, für diese Konfiguration

$$A = 1 + \frac{T_1}{T_n} \qquad (4.11)$$

Wenn, wie in Abschnitt 3.2.2 verlangt wird, $T_n \geq 4\ T_v$ und $T_v \geq 5\ T_1$, dann ist $A \leq 1{,}05$. Dieser Wert liegt innerhalb der zulässigen Toleranz, denn zum einen ist die Einstellgenauigkeit an kommerziellen Reglern nicht so hoch, zum andern sind die Parameter der Regelstrecke nicht so genau bekannt. Der Abhängigkeitsfaktor tritt nur auf, wenn ein bestimmter D-Anteil mit $T_v \neq 0$ eingestellt wird; für $T_v = 0$ wird $A = 1$, weil dann auch $T_1 = 0$ zu setzen ist.

Für den Übertragungsbeiwert K müssen gemäß Bild 4.5 einige Begriffe eingeführt werden. Das Stellsignal y ist auf einen Maximalwert, den Stellbereich $Y_h = 100\ \%$ begrenzt. Entsprechend gilt für das Eingangssignal $e = w - x$ der Aussteuerbereich $X_h = 100\ \%$. Der Proportional- oder P-Bereich X_p ist abhängig von der Steigung K der Kennlinie. Nur innerhalb dieses Bereichs wird die Kennlinie linear ausgesteuert. Es ist

$$K = \frac{Y_h}{X_p} = \frac{100\ \%}{X_p}$$

Deshalb ist am Regler oft statt dem Übertragungsbeiwert K der P-Bereich X_p einzustellen: $X_p < 100\ \%$ bedeutet $K > 1$ (Kennli-

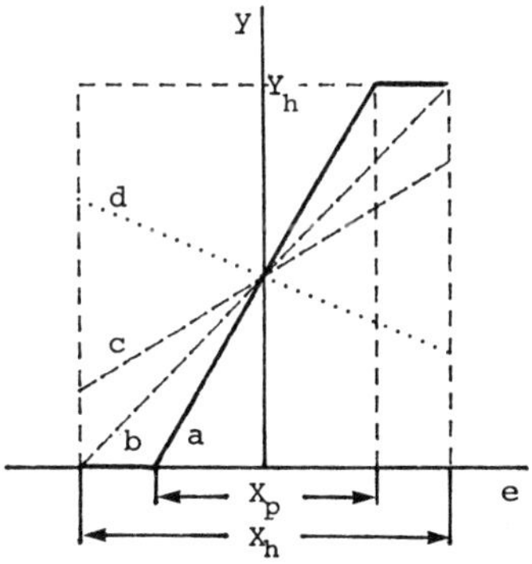

Bild 4.5: Kennlinien eines linearen Reglers

nie a), $X_p > 100$ % bedeutet $K < 1$ (Kennlinie c), für $X_p = X_h = 100$ % ist $K = 1$ (Kennlinie b). Kennlinie d gilt für inversen Betrieb (Vorzeichenumkehr). Der Schnittpunkt der Kennlinien ist die mit dem Sollwert W_A für den Arbeitspunkt X_A eingestellte Stellgröße Y_A.

Die Festlegung von Werten in % hat den Vorteil, daß man unabhängig von physikalischen Größen dimensionieren kann. Bei kommerziellen Reglern gelten für elektrische und pneumatische Signale in der Regel folgende Zuordnungen:

100 % entsprechen 20 mA oder 10 V bei elektrischen Reglern
10^5 Pa (bzw. 1 bar) bei pneumatischen Reglern.

Für hydraulische Regler werden keine Standardwerte angegeben, weil sie die jeweils geforderten Stellkräfte direkt aufbringen. Der Öldruck ist 10 bis 100 mal so groß wie der Luftdruck in pneumatischen Elementen.

Es folgen einige Beispiele, um dem Leser eine Vorstellung davon zu vermitteln, wie Regler aufgebaut sind.

4.2.2 Regler ohne Hilfsenergie

Solche Regler sind aus passiven elektrischen oder mechanischen Bauelementen aufgebaut und müssen nicht ständig an eine Versorgungsspannung oder einen Versorgungsdruck angeschlossen sein. Sie kommen in der Praxis selten vor, mit Ausnahme des Radiatorreglers, den man an fast jedem Heizkörper einer Zentralheizung findet. Das Prinzip wurde in Kapitel 1 erläutert, eine praktische Ausführung zeigt Bild 4.6.

Meßfühler und Regler sind unabhängig von irgendeiner Energiezufuhr und deshalb stets betriebsbereit. Es handelt sich hier um einen $P(-T_1)$-Regler.

Der Fliehkraftregler hat schon historische Bedeutung (James Watt) und wird heute noch dort verwendet, wo elektrische Drehzahlgeber nicht eingesetzt werden können. Bild 4.7 zeigt einen Ausschnitt der Regelung für einen sog. "Constant-Speed-Propeller" von Flug-

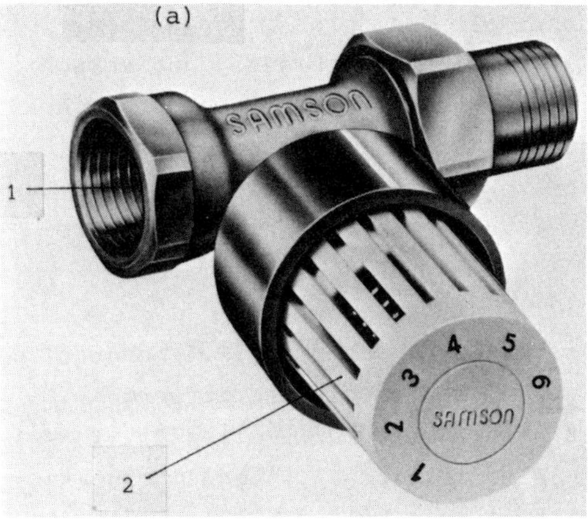

1 Ventil
2 Thermostat mit eingebautem Fühler
3 Skalenring
4 Thermostat
5 Reglergehäuse
6 Feder
7 Arbeitsstift, Kegelstange
8 O-Ring-Abdichtung
9 Ventilkegel mit Sitz
10 Ventilgehäuse mit Sitz

(b)

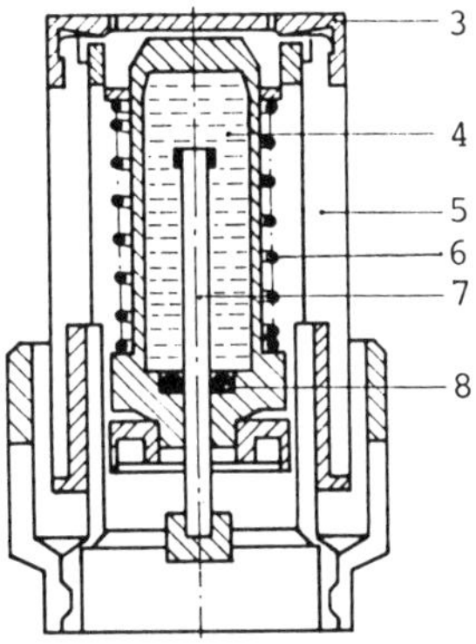

(c)

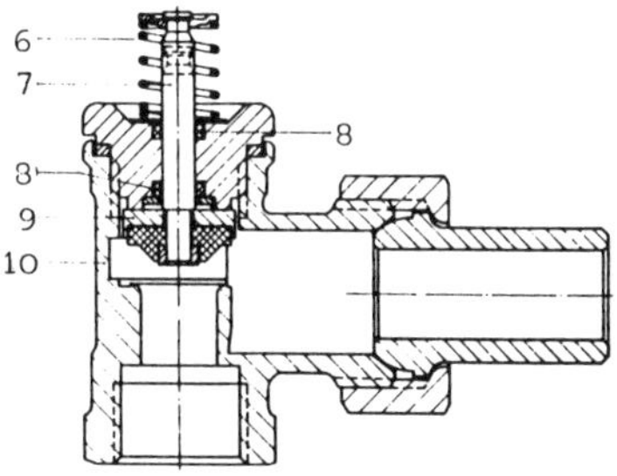

Bild 4.6 Radiatorregler nach Samson (a) Gesamtansicht
(b) Querschnitt von Thermostat mit Fühler
(c) Querschnitt des Ventils

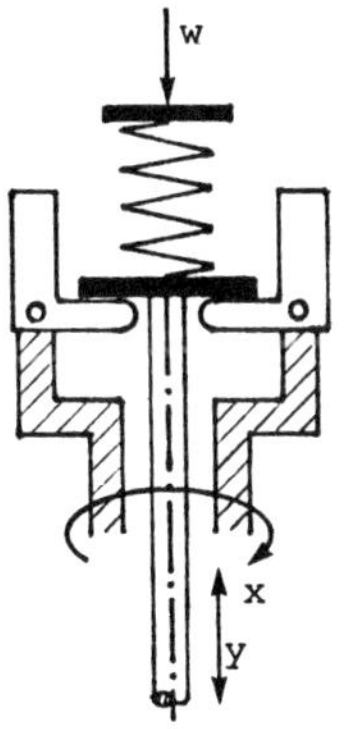

Bild 4.7: Fliehkraftregler

zeugen. Ist die Drehzahl x höher als die durch w vorgegebene Solldrehzahl, dann wandern die Fliehgewichte nach außen und verschieben die Stellstange (zugehörendes Stellsignal y) nach oben. Bei zu niedriger Drehzahl erfolgt ein Stellsignal nach unten. Solch ein Fliehkraftregler wird auch zur Drehzahlregelung von Dampfturbinen eingesetzt. Er hat P(-T_2)-Verhalten (mit hoher Eigenfrequenz).

Für spezielle Anwendungen kann das in Abschnitt 3.1.3 behandelte RC-Netz, Bild 3.5, als passiver PI-Regler eingesetzt werden. Es wurde darauf hingewiesen, daß sich dieses PD-T_1-Glied mit $T_v < T$ für $t < T$ bzw. $\omega > \frac{1}{T}$ wie ein PI-Glied verhält. Ähnlich funktioniert die mechanische Konstruktion nach Bild 4.8. Das Eingangssignal ist eine Kraft e (z.B. von einem Weicheisen-Meßelement), das Ausgangssignal y ist eine Position (z.B. Schleiferstellung an einem Widerstand). Durch Kräftevergleich (unter Vernachlässigung des Einflusses von bewegten Massen) und nach Eliminierung der Hilfsgröße y_D (Position des Kolbens) erhält man

$$Y(s) = \frac{1}{C}\left(1 + \frac{C}{D\,s}\right) E(s)$$

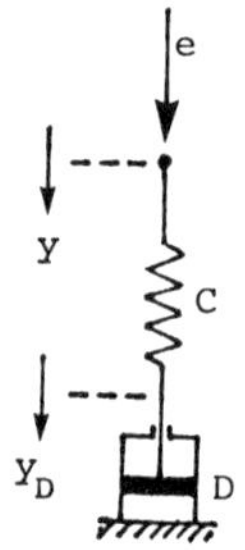

Bild 4.8: Mechanischer PI-Regler ohne Hilfsenergie

4.2.3 Regler mit Hilfsenergie

Die meisten Regler mit Hilfsenergie arbeiten nach dem in Bild 4.9 dargestellten Prinzip. Im Vorwärtszweig ist ein Leistungsverstärker mit hoher Verstärkung V, in der Rückführung ist ein meist passives Übertragungsglied $F_r(s)$ eingebaut. Die Reglerübertragungsfunktion ist dann

$$F_R(s) = \frac{V}{1 + VF_r(s)}$$

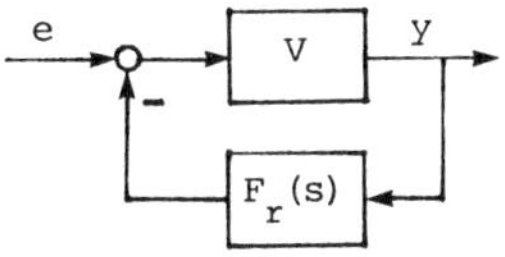

Bild 4.9: Wirkungsplan eines Reglers mit Hilfsenergie

Für $V \to \infty$ gilt

$$F_r(s) \to \frac{1}{F_r(s)} \tag{4.12}$$

Zur Realisierung eines PI-Reglers muß man in die Rückführung ein $D\text{-}T_1$-Glied setzen (nachgebende Rückführung), für einen PID-Regler ein $D\text{-}T_2$-Glied. Letzteres kann aus der Parallelschaltung von zwei $P\text{-}T_1$-Gliedern mit gleicher Übertragungskonstante gebildet werden, wobei das Ausgangssignal des einen $P\text{-}T_1$-Gliedes von dem des anderen subtrahiert wird

$$\frac{K_r}{1+T_1 s} - \frac{K_r}{1+T_2 s} = \frac{K_r(T_2-T_1)s}{(1+T_1 s)(1+T_2 s)}$$

Im stationären Zustand ist für eine konstante Regeldifferenz die Rückführung unwirksam, und das Stellsignal wird nur durch V bestimmt

$$y(t \to \infty) = V\, e(t \to \infty) = Y_h$$

Wählt man zur Realisierung eines PI-Reglers entsprechend Gl. (4.12) als Rückführungsübertragungsfunktion

$$F_r(s) = \frac{T_n s}{K_R(1+T_n s)}$$

so wird die Reglerübertragungsfunktion

$$F_{PI}(s) = V \frac{1 + T_n s}{1 + (1 + \frac{V}{K_R})T_n s} = \frac{K_R(1 + \frac{1}{T_n s})}{1 + \frac{K_R}{V}(1 + \frac{1}{T_n s})} \tag{4.13}$$

Der erste Ausdruck beschreibt ein PD-T_1-Verhalten, bei dem die Vorhaltzeit kleiner ist als die Zeitkonstante, vergl. Tafel 3.1.3, Kapitel 3. Der zweite Ausdruck läßt für $V \to \infty$ das PI-Verhalten erkennen. Bild 4.10 zeigt Übergangsfunktionen dieses Reglers. Je größer die Vorwärtsverstärkung V im Vergleich zum angestrebten Reglerübertragungsfaktor K_R ist, desto besser wird das PI-Verhalten erreicht.

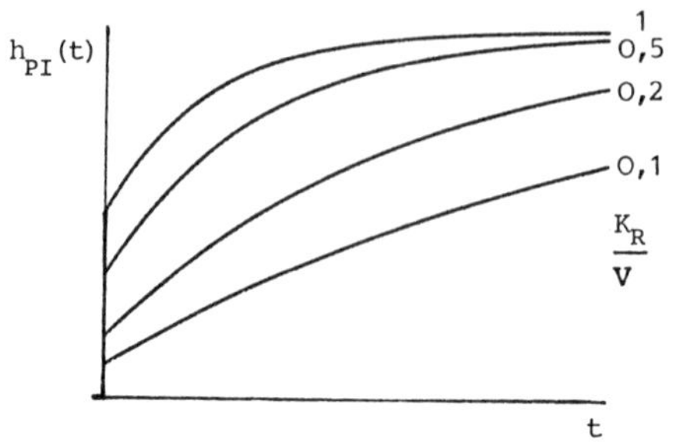

Bild 4.10: Übergangsfunktionen des realen PI-Reglers zu Gl. (4.13)

Für den PID-Regler muß man als Rückführung einsetzen

$$F_r(s) = \frac{T_n s}{K_R(1 + T_n s + T_n T_v s^2)}$$

so daß

$$F_R(s) = \frac{K_R(1 + \frac{1}{T_n s} + T_v s)}{1 + \frac{K_R}{V}(1 + \frac{1}{T_n s} + T_v s)} \qquad (4.14)$$

Zugehörige Übergangsfunktionen sind in Bild 4.11 dargestellt, und zwar in Abhängigkeit von K_R/V. Jede Kurve springt am Anfang auf den Wert V und strebt nach langer Zeit gegen diesen Wert. Durch die endliche Verstärkung V ergibt sich PID-T_1-Verhalten.

Nun sollen zwei in der Praxis eingesetzte Regler vorgestellt werden. Bei beiden handelt es sich um Einbaugeräte, sog. Kompaktregler. Bild 4.12 zeigt als erstes Beispiel einen pneumatischen Regler in der Kreuzbalg-Ausführung. Er arbeitet nach dem Prinzip des Kraftvergleichs, der an einer Waage durchgeführt wird. Der Ring ist somit ein gebogener Waagebalken. Durch Verschieben des Ringes vor der Düse H - an dieser Stelle hat er die Funktion der

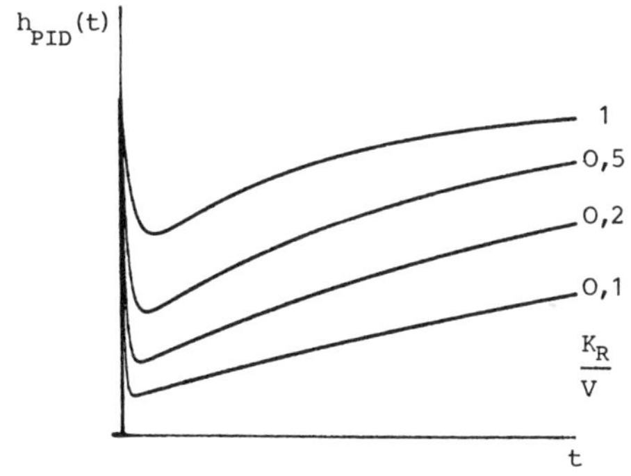

Bild 4.11: Übergangsfunktionen des realen PID-Reglers zu Gl. (4.14)

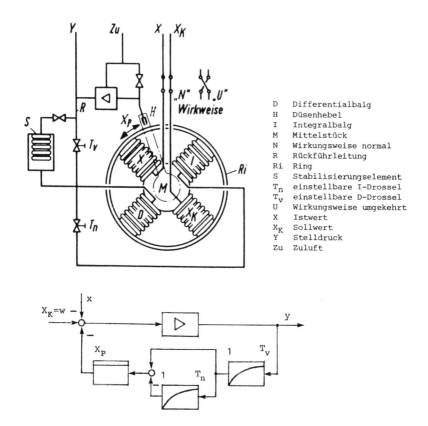

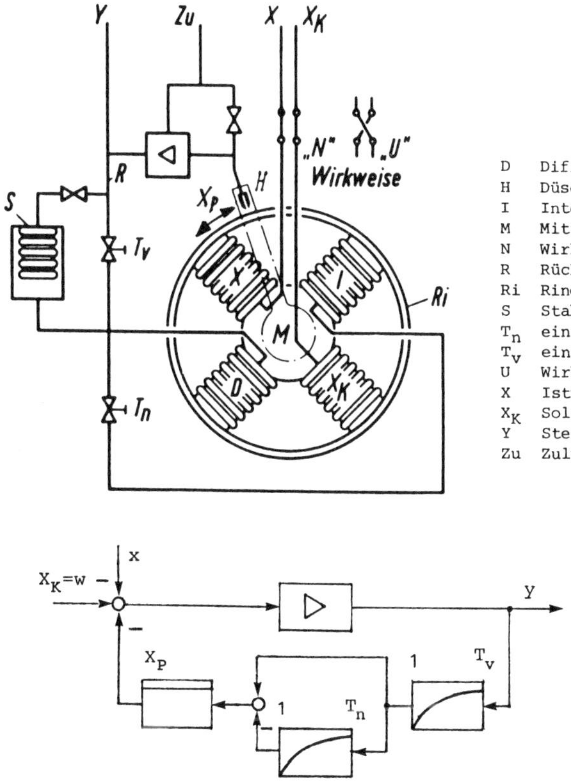

D	Differentialbalg
H	Düsenhebel
I	Integralbalg
M	Mittelstück
N	Wirkungsweise normal
R	Rückführleitung
Ri	Ring
S	Stabilisierungselement
T_n	einstellbare I-Drossel
T_v	einstellbare D-Drossel
U	Wirkungsweise umgekehrt
X	Istwert
X_K	Sollwert
Y	Stelldruck
Zu	Zuluft

Bild 4.12: Funktions- und Wirkungsplan des pneumatischen Kreuzbalgreglers (Eckardt)

Prallplatte - wird über den pneumatischen Verstärker der Ausgangsdruck y verändert. Diese Verschiebung wird hervorgerufen stationär durch Verstellen der Düse H zur Festlegung des P-Bereichs X_P und dynamisch durch den Kraftvergleich in den gegeneinandergeschalteten Bälgen. Mit den Bälgen "X" und "X_K" wird die Regeldifferenz (hier x-w) gebildet. Die Rückführungsbälge "D" (Gegenkopplung) und "I" (Mitkopplung) werden vom Ausgangsdruck y verzögert durch die T_v-Drossel bzw. noch einmal verzögert durch die T_n-Drossel angesteuert. Der Wirkungsplan illustriert die Funktionsweise. Unter der Annahme einer unendlich hohen Vorwärtsverstärkung erhält man als Reglerübertragungsfunktion

$$F_R(s) = \frac{A}{X_P}\left(1 + \frac{1}{A\,T_n\,s} + \frac{T_v}{A}\,s\right)$$

mit dem Abhängigkeitsfaktor $A = 1 + T_v/T_n$. Da die Vorwärtsverstärkung nicht beliebig hoch sein kann, kommt noch eine Verzögerung hinzu.

Bei anderen Ausführungen ist der Waagebalken gestreckt, das Prinzip ist das gleiche. Pneumatische Regler werden dort eingesetzt, wo Explosionsgefahr besteht, und vor allem dort, wo Ventile direkt angesteuert werden sollen. Mit der Entwicklung des Mikroprozessors werden die pneumatischen Regler nach und nach durch digitale Regler ersetzt. Dann werden nur noch Signalumformer gebraucht, die elektrische Signale in pneumatische umwandeln, siehe Abschnitt 4.3.1. So werden pneumatische Regler bald der Vergangenheit angehören.

Bild 4.13 zeigt einen elektrischen Regler. Zum besseren Verständnis sind die wesentlichen Elemente des einem Handbuch entnommenen Funktionsplans als Wirkungsplan herausgezogen. Block 4 enthält die Einstellung des Übertragungsfaktors K_P, die Zusammenführung der Signale aus Eingang und nachgebender Rückführung, Block 5 mit $F_n(s)$, sowie die hohe lineare Vorwärtsverstärkung. In Block 6 mit $F_D(s)$ wird die Differentiation durchgeführt. Es muß besonders darauf hingewiesen werden, daß nur die Regelgröße x differenziert wird und nicht die Führungsgröße w. Denn bei einer Festwertregelung (Abschnitt 5.1.1) sollen nur Änderungen in x schnelle Reaktionen hervorrufen. Dagegen würde eine Differentiation von w das Hochfahren oder Einstellen des Regelkreises er-

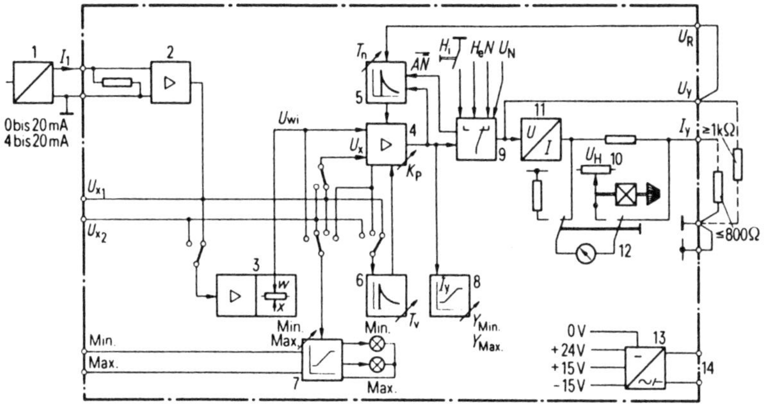

1 Meßumformer
2 Signalumformer
3 Servosystem (x)
4 Regelverstärker
5 PI-Rückführung
6 D-Glied
7 Grenzwertmelder
8 Y-Begrenzung
9 Y-Umschaltung
10 Einsteller für den Ausgangsstrom
11 U-/I-Wandler
12 Y-Anzeiger
13 Netzteil
14 Stromversorgung

I_1 Meßumformerstrom
I_y Ausgangsstrom
U_H Spannung zum Einstellen des Handsteuerstroms
U_{x1}; U_{x2} Eingangsspannungen
U_N Nachführspannung
U_y Ausgangsspannung
U_R Rückführspannung

H_i Signal „Hand intern"
H_e Signal „Hand extern"
N Signal „Nachführung"
K_P Proportionalbeiwert
T_n Nachstellzeit
T_v Vorhalt
x Regelgröße
w Führungsgröße

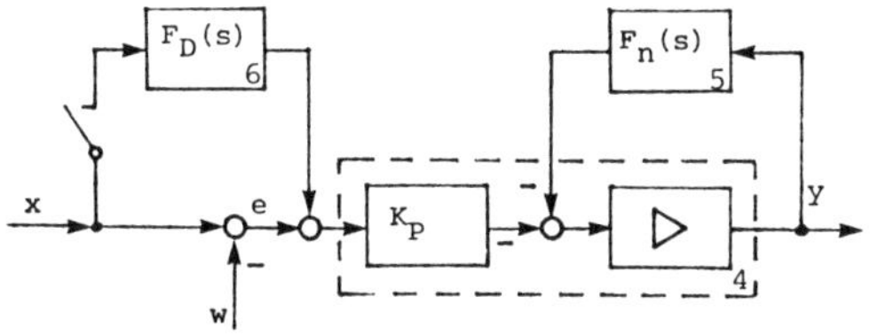

$$F_D(s) = \frac{K_D s}{1+T_1 s}$$

$$F_n(s) = \frac{T_n s}{1+T_n s}$$

Bild 4.13: Funktions- und Wirkungsplan eines elektrischen Reglers (Siemens)

schweren. Solch eine Signalführung ist bei kommerziellen Reglern oft zu finden. Die Blöcke 5 und 6 geben dem Regler sein Übertragungsverhalten:

$$Y(s) = F_{PI}(s)\,W(s) - F_{PID}(s)\,X(s)$$

wobei

$$F_{PI}(s) = K_P\left(1 + \frac{1}{T_n s}\right)$$

und

$$F_{PID}(s) = A\,K_P\left(1 + \frac{1}{A\,T_n\,s} + \frac{T_v}{A}\,s\right)\frac{1}{1+T_1 s}$$

mit der Vorhaltzeit $T_v = K_D + T_1$ und dem Abhängigkeitsfaktor $A = 1 + T_v/T_n$. Für $T_n \geq 4\,T_v$ ist $A < 1,25$, d.h. die Abweichung von den eingestellten Werten kann 25 % betragen. Die Datenblätter geben eine Einstellgenauigkeit von 30 % an. (Dies gilt auch beim pneumatischen Regler.) Bei abgeschaltetem D-Anteil ($K_D = 0$ und $T_1 = 0$) wird $F_{PID}(s) = F_{PI}(s)$.

Anmerkung: Es gibt elektrische Regler, in denen der Leistungsverstärker durch einen oder zwei Schalter ersetzt ist. Sie werden in Bezug auf die Einstellparameter genauso behandelt wie oben beschrieben. Als Ausgangssignal interessiert dann der Mittelwert von y. Auf solche schaltenden Regler, mit I-Anteil auch Schrittregler genannt, wird im Zusammenhang mit einer Nichtlinearität im Regelkreis (Abschnitt 8.3.1, Vibrationslinearisierung) eingegangen.

4.2.4 Elektronische Regler

Diese Regler benötigen zwar auch elektrische Hilfsenergie; wegen ihres speziellen Aufbaus werden sie jedoch in einem eigenen Abschnitt beschrieben. Es handelt sich um zwei Gruppen: Regler, die durch beschaltete Operationsverstärker realisiert werden, und solche, deren Hauptbaustein ein Mikroprozessor ist.

Beschaltete Operationsverstärker eignen sich hervorragend für den Laborbetrieb. Bild 4.14 zeigt eine Schaltung mit dem komplexen Widerstand Z_r in der Rückführung und zwei komplexen Eingangswiderständen Z_1 und Z_2. Die hohe Verstärkung des Verstärkerelements erlaubt die Annahme, daß sein Eingangsstrom und die Spannung zwischen den Eingangsklemmen verschwinden. Dann liefert die Knotengleichung für die Ströme in den Widerständen - hier im Bildbereich angesetzt -

$$\frac{U_a(s)}{Z_r(s)} + \frac{U_{e1}(s)}{Z_1(s)} + \frac{U_{e2}(s)}{Z_2(s)} = 0$$

oder

$$U_a(s) = -\left[\frac{Z_r(s)}{Z_1(s)} U_{e1}(s) + \frac{Z_r(s)}{Z_2(s)} U_{e2}(s)\right]$$

Die beiden Eingangsspannungen werden gewichtet mit dem Widerstandsverhältnis überlagert. Durch geeignete Wahl der Widerstände lassen sich verschiedene Reglerfunktionen erzeugen. Im folgenden werde nur eine Eingangsspannung u_e berücksichtigt.

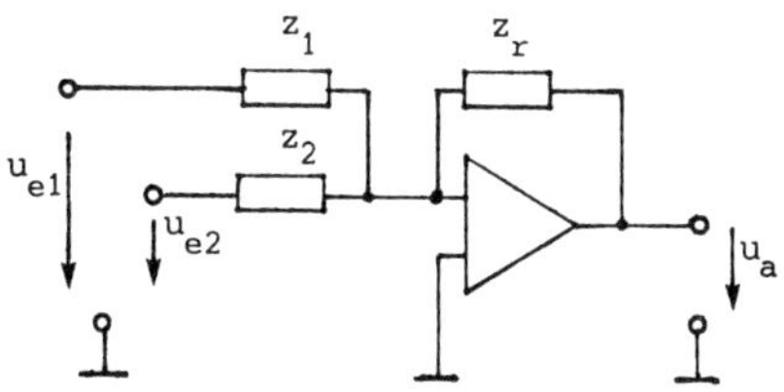

Bild 4.14: Beschalteter Operationsverstärker

P-Regler:

$$Z_r = R_r \; ; \quad Z_1 = R_e \qquad U_a(s) = -\frac{R_r}{R_e} U_e(s)$$

I-Regler:

$$Z_r = \frac{1}{C_r s} \; ; \quad Z_1 = R_e \qquad U_a(s) = -\frac{1}{C_r R_e s} U_e(s)$$

PI-Regler:

$$Z_r = R_r + \frac{1}{C_r s} \; ; \quad Z_1 = R_e \qquad U_a(s) = -\frac{R_r}{R_e}\left(1 + \frac{1}{C_r R_r s}\right) U_e(s)$$

D-T_1-Regler:

$$Z_r = R_r \; ; \quad Z_1 = R_e + \frac{1}{C_e s} \qquad U_a(s) = -\frac{C_e R_r s}{1 + C_e R_e s} U_e(s)$$

Durch Parallelschaltung, d.h. durch Überlagerung der entsprechenden Spannungen u_a mit einem Additionsverstärker, kann man weitere Kombinationen erstellen.

Dem Regler auf Mikroprozessorbasis, dem digitalen Regler, gehört die Zukunft. Ein digitaler Regler ist im Prinzip ein Rechner, der in seiner Architektur, mit seinen Schnittstellen und seiner Software auf die speziellen Erfordernisse "genau und schnell zu regeln" zugeschnitten ist (nach Eurotherm, Gerätebeschreibung).

Wo immer ein digitaler Regler eingesetzt wird, handelt es sich um eine Abtastregelung. Dabei werden die Signale nur zu diskreten Zeitpunkten t_1, t_2, t_k, ... abgefragt. Bei äquidistanter Tastung mit einer Zykluszeit T ist dann $t_k = kT$. Diese Tastzeit hat großen Einfluß auf das dynamische Verhalten von digitalen Regelungen. Sie muß deshalb besonders sorgfältig festgelegt werden: Durch die Tastung dürfen keine Eigenschwingungen des Prozesses angeregt werden; die durch die Tastung hervorgerufene zeitliche Verschiebung der Signale darf die Stabilität des Kreises nicht verschlechtern. Die Amplitudenquantisierung der Signale ist ausschlaggebend für die Genauigkeit.

Bild 4.15 zeigt am Beispiel des EUROTHERM-Reglers, welche Elemente ein digitaler Kompaktregler enthalten kann. Das wichtigste Modul ist der Regel-Prozessor. Er bearbeitet den Regelalgorithmus, führt gegebenenfalls Linearisierungen durch und übernimmt Alarmmeldungen, vergl. Bild 4.16 mit speziellem Einsatz zur Temperaturregelung. Der Bedienfeld-Prozessor verarbeitet die Eingaben vom Tastenfeld und gibt die Daten aus für die Anzeigen. Der optionale Schnittstellen-Prozessor ermöglicht über analoge Schnittstellen eine externe Sollwertvorgabe und die Ausgabe von Meßwerten. Über digitale Schnittstellen können z.B. ein übergeordneter Prozeßrechner und ein Drucker zur Protokollierung angeschlossen werden. Der nichtflüchtige Speicher enthält Informationen über Struktur und Organisation des Reglers. Der A/D-Wandler (hier 16 bit) formt das analoge Eingangssignal, die Regelgröße x, in ein digitales Signal um. Die Ausgangskarte liefert die Stellgröße y für das Stellglied.

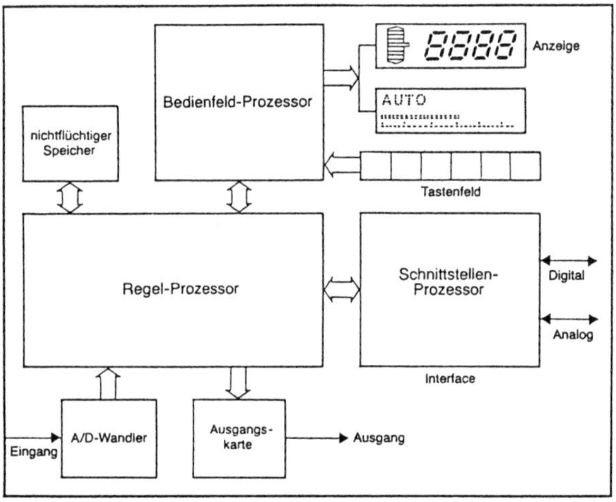

Bild 4.15: Elemente eines digitalen Reglers (Eurotherm)

Der Regelalgorithmus dieses Reglers ist ein sog. Stellungsalgorithmus, P-, I- und D-Anteil werden getrennt in Parallelzweigen berechnet. Der Übertragungsfaktor wird über den P-Bereich X_P in Prozent eingestellt. Der I-Anteil, einstellbar mit der Integrationszeit T_I in sec, wird über eine Rechteckintegration berechnet. Der D-Anteil mit der Differenzierzeit T_D in sec wird durch ein-

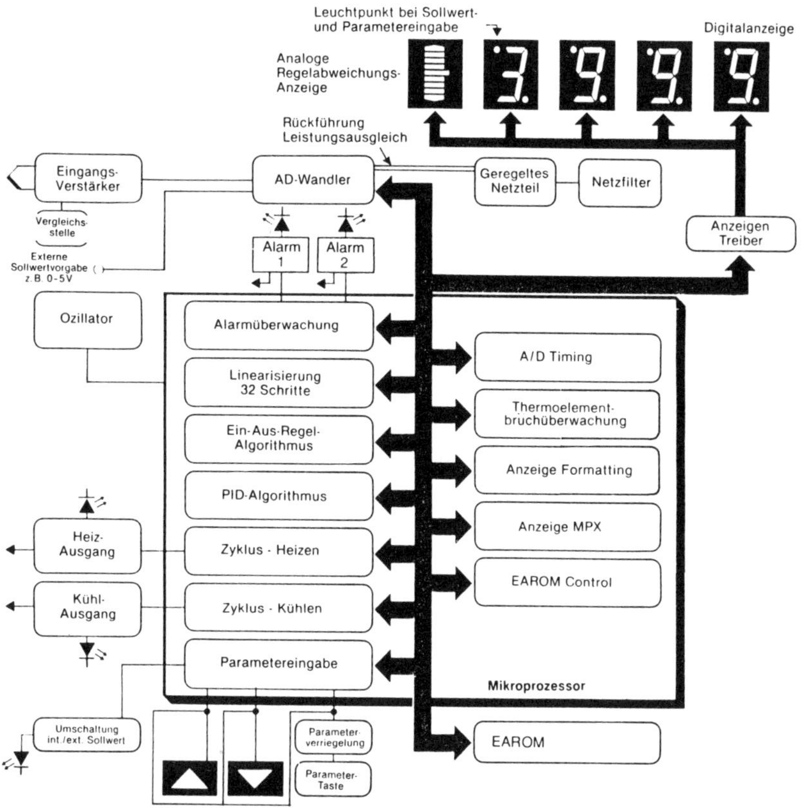

Bild 4.16: Funktionsplan eines digitalen Temperaturreglers (Eurotherm)

fache Differenzbildung ermittelt. Um den D-Anteil über mehrere Zeitschritte wirksam zu halten und ein Springen in die Begrenzung zu verhindern, wird ihm ein Verzögerungsglied erster Ordnung (P-T_1-Glied) als Filter vorgeschaltet mit der Zeitkonstante $T_1 = T_D/4$. Mit der Regeldifferenz e als Eingangssignal werden die Anteile zum Zeitpunkt $t_k = kT$ wie folgt berechnet:

P-Anteil

$$y_P(k) = \frac{100}{X_P}\, e(k)$$

I-Anteil

$$y_I(k) = \frac{100}{X_P}\,\frac{T}{T_I}\sum_{i=0}^{k-1} e(i)$$

D-Anteil {mit Verzögerung}

$$y_D(k) = \frac{100}{X_P}\frac{T_D}{T}[e(k) - e(k-1)] - \{[1 - \frac{T}{T_1}]\, y_D(k-1)\}$$

Der Stellungs-Algorithmus dieses PID-Reglers umfaßt die Summe der drei Anteile. So ergibt sich als Stellgröße am Reglerausgang

$$y(k) = y_P(k) + y_I(k) + y_D(k)$$

Die in diesem Algorithmus verwendeten Zeiten T_I und T_D unterscheiden sich von den in Abschnitt 3.2.3 definierten Kenngrößen Nachstellzeit T_n und Vorhaltzeit T_v. Der hier als Beispiel betrachtete EUROTHERM-Regler wird, wie sein Name sagt, zur Temperaturregelung eingesetzt. Seine Tastzeit am Eingang wird mit T = = 80 msec angegeben; sie ist verglichen mit den Zeitkonstanten einer Temperaturregelstrecke sehr kurz.

Im Stellungs-Algorithmus müssen für die numerische Integration alle Werte e(i); i=0, ..., k-1; gespeichert werden. Bei vielen Reglern wird der Speicheraufwand mit dem sog. Geschwindigkeits-Algorithmus reduziert. Er berechnet nur die Änderung Δy(k), die zum letzten Wert y(k-1) addiert werden muß, so daß

$$y(k) = y(k-1) + \Delta y(k)$$

Aus dem Ansatz des Stellungs-Algorithmus für y(k) und y(k-1) erhält man durch Subtraktion den Geschwindigkeits-Algorithmus

$$\Delta y(k) = \frac{100}{X_P}[(1 + \frac{T_v}{T})e(k) - (1 + 2\frac{T_v}{T} - \frac{T}{T_n})e(k-1) + \frac{T_v}{T}e(k-2)]$$

Hier wurde die Verzögerung im D-Anteil nicht berücksichtigt. Deshalb erscheinen in der obenstehenden Gleichung die Nachstellzeit T_n und die Vorhaltzeit T_v. Ein weiterer Algorithmus für digitale Regler wird in Abschnitt 7.3.1, Differenzengleichungen, hergeleitet.

In komplexen Anlagen, in denen viele Größen zu regeln sind (z.B. Kraftwerk), übernehmen Prozeßrechner alle Regelungs- und Überwachungsaufgaben sowie Organisation und prozeßbegleitende Dokumentation. Dann lassen sich auch andere Regelungskonzepte realisieren, z.B. Zustandsregelung (Abschnitt 7.3.2) als optimale oder adaptive Regelung.

4.3 Geber und Stellgeräte

Diese Elemente sind für die Untersuchung des dynamischen Verhaltens von Regelkreisen nur von untergeordneter Bedeutung. Man erwartet, daß sie schnell reagieren und somit keinen dynamischen Einfluß haben. Gerätetechnisch sind diese Elemente jedoch sehr wichtig.

4.3.1 Meßglieder

Um gut regeln zu können, muß die Regelgröße so genau wie möglich erfaßt werden. Dazu benötigt man schnelle und genaue Meßglieder (Meßgeber, -fühler, -umformer, Sensoren). Oft sind sie Bestandteil des Reglers, z.B. die Fliehgewichte beim Fliehkraftregler oder das Bimetall im Thermostat des Kühlschrankes. In vielen Fällen betrachtet man die Meßglieder als Bestandteit der Regelstrekke. Bei einer elektrischen Drehzahlregelung wird nicht die Drehzahl selbst sondern das elektrische Signal des Drehzahlgebers untersucht, das sich gut aufzeichnen läßt. Auch bei Positionierungen wird oft das elektrische Signal dem mechanischen vorgezogen.

Im vorhergehenden Abschnitt wurde erwähnt, daß die pneumatischen Regler durch die digitalen Regler vom Markt verdrängt werden. Pneumatische Signale werden aber häufig benötigt, beispielsweise zum Antrieb von Ventilen. Es werden dann elektro-pneumatische Signalumformer eingesetzt, Bild 4.17 zeigt ein Beispiel. Dieser elektro-pneumatische Signalumformer arbeitet nach dem Prinzip des Kraftvergleichs mit einer Balkenwaage. Am linken Balkenende wirkt eine elektromagnetische Kraft (porportional dem Spulenstrom). Das rechte Balkenende steuert als Prallplatte den pneumatischen Verstärker.

Bei der Mehrgrößenregelung (Zustandsgrößenregelung) ist das Messen ein besonders großes Problem. Man entwirft beste Regelungskonzepte, bei denen Regelgrößen rückgeführt werden sollen, die

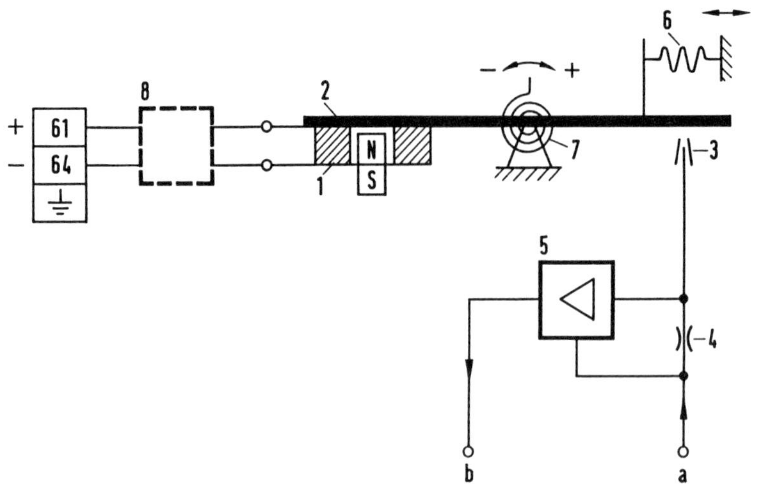

1 Tauchspule
2 Waagebalken
3 Düse
4 Drosselstelle

a Zuluft
b Ausgangsdruck (proportional dem elektrischen Eingangssignal)

5 pneumatischer Verstärker
6 Zugfeder
7 Spiralfeder
8 elektrischer Verstärker (nur erforderlich, wenn das elektrische Signal nicht im Standardbereich 0 bis 20 mA anliegt)

61/64 Anschluß für das elektrische Eingangssignal

Bild 4.17: Funktionsplan eines elektro-pneumatischen Signalumformers (Hartmann & Braun)

schwer oder gar nicht meßbar sind. Gelegentlich werden sog. Beobachter eingesetzt, um nicht zugängliche Größen zu rekonstruieren, z.B. /W1, W2, W9, W10/. Im übrigen fällt die Problematik des Messens in den Aufgabenbereich der Fachleute, die auf dem Gebiet der Meßtechnik tätig sind. In diesem Abschnitt sollte nur auf die Wichtigkeit hingewiesen werden, damit der Regelungstechniker sich zumindest Gedanken über die Meßbarkeit der Größen macht, die im Regler verarbeitet werden sollen.

4.3.2 Stellgeräte

Nach den VDI/VDE-Richtlinien 2173 und 2174 besteht ein Stellgerät aus Stellantrieb und Stellglied. Es stellt somit ein Bindeglied zwischen Regler und dem zu regelnden Massenstrom oder Energiefluß dar. So kann man sich den Stellantrieb als letzten Teil der Regeleinrichtung und das Stellglied als den ersten Teil der Regelstrekke denken. Die wichtigste Eigenschaft von Stellgeräten ist eine hohe Leistungs- oder Kraftverstärkung. Dann ist eine schnelle Reaktion zu erwarten, so daß der dynamische Einfluß vernachlässigt werden kann.

Stellantriebe unterscheidet man nach der eingesetzten Hilfsenergie. Bild 4.18 zeigt den Schnitt durch einen Membranantrieb als häufig vorkommende Form eines pneumatischen Stellantriebs. Das Signal wird in den Raum unter der Membran eingeführt. Der Druck gegen Membranteller und Rückstellfeder bewegt die Antriebsstange. An die Kupplung kann z.B. die Kegelstange eines Stellventils (= Stellglied) montiert werden.

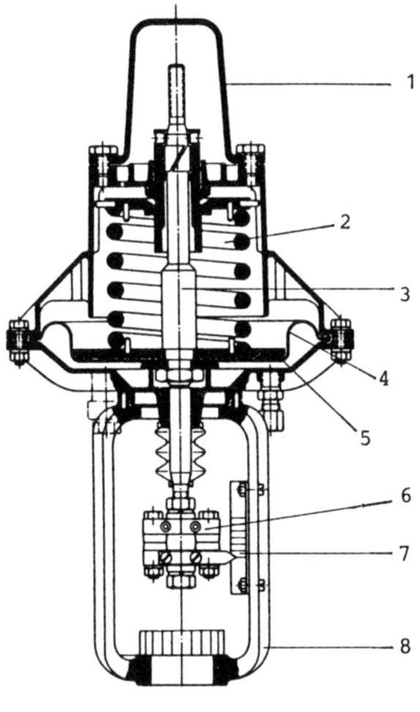

1 Kappe
2 Rückstellfeder
3 Antriebsstange
4 Membran
5 Membranteller
6 Kupplung
7 Hubskala
8 Laterne

Bild 4.18: Schnittbild eines Membranantriebs (Eckardt)

Bild 4.19 zeigt den Funktionsplan eines hydraulischen Stellantriebes. Die Ansteuerung erfolgt entweder elektrisch, wie dargestellt, oder pneumatisch, wenn der Magnet mit der Steuerspule durch das oben links gezeigte Steuerbalgsystem ersetzt wird. Das elektrische oder pneumatische Eingangssignal möge die Prallplatte nach rechts schieben. Dadurch steigt der Druck in der rechten Steuerleitung und verschiebt den Steuerkolben nach links, so daß

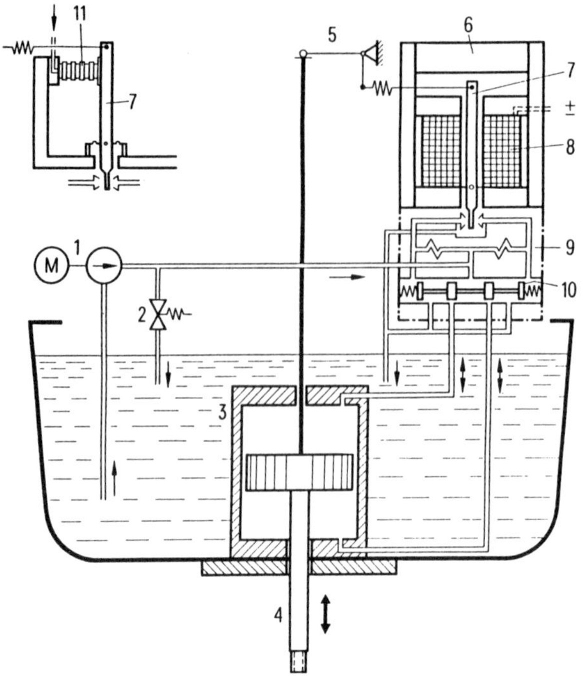

1 Motor-Ölpumpe
2 Druckbegrenzungsventil
3 Arbeitszylinder
4 Arbeitskolben mit Schubstange
5 Rückführung
6 Dauermagnet
7 Prallplatte
8 Steuerspule
9 Düse -Prallplatte-System
10 Steuerkolben
11 Steuerbalg

Bild 4.19: Funktionsplan eines hydraulischen Schubantriebs (Siemens)

mehr Öl in die obere Kammer des Arbeitszylinders gepumpt werden kann. Ohne Halterung würde der Arbeitskolben bis an den unteren Anschlag gedrückt (I-Verhalten!). Jedoch schiebt der Winkelhebel (als Rückführung bezeichnet) die Prallplatte in die Gleichgewichtsstellung zurück, so daß der Arbeitskolben stehen bleibt. Damit hat dieser Antrieb P(-T_1)-Verhalten. Wird als Eingangsignal direkt die Regelgröße angeschlossen, dann übernimmt dieser Stellantrieb die Funktion des Reglers als hydraulischer P-Regler.

Als elektrischer Stellantrieb ist der Elektromotor, gelegentlich auch als Schrittmotor eingesetzt, hinreichend bekannt.

Das Stellglied (nach VDI/VDE 2174 auch Stellarmatur, bestehend aus Gehäuse und Stellelement) greift direkt in den Massenstrom oder Energiefluß ein. Stellglieder für strömende oder gasförmige Stoffe sind Ventile (Stellventile, Klappen, Schieber), die Durchflüsse in Rohrleitungssystemen kontinuierlich verändern oder ein- und ausschalten. In elektrischen Regelkreisen oder Steuerketten dienen Leistungsverstärker, Stromsteller, Thyristoren ("elektrische Ventile") oder Schalter (Mehrpunktregler) als Stellglieder. Es ist dann kein eigener Stellantrieb vorhanden, da Stellelemente nicht bewegt werden müssen.

4.4 Zusammenfassung

Den Zusammenschluß aller Elemente zu einem Regelkreis zeigt Bild 4.20. Regelgrößenaufnehmer und Meßumformer können auch als ein Gerät vorhanden sein. Der Reglereingang liegt meist als Standardsignal an (0 ... 20 mA oder 0 ... $1 \cdot 10^5$ Pa). Die Führungsgröße w wird nach diesem Vorschlag vom Sollwertsteller vorgegeben (in Prozent); sie kann aber auch von einem Meß- oder Programmgeber kommen. Der Reglerausgang y_R, auch als Standardsignal, steuert das Stellgerät, das Stellantrieb und -glied enthalten kann. Für die Regelkreisuntersuchungen werden alle Elemente unterhalb der strichpunktierten Linie als Regler mit w-x = e als Eingang und y als Ausgang zusammengefaßt.

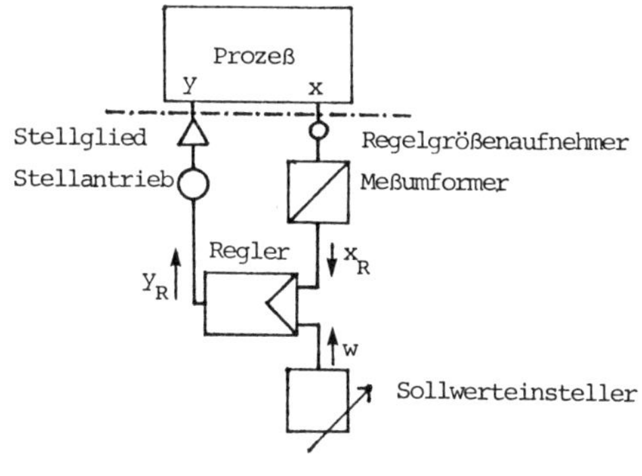

Bild 4.20: Elemente des Regelkreises (nach DIN 19 225)

5. Der lineare Regelkreis

Nachdem in den vorhergehenden Kapiteln die wichtigsten Methoden und Formalismen zur Untersuchung von Systemen bzw. deren Beschreibung zusammengestellt und die Elemente des Regelkreises besprochen worden sind, soll nun die Anwendung auf die Regelung, d.h. auf den geschlossenen Kreis, durchgeführt werden. Somit stellt dieses Kapitel den zentralen Abschnitt des Buches dar. Aus Forderungen an das stationäre und dynamische Verhalten des Regelkreises lassen sich Verfahren zum Entwurf von Reglern oder Korrekturgliedern ableiten. Diesem Kapitel liegt der Regelkreis nach Bild 5.1 zugrunde. $F_R(s)$ und $F_S(s)$ sind die Übertragungsfunktionen von Regler und Strecke, ihr Produkt bildet die Kreisübertragungsfunktion $F_o(s)$. Die Übertragungsfunktion $F_L(s)$ beschreibt den Störeinfluß auf die Strecke.

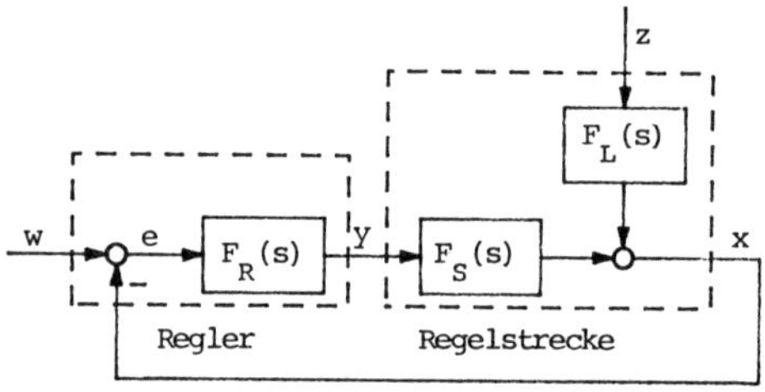

Bild 5.1: Der einschleifige Regelkreis

5.1 Regelungsaufgaben

Die Regelung ist ein Vorgang, bei dem die zu regelnde Größe (Regelgröße) fortlaufend erfaßt, mit einer anderen Größe, der Führungsgröße, verglichen und im Sinne einer Angleichung an die Führungsgröße beeinflußt wird (DIN 19 226 Teil 1).

Im wesentlichen lassen sich drei Grundprobleme unterscheiden, die eine Regelung erfordern:

(1) Verbesserung des Störverhaltens (Einhalten eines gegebenen Arbeitspunktes durch Festwertregelung)

(2) Verbesserung des Folge- oder Führungsverhaltens (Nachführen einer zeitlich veränderlichen Führungsgröße durch Folge- oder Nachlaufregelung)

(3) Verbesserung der Stabilität bzw. des dynamischen Verhaltens

In der Praxis treten die drei Probleme meist kombiniert auf: neben (2) und/oder (1) ist die Stabilität (3) immer zu berücksichtigen. Deshalb werden in diesem Unterabschnitt die Festwert- und die Folgeregelung mit den zugehörigen Übertragungsfunktionen vorgestellt, während der Stabilitätsuntersuchung ein eigener Unterabschnitt gewidmet ist.

5.1.1 Festwertregelung

Mit der Festwertregelung soll ein für eine Anlage vorgegebener Arbeitspunkt X_A unabhängig von Störeinflüssen eingehalten werden. Man denke sich als Regelstrecke (Anlage) einen elektrischen Gleichstromantrieb, dessen Nenndrehzahl X_A bei Nennlast Z_A über die Ankerspannung Y_A eingestellt ist. Eine Laständerung Δz als Störgröße verursacht eine Drehzahländerung Δx. Zur Untersuchung des Störverhaltens eines Regelkreises stellt man anhand von Bild 5.1 die Störübertragungsfunktion $F_z(s)$ auf, wobei nur die Änderung um den Arbeitspunkt betrachtet wird

$$F_z(s) = \frac{\Delta X(s)}{\Delta Z(s)} = \frac{F_L(s)}{1 + F_o(s)} \tag{5.1}$$

Die Übertragungsfunktion $F_z(s)$ als Einfluß der Störung mit Regelung dividiert durch $F_L(s)$ als Störeinfluß ohne Regelung heißt dynamischer Regelfaktor

$$R(s) = \frac{1}{1 + F_o(s)} = \frac{F_z(s)}{F_L(s)} \tag{5.2}$$

Zur Reglerauslegung wird jedoch der (statische) Regelfaktor r verwendet

$$r = \left. \frac{1}{1 + F_o(s)} \right|_{s=0} \tag{5.3}$$

Entsprechend Gl. (5.2) läßt sich auch folgende Definition für den Regelfaktor r geben

$$\text{Regelfaktor} = \frac{\text{bleibende Abweichung } \underline{\text{mit}} \text{ Regelung}}{\text{bleibende Abweichung } \underline{\text{ohne}} \text{ Regelung}}$$

Dieser Regelfaktor soll möglichst klein werden oder verschwinden.

Bild 5.2 zeigt als Beispiel den Geräteplan eines Antriebes mit elektronischer Drehzahlregelung. Der Gleichstrommotor M wird durch die Ankerspannung u_A gesteuert, die Drehzahl n wird zusätzlich durch das Lastmoment M_L beeinflußt. Die Tachospannung u_T ist ein Maß für die Drehzahl und wird deshalb als Regelgröße gewählt. Dementsprechend wird der Sollwert als Spannung u_S vorgegeben. Dann ist die Differenzspannung $u_e = u_S - u_T$ das Eingangssignal des Reglers. Dieser Regelkreis kann durch den Wirkungsplan Bild 5.1 beschrieben werden, mit folgenden Entsprechungen

Regelgröße x	=	Tachospannung u_T
Führungsgröße w	=	Sollspannung u_S
Regeldifferenz e	=	Differenzspannung u_e
Stellgröße y	=	Ankerspannung u_A
Störgröße z	=	Lastmoment M_L

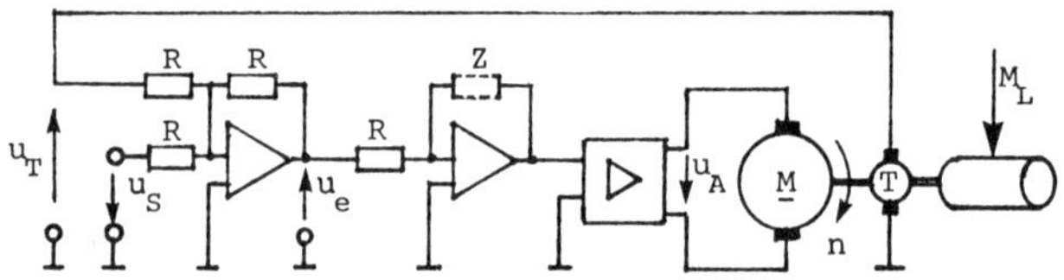

Bild 5.2: Elektronische Drehzahlregelung für einen Gleichstrommotor

Steuer- und Störverhalten der Strecke kann hier jeweils durch ein verzögertes P-Verhalten (P-T_1-Glied) angenähert werden. Eine sprungartige Erhöhung der Stellgröße hat eine verzögerte Erhöhung der Regelgröße zur Folge; der Übertragungsfaktor sei K_S, die Zeitkonstante T_S. Nach einer sprungartigen Erhöhung der Störgröße tritt eine verzögerte Abnahme der Regelgröße ein mit dem Übertragungsfaktor K_L und der Zeitkonstante T_L. Zur Vereinfachung sei angenommen $T_L = T_S$. Somit sind Steuer- und Störübertragungsfunktion der Regelstrecke

$$F_S(s) = \frac{K_S}{1 + T_S s} \quad \text{und} \quad F_L(s) = \frac{K_L}{1 + T_S s}$$

Nun wird das Verhalten des Regelkreises für verschiedene Reglertypen untersucht

a) P-Regler mit $F_S(s) = K_P$

Die Störübertragungsfunktion $F_z(s)$ wird nach Gl. (5.1)

$$F_z(s) = \frac{K_z}{1 + T_z s}$$

mit

$$K_z = \frac{K_L}{1 + K_P K_S} \quad \text{und} \quad T_z = \frac{T_S}{1 + K_P K_S}$$

Gemäß Gl. (5.3) ergibt sich als Regelfaktor

$$r = \frac{1}{1 + K_P K_S}$$

Fordert man z.B. einen Regelfaktor r = 0,2, also $1 + K_P K_S = 5$, so wird der bleibende Störeinfluß durch die Regelung auf den fünften Teil reduziert, und der Regelvorgang ist fünfmal schneller als die Störsprungantwort ohne Regelung. Bild 5.3 zeigt gestrichelt die Störsprungantwort ohne Regelung und mit der Kennung P-Regler die Störsprungantwort mit P-Regler. Im Geräteplan Bild 5.2 muß der Rückführwiderstand Z des Verstärkers durch einen ohmschen Widerstand R realisiert werden. Mit einer höheren Verstärkung K_P

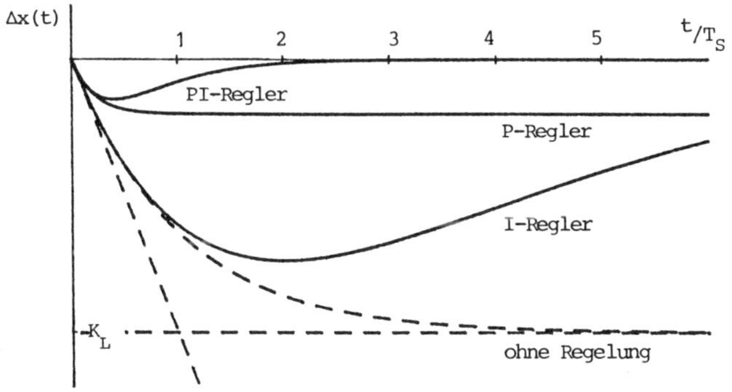

Bild 5.3: Störungsantworten zur Drehzahlregelung

ließe sich die bleibende Abweichung noch mehr reduzieren und der Regelvorgang verkürzen. Jedoch kann die Verstärkung nicht beliebig erhöht werden, da sonst eine kleine Regeldifferenz den Reglerausgang schon in die Sättigung (Stellbereich Y_h) bringt. Ist der P-Regler für einen Regelfaktor r ausgelegt, dann muß die Führungsgröße w am Reglereingang auf den Sollwert $W_A = (X_A + r\,K_L Z_A)/(1-r)$ für den Arbeitspunkt (X_A, Z_A) eingestellt werden.

b) I-Regler mit $F_R(s) = \frac{K_I}{s}$

Die zugehörige Störübertragungsfunktion ist

$$F_z(s) = \frac{K_D s}{1 + 2d\frac{s}{\omega_o} + \frac{s^2}{\omega_o^2}}$$

$$\text{mit} \quad K_D = \frac{K_L}{K_I K_S} \qquad d = \frac{1}{2\sqrt{K_I K_S T_S}} \qquad \omega_o = \sqrt{\frac{K_I K_S}{T_S}}$$

Beim I-Regler muß in die Rückführung des Regelverstärkers ein Kondensator C geschaltet werden. Unabhängig vom Übertragungsbeiwert K_I ist der Regelfaktor r = 0, d.h. die anfängliche Drehzahlabsenkung (nach einer Lasterhöhung) verschwindet wieder. Mit K_I kann nur die Dynamik des Regelkreises beeinflußt werden. Man gibt im allgemeinen den Dämpfungsgrad d vor, so daß $K_I K_S T_S = 1/(2d)^2$ und $\omega_o = 1/(2dT_S)$. Für die Störsprungantwort in Bild 5.3 (Kennung I-Regler) wurde d = 1 gewählt. Die maximale Drehzahlabsenkung tritt erst nach $t = 2\,T_S$ auf und beträgt über 70 % von der bleibenden Abweichung ohne Regelung. Außerdem dauert es sehr lange, ca. 15 T_S, bis die Abweichung verschwunden ist. Mit einem geringeren Dämpfungsgrad d bekommt man eine höhere Kennkreisfrequenz ω_o, d.h. der Kreis wird schneller, aber die Schwingungstendenz nimmt zu.

Der Vergleich der beiden Sprungantworten für P- und I-Regelung an einer Regelstrecke mit Ausgleich läßt folgenden Schluß zu:

> Ein P-Regler ist statisch ungenau aber dynamisch schnell;
> ein I-Regler ist statisch genau aber dynamisch langsam.

So kann man erwarten, daß durch Kombination beider Regler der Regelkreis genau und schnell eingestellt werden kann.

c) PI-Regler mit $F_R(s) = K_R(1 + \frac{1}{T_n s})$

Es ergibt sich die gleiche Störübertragungsfunktion (D-T_2-Verhalten) wie beim I-Regler, jedoch mit anderen Ansätzen für die Kennwerte

$$d = \frac{1}{2}\sqrt{\frac{T_n}{T_S}}\left(\frac{1}{\sqrt{K_R K_S}} + \sqrt{K_R K_S}\right)$$

$$\omega_o = \sqrt{\frac{K_R K_S}{T_n T_S}} \qquad K_D = \frac{K_L}{K_R K_S} T_n$$

Für den PI-Regler besteht die Rückführung des Regelverstärkers aus einer Reihenschaltung von ohmschem Widerstand und Kondensator. Mit den Reglerparametern K_R und T_n kann man nun Dämpfung und Kennkreisfrequenz unabhängig voneinander einstellen. Für die Störsprungantwort in Bild 5.3 (Kennung PI-Regler) wurden die Werte so eingestellt, daß der Regelvorgang fünfmal schneller abläuft als beim I-Regler mit ebenfalls aperiodischem Verlauf ($d=1$). Daraus ergeben sich die Reglerkennwerte zu $K_R = 4/K_S$ und $T_n = 0{,}64\ T_S$. Gleichzeitig wird eine Reduktion der maximalen Drehzahlabsenkung auf den fünften Teil des Wertes ohne Regelung erreicht.

5.1.2 Folgeregelung

Wie die Bezeichnung aussagt, soll die Regelgröße $x(t)$ der angelegten Führungsgröße $w(t)$ möglichst genau folgen. Man denke z.B. an ein Folgeradar, bei dem die Funktion $w(t)$ vom Ziel vorgegeben wird und die Mittellinie des Radarschirms als Regelgröße $x(t)$ genau und kontinuierlich auf das Ziel gerichtet werden soll. Da der Radarschirm dem Ziel "nachläuft", spricht man hier wie auch bei anderen mechanischen Systemen von Nachlaufregelung. So ist bei dieser Regelung das Führungsverhalten, ausgedrückt durch die Führungsübertragungsfunktion $F_w(s)$, zu untersuchen. Nach Bild 5.1 erhält man

$$F_w(s) = \frac{X(s)}{W(s)} = \frac{F_o(s)}{1 + F_o(s)} \qquad (5.4)$$

Der Unterschied zwischen x und w, die Regeldifferenz e = w-x, wird mit Hilfe der Fehlerübertragungsfunktion $F_e(s)$ bestimmt.

$$F_e(s) = \frac{E(s)}{W(s)} = \frac{1}{1 + F_o(s)} \qquad (5.5)$$

Sie ist gleich dem dynamischen Regelfaktor R(s), Gl. (5.2). Bei beliebigen Führungsfunktionen w(t) wird e(t) als Schleppfehler bezeichnet. Um die Eigenschaften von Folgeregelungen besser beschreiben zu können, wählt man Führungsfunktionen w(t) mit eindeutigen stationären Eigenschaften. Mit Hilfe der Laplace-Transformation und ihres Endwertsatzes, Gl. (2.20), definiert man entsprechende stationäre Folgefehler

$$e = \lim_{s \to o} [s\,E(s)] = \lim_{s \to o} [s\,F_e(s)\,W(s)] \qquad (5.6)$$

Der Positionsfehler e_P wird bestimmt für eine konstante Führungsgröße mit der Position P, d.h. ihre Laplace-Transformierte ist W(s) = P/s.

Der Geschwindigkeitsfehler e_V ergibt sich für eine Führungsgröße mit konstanter Geschwindigkeit V, so daß $W(s) = V/s^2$. Nach Beendigung des Einschwingens bleibt die Position x um den Schleppfehler e_V hinter der Führungsgröße w zurück.

Beim Beschleunigungsfehler e_A hat die Führungsgröße eine konstante Beschleunigung A, und es ist $W(s) = A/s^3$. Stationär läuft dann die Regelgröße um den Schleppfehler e_A der Führungsgröße nach.

Die Bilder 5.4 bis 5.6 illustrieren diese Definitionen. Bild 5.4 zeigt die Sprungantwort x(t) für einen Regelkreis mit Positionsfehler e_P. Der Endwert der Regelgröße $x(t \to \infty)$ ist um e_P geringer als die Positionsvorgabe P. Bild 5.5 gilt für einen Regelkreis mit Geschwindigkeitsfehler e_V. Die Führungsfunktion hat konstante Geschwindigkeit $\dot{w}(t) = V$. Nach Abklingen des Einschwingvorgangs folgt die Regelgröße mit gleicher Geschwindigkeit im Abstand e_V. Für diesen Regelkreis verschwindet der Positionsfehler, wie die Sprungantwort zeigt. Dem letzten Beispiel, Bild 5.6, liegt ein Regelkreis mit Beschleunigungsfehler e_A zugrunde. Im unteren Diagramm folgt die Regelgröße x(t) der Führungsgröße mit

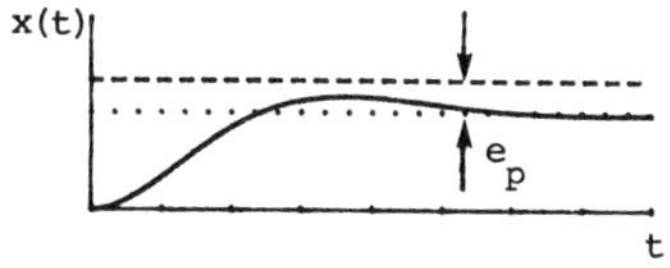

Bild 5.4: Führungssprungantwort eines Regelkreises mit Positionsfehler

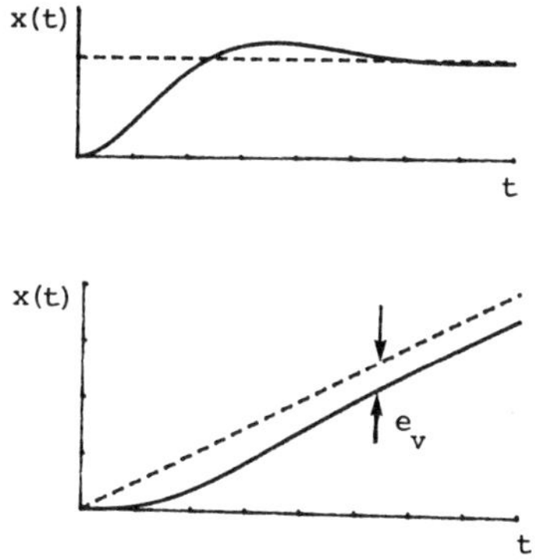

Bild 5.5: Führungssprung- und -anstiegsantwort für einen Regelkreis mit Geschwindigkeitsfehler

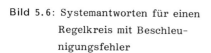

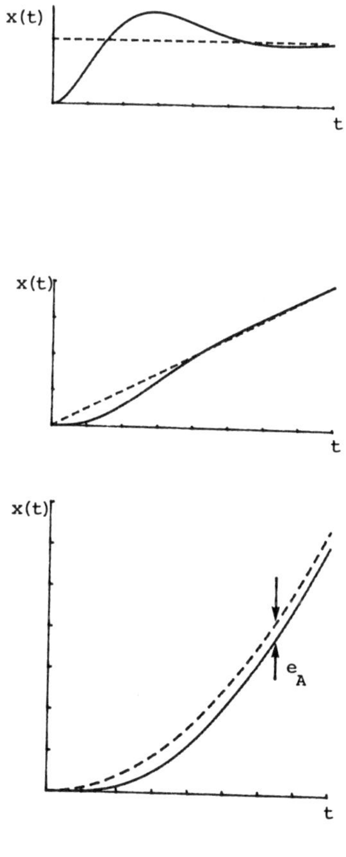

Bild 5.6: Systemantworten für einen Regelkreis mit Beschleunigungsfehler

konstanter Beschleunigung $\ddot{w}(t) = A$ im Abstand e_A. Dieser Regelkreis hat dann weder Geschwindigkeits- noch Positionsfehler, wie aus Anstiegs- und Sprungantwort zu erkennen ist. Es ist leicht einzusehen: der Folgeregelkreis mit Beschleunigungsfehler ist besser als der mit Geschwindigkeitsfehler. Deshalb wird bei der Regelkreisauslegung meistens das Kriterium e_A = konst. bzw. $e_V = 0$ zugrundegelegt. Es sei noch bemerkt, daß für einen Regelkreis mit Positionsfehler $e_P \neq 0$ die Fehler e_V und e_A gegen Unendlich streben. Ebenso wird im Beispiel von Bild 5.5 $e_A \to \infty$, da $e_V \neq 0$.

Als Beispiel einer Folgeregelung werde ein Folgeradar betrachtet, das im Azimut nachgeführt wird. Die Regelgröße ist somit der Azimutwinkel. Der Antrieb habe bezüglich seiner Drehzahl $P\text{-}T_1$-Verhalten. Die Integration der Drehzahl ergibt den Winkel, so daß das Steuerverhalten dieser Regelstrecke durch ein $I\text{-}T_1$-Glied beschrieben wird; es handelt sich um eine Regelstrecke ohne Ausgleich.

$$F_S(s) = \frac{K_I}{s(1 + T_S s)}$$

Die Führungsgröße habe konstante Geschwindigkeit V: $w(t) = V\, t\, \sigma(t)$. Nun werden verschiedene Regler eingesetzt.

a) P-Regler, $F_R(s) = K_P$

Die Führungsübertragungsfunktion ist nach Gl. (5.4)

$$F_w(s) = \frac{1}{1 + 2d\frac{s}{\omega_o} + \frac{s^2}{\omega_o^2}}$$

wobei

$$d = \frac{1}{2\sqrt{K_P K_I T_S}} \quad \text{und} \quad \omega_o = \sqrt{\frac{K_P K_I}{T_S}} = \frac{1}{2\, T_S\, d}$$

wie bei der Drehzahlregelung mit I-Regler voneinander abhängen. Mit $K_P K_I T_S = 1$ wird der Dämpfungsgrad d = 0,5 und die Kennkreisfrequenz $\omega_o = 1/T_S$. Bild 5.7 zeigt die Anstiegsantwort für diese Einstellung. Mit diesen Werten ergibt sich die Fehlerübertragungsfunktion nach Gl. (5.5)

$$F_e(s) = \frac{T_S s(1 + T_S s)}{1 + T_S s + (T_S s)^2}$$

Für $W(s) = V/s^2$ erhält man mit Gl. (5.6) den Geschwindigkeitsfehler $e_V = V\,T_S$, den Positionsfehler $e_P = 0$, dagegen wird $e_A \to \infty$.

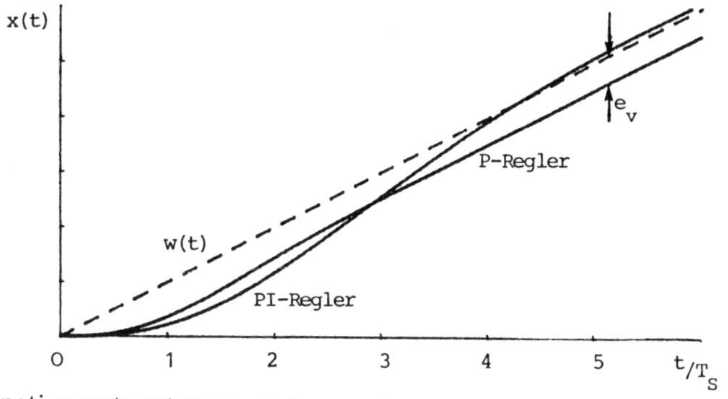

Bild 5.7: Führungsanstiegsantworten zur Folgeregelung

b) Ein I-Regler kommt wegen des schon vorhandenen I-Anteils der Regelstrecke nicht in Frage. In Abschnitt 5.2 wird der Grund hierfür erläutert.

c) PI-Regler, $F_R = K_R(1 + \frac{1}{T_n s})$

Die Führungsübertragungsfunktion beschreibt PD-T_3-Verhalten. Für Regelkreise dritter oder höherer Ordnung lassen sich die Regler-Parameter nicht mehr so einfach festlegen wie in den vorhergehenden Fällen. In Abschnitt 5.3 werden entsprechende Entwurfsverfahren vorgestellt. Man erhält jedoch aus der Fehlerübertragungsfunktion

$$F_e(s) = \frac{T_n s^2(1 + T_S s)}{K_R K_I + K_R K_I T_n s + T_n s^2 + T_n T_S s^3}$$

für $W(s) = V/s^2$ bzw. $W(s) = A/s^3$ nach Gl. (5.6) Geschwindigkeits- und Beschleunigungsfehler

$$e_V = 0 \quad \text{und} \quad e_A = \frac{T_n A}{K_R K_I}$$

Die zugehörige Führungsanstiegsantwort mit einem der P-Regelung vergleichbaren Einschwingverhalten ist in Bild 5.7 aufgenommen.

In den Bereich der Nachlaufregelungen fallen die sog. Servosysteme. Das sind im allgemeinen Stellsysteme, bei denen selten ein Regler als Gerät vorhanden ist, da es hauptsächlich auf die Kraftverstärkung ankommt. So soll z.B. bei einer Servolenkung die Bewegung am Lenkrad ohne Kraftaufwand erfolgen, obwohl der Einschlag der Räder eine große Kraft erfordert. Die Genauigkeitsanforderungen an ein Servosystem sind nicht so streng wie an eine Nachlaufregelung. Jedoch muß das Servosystem schnell und ohne Schwingung folgen.

Bild 5.8 zeigt als Beispiel für ein einfaches Servosystem eine Rudermaschine. Mit dem Stellsignal x_e wird der Steuerkolben im oberen Zylinder verschoben, so daß die Öffnung e freigegeben wird. Das nachströmende Öl verschiebt den Stellzylinder so lange, bis die Öffnung wieder verschlossen und das Ausgangssignal x_a gleich dem Eingangssignal x_e ist (der Kolben im Stellzylinder ist arretiert). Dann hat der Ruderwinkel den gewünschten Endwert erreicht. Aus dem Wirkungsplan, Bild 5.8b, läßt sich das Übertragungsverhalten ableiten, wie es durch die Zeitverläufe von x_a und x_e in Bild 5.8c illustriert ist. Die Integrationszeit T ist durch die Konstruktion und vor allem durch den Öldruck bestimmt. Je kleiner T ist, desto schneller ist die Ruder-

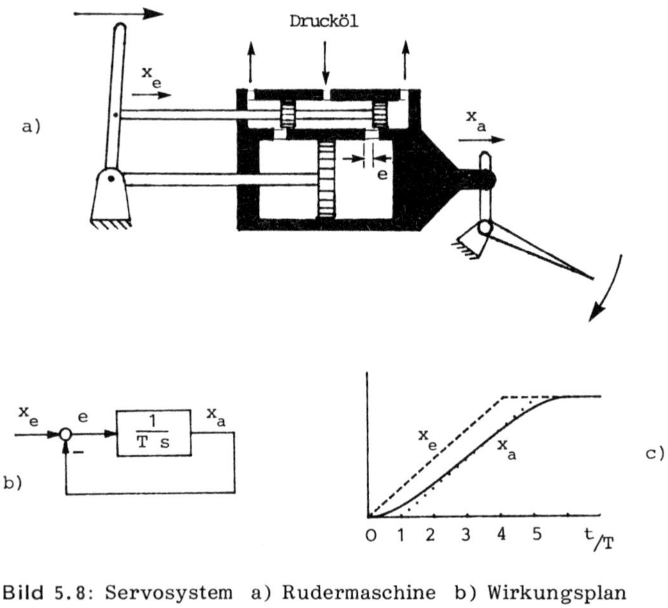

Bild 5.8: Servosystem a) Rudermaschine b) Wirkungsplan
c) Typischer Verlauf von Eingangs- und Ausgangssignal

maschine, d.h. desto größer ist die Kraftverstärkung. Dieses Servosystem erfüllt die Minimalforderung, nämlich Positionsfehler $e_p = 0$. Der Geschwindigkeitsfehler ist proportional der Integrationszeit des Stellzylinders und der Geschwindigkeit des Eingangssignals.

5.1.3 Anmerkungen zur Reglerauswahl

Aus den Beispielen zur Festwert- und Folgeregelung ergaben sich die Forderungen: der Störeinfluß soll (möglichst sofort) verschwinden und die Regelgröße soll identisch der Führungsgröße sein: $x(t) \equiv w(t)$. Mathematisch ausgedrückt lautet diese Bedingung nach Gln (5.1) und (5.5): $R(s) = F_e(s) \equiv 0$, oder nach Gl. (5.4): $F_w(s) \equiv 1$. Daraus folgt $F_R(s) \rightarrow \infty$, eine unmögliche Forderung an einen Regler. Lediglich der stationäre Fall, $\lim_{s \to 0} F_R(s) = \infty$, ist realisierbar.

Kurz gesagt, ein Regelkreis soll "möglichst genau" und "möglichst schnell" (sowie "möglichst billig") arbeiten. Um nach diesen Gesichtspunkten eine Regelung zu entwerfen sind im allgemeinen folgende Schritte üblich.

(1) <u>Analyse</u>: Beschreibung der Regelstrecke durch ihr Steuerverhalten und - wenn erforderlich - durch ihr Störverhalten ("Identifizierung")

(2) <u>Synthese</u>: Berechnung des Reglers (oder die Erstellung eines Regelungskonzeptes) aufgrund von Forderungen an die Regelung ("Dimensionierung")

(3) Konstruktion des Reglers als Gerät ("Realisierung"), bzw. Erstellen und Austesten des Programmes für digitale Regler.

Oft liefert die Synthese eine Reglerfunktion, die sich nur mit sehr großem Aufwand oder überhaupt nicht realisieren läßt. Deshalb ersetzt man Schritt (2), vor allem wenn ein konventioneller Regler eingesetzt werden soll, durch

(2') Auswahl des "besten" Reglers aus einer Gruppe von verfügbaren Reglern (meist P-, PI- oder PID-Regler) und Festlegung seiner Kennwerte, d.h. statt Synthese erneute Analyse mit dem gewählten Regler.

Wenn Schritt (2) durch (2') ersetzt wird, erübrigt sich Schritt (3), weil die konventionellen Regler im Handel erhältlich sind, z.B. als elektrische oder digitale Regler. Der wichtigste Aspekt bei Schritt (2) bzw. (2') ist das dynamische Verhalten des Regelkreises, vor allem aber die Stabilität, der der folgende Abschnitt gewidmet ist.

5.2 Stabilität

Die Frage nach der Stabilität von Regelkreisen ist ein zentrales Problem. Deshalb bildete sie jahrzehntelang einen Forschungsschwerpunkt in der Regelungstechnik. Dabei wurden Methoden entwickelt, um festzustellen, unter welchen Bedingungen ein System stabil ist oder nicht. Da jetzt leistungsfähige Digitalrechner mit entsprechenden Programmpaketen zur Verfügung stehen, sind viele dieser Verfahren überholt. Jedoch werden in bestimmten Bereichen einige der Methoden immer noch verwendet, nämlich dann, wenn sie mit ausreichender Genauigkeit schnell zum Ziel führen. Nur solche Methoden sollen in den folgenden Abschnitten vorgestellt werden.

Eine allgemeine Definition der sog. Ljapunow-Stabilität kann man in DIN 19 226 Teil 2, Abschn. 6.1 nachlesen. Etwas spezieller ist dann die sog. Übertragungsstabilität nach Abschn. 6.2, die auch als "BIBO-Stabilität" bekannt ist (aus dem Englischen: bounded input - bounded output).

Die nachfolgenden Überlegungen bauen auf einer aus der Ljapunow-Stabilität hergeleiteten stark vereinfachten Definition auf:

"Ein System ist stabil, wenn es nach einmaligem Anstoß in seine Ruhelage zurückkehrt"

oder anders ausgedrückt:

"Ein System ist stabil, wenn alle Eigenbewegungen abklingen".

Für lineare, zeitinvariante Systeme ohne Totzeit heißt das wiederum:

"Ein System ist stabil, wenn alle seine Eigenwerte negativen Realteil haben".

Bild 5.9 zeigt einige Beispiele für ein System zweiter Ordnung: links ist eine Konfiguration der Eigenwerte in der komplexen s-Ebene und rechts ist die zugehörige Eigenbewegung als Impulsantwort dargestellt.

Die Eigenwerte eines Systems sind die Pole seiner Gesamtübertragungsfunktion, bzw. die Lösungen oder Wurzeln der charakteristischen Gleichung dieses Systems. So ist die charakteristische

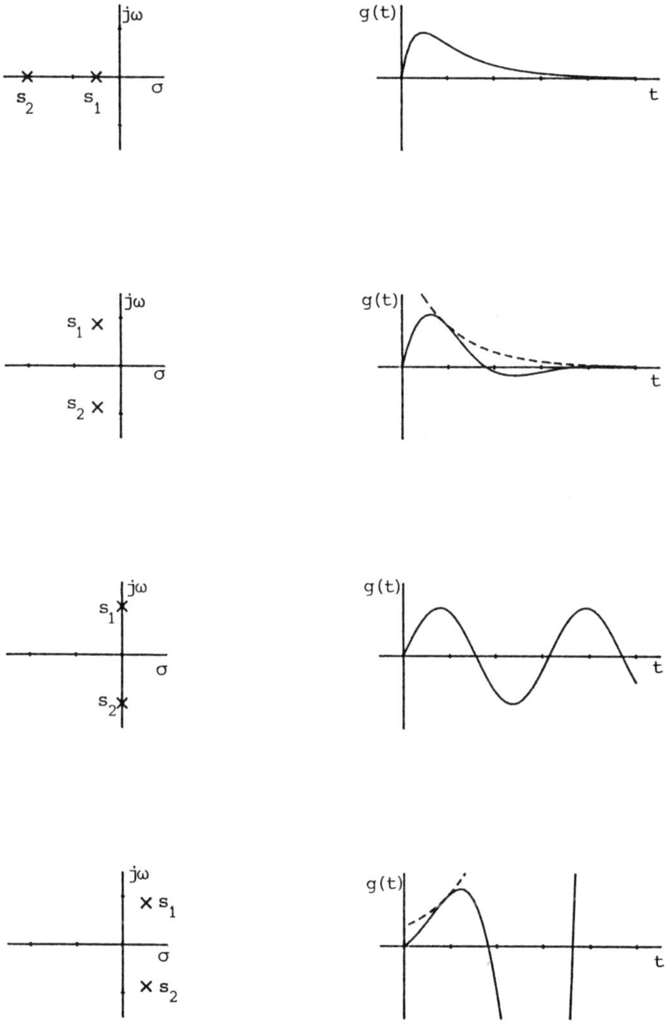

Bild 5.9: Vergleich von Eigenwerten und der zugehörigen Eigenbewegung für ein Übertragungsglied zweiter Ordnung

Gleichung des Regelkreises die Grundlage für Stabilitätsuntersuchungen. Sie wird deshalb im folgenden Abschnitt in ihren verschiedenen Darstellungsformen beschrieben.

5.2.1 Die charakteristische Gleichung

Für den Regelkreis nach Bild 5.1 mit der Kreisübertragungsfunktion $F_o(s) = F_R(s)F_S(s)$ gibt es als Gesamtübertragungsfunktion entweder die Störübertragungsfunktion $F_z(s)$, Gl. (5.1), oder die Führungsübertragungsfunktion $F_w(s)$, Gl. (5.4). Die Pole der Gesamtübertragungsfunktion berechnet man durch Nullsetzen ihres Nenners. Somit ist die Grundform der charakteristischen Gleichung eines einschleifigen Regelkreises

$$F_o(s) + 1 = 0 \tag{5.7}$$

oder

$$F_o(s) = -1 \tag{5.7a}$$

In Kapitel 2 wurde bei der Betrachtung von Übertragungsgliedern im Zeitbereich (Differentialgleichungen) die charakteristische Gleichung eingeführt. Durch Ausmultiplizieren von Gl. (5.7) erhält man die in Gl. (2.6) angegebene Form

$$a_n s^n + a_{n-1} s^{n-1} + \ldots + a_2 s^2 + a_1 s + a_o = 0 \tag{5.8}$$

deren linke Seite als charakteristisches Polynom bezeichnet wird. Die Koeffizienten $a_1, \ldots, a_n$ sind reell, denn es werden nur reale Systeme mit reellen Parametern betrachtet. Aus der linearen Algebra ist bekannt, daß man Gl. (5.8) mit Hilfe ihrer Lösungen $s_1, \ldots, s_n$ wie folgt ansetzen kann:

$$(s-s_1)(s-s_2) \ldots (s-s_n) = 0 \tag{5.9}$$

bzw. in Polynomform wie Gl. (5.8)

$$s^n - \sum_{k=1}^{n} s_k s^{n-1} \pm \sum_{i \neq j} s_i s_j s^{n-2} \pm \ldots \pm \prod_{k=1}^{n} s_k = 0 \tag{5.9a}$$

Die Kreisübertragungsfunktion $F_o(s)$ enthält im allgemeinen im Zähler wie im Nenner Funktionen von s, d.h. sie ist der Quotient aus Zählerfunktion Z(s) und Nennerfunktion N(s). Deswegen wird $F_o(s)$ auch geschrieben als

$$F_o(s) = V \frac{Z(s)}{N(s)} \tag{5.10}$$

Dabei können Z(s) und N(s) wie in Gl. (2.14a) als Produkte oder wie in Gl. (2.12) als Polynome angesetzt werden.

$$\begin{aligned} Z(s) &= \prod_{i=1}^{m} (s-z_i) = \\ &= s^m - \sum_{i=1}^{m} z_i s^{m-1} \pm \ldots \pm \prod_{i=1}^{m} z_i \end{aligned} \tag{5.10a}$$

$$\begin{aligned} N(s) &= \prod_{j=1}^{n} (s-p_j) = \\ &= s^n - \sum_{j=1}^{n} p_j s^{n-1} \pm \ldots \pm \prod_{j=1}^{n} p_j \end{aligned} \tag{5.10b}$$

Hierbei sind z_i die Nullstellen und p_j die Pole von $F_o(s)$; V als Verstärkungsfaktor nimmt oft die Stelle des freien Parameters ein. Mit $F_o(s)$ nach Gl. (5.10) kann die charakteristische Gleichung (5.7) auch geschrieben werden

$$N(s) + V\,Z(s) = 0 \tag{5.11}$$

In den folgenden Stabilitätsbetrachtungen wird die charakteristische Gleichung in einer der hier aufgeführten Darstellungen benützt.

5.2.2 Untersuchung der Koeffizienten der charakteristischen Gleichung

Es gibt einige Verfahren oder Kriterien, die anhand der Koeffizienten a_j der char. Gl. (5.8) prüfen, ob alle Eigenwerte s_j negativen Realteil haben.

Das bekannteste Testverfahren ist das Hurwitz-Kriterium:

Die Lösungen $s_1, \ldots, s_n$ der Gl. (5.8) haben negativen Realteil, wenn:

a) alle Koeffizienten $a_j \neq 0$; $j = 0, 1, \ldots, n$; gleiches Vorzeichen haben (hier positiv vorausgesetzt)

und - falls (a) erfüllt ist -

b) für $n \geq 3$ die Hurwitz-Determinante H und alle ihre prinzipiellen Unterdeterminanten U_k (entlang der Hauptdiagonalen von H) positiv sind.

Diese Determinanten werden wie folgt erstellt:

$$H = \begin{vmatrix} a_1 & a_3 & a_5 & \cdots & 0 \\ a_o & a_2 & a_4 & \cdots & 0 \\ 0 & a_1 & a_3 & \cdots & 0 \\ 0 & a_o & a_2 & \cdots & 0 \\ 0 & 0 & a_1 & \cdots & 0 \\ 0 & 0 & a_o & \cdots & 0 \\ \cdot & \cdot & \cdot & \cdots & \cdot \end{vmatrix}$$

$$U_1 = a_1 \qquad U_2 = \begin{vmatrix} a_1 & a_3 \\ a_o & a_2 \end{vmatrix} \qquad U_3 = \begin{vmatrix} a_1 & a_3 & a_5 \\ a_o & a_2 & a_4 \\ 0 & a_1 & a_3 \end{vmatrix} \quad \text{usw.}$$

Ist Bedingung (a) nicht erfüllt, so existiert mindestens ein Eigenwert mit positivem Realteil. Eine aufklingende Eigenbewegung reicht aus, um das System instabil werden zu lassen. Die Untersuchung der Bedingung (b) ist sehr aufwendig und lohnt sich eigentlich nur für $n = 3$: $U_1 = a_1 > 0$ ist schon mit (a) vorausgesetzt, und (b) fordert $H = U_2 > 0$, also

$$a_1 a_2 - a_o a_3 > 0 \tag{5.12}$$

Diese Bedingung läßt sich leicht merken und anwenden. Man weiß dann zwar, ob das System stabil ist, aber nicht, welches Einschwingverhalten zu erwarten ist.

Dem Hurwitz-Kriterium ähnlich ist das Routh-Kriterium. Es schreibt statt Bedingung (b) einen schematischen Algorithmus vor, der auch für Systeme höherer Ordnung geeignet ist. Doch da die Aussagekraft beider Kriterien so gering ist, wendet man sich besser anderen Verfahren zu.

5.2.3 Die Wurzelortskurve

Die Wurzelortskurve ist der Verlauf der Systemeigenwerte (das sind die Wurzeln der charakteristischen Gleichung) in der komplexen s-Ebene in Abhängigkeit eines freien Parameters, der entweder nicht genau bekannt ist oder sich infolge von Einflüssen ändert oder aber für gutes dynamisches Verhalten eingestellt werden soll. Ein einfaches Beispiel für solch eine Wurzelortskurve ist auf Tafel 3.2.1a zu finden. Dort sind einige Eigenwerte oder Pole eines Übertragungsgliedes zweiter Ordnung in Abhängigkeit des Dämpfungsgrades in die s-Ebene eingetragen (unten rechts). In Abschnitt 3.2.1 sind diese Eigenwerte gegeben. Für $0 < d < 1$ ist $s_{1,2} = - \omega_o d \pm j\omega_o\sqrt{1-d^2} = \sigma \pm j\omega$, d.h. der Realteil ist $\sigma = - \omega_o d$, der Imaginärteil ist $\omega = \sqrt{\omega_o{}^2 - \sigma^2}$. In geschlossener Form wird mit $\sigma^2 + \omega^2 = \omega_o{}^2$ ein Kreis um den Ursprung beschrieben mit dem Radius ω_o. Da $d > 0$ sein muß, gilt nur der Halbkreis in der linken Halbebene. Für $1 \leq d < \infty$ ist $s_{1,2} = - \omega_o d \pm \omega_o\sqrt{d^2-1}$ reell: der eine Eigenwert läuft auf der reellen Achse von $-\omega_o$ bis 0, der andere von $-\omega_o$ bis $-\infty$.

Das sog. Wurzelortsverfahren wird gerne zur Untersuchung der Fahrzeugdynamik eingesetzt wegen seiner Anschaulichkeit und der im Diagramm enthaltenen Aussage über die Eigenbewegung des betrachteten Systems. Bild 5.10 zeigt ein Beispiel zur Untersuchung der Anstellwinkelschwingung (sie liegt in der Nickbewegung) eines Jagdflugzeuges der sechziger Jahre. Da es sich um konjugiert komplexe Eigenwerte handelt, ist nur der Eigenwert mit positivem Imaginärteil dargestellt. Für drei aerodynamische Beiwerte sind die Wurzelortskurven eingetragen. Der Schnittpunkt ist der gegebene Betriebspunkt (Horizontalflug bei Mach 0,5 in niedriger Höhe). Er ist gekennzeichnet durch eine gedämpfte Schwingung mit der Eigenkreisfrequenz $\omega_e = 3{,}7/\text{sec}$ (Imaginärteil) und der Abklingkonstante $\omega_o d = 1{,}2/\text{sec}$ (negativer Realteil) bzw. einem Dämpfungsgrad $d = 0{,}31$. Jeder Beiwert wird hier vom halben bis zum doppelten Nennwert durchlaufen. So erkennt man, wie der

Auftriebsbeiwert C_α die Eigenkreisfrequenz stark beeinflußt, die Abklingkonstante dagegen gar nicht. Der Beiwert C_y, d.h. der Einfluß des Nickmoments in Abhängigkeit der Nickwinkelgeschwindigkeit, verändert die Eigenkreisfrequenz kaum, aber die Abklingkonstante sehr stark. Der Beiwert $C_{\dot\alpha}$ (aus der Auftriebsänderung in Abhängigkeit der Anstellwinkelgeschwindigkeit) hat einen gewissen Einfluß auf beide Kenngrößen, läßt aber die Kennkreisfrequenz ω_o praktisch konstant. Aus solchen Informationen kann der Entwicklungsingenieur Vorschläge zur Konstruktion herleiten oder eine gezielte Veränderbarkeit von Flugeigenschaften durch interne Rückführungen vorsehen.

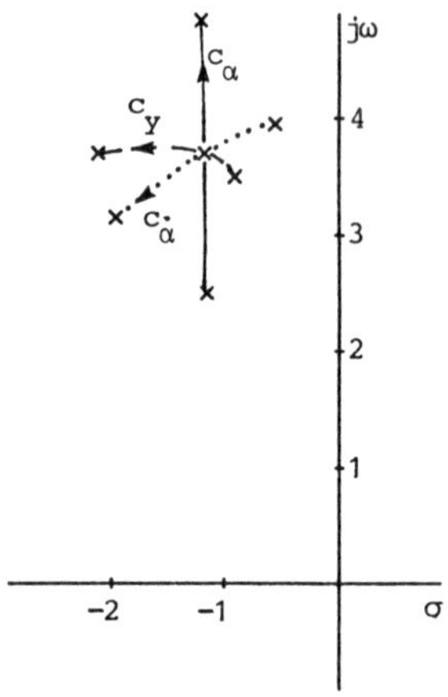

Bild 5.10: Wurzelortskurven für eine Anstellwinkelschwingung

Das für einschleifige Regelkreise entwickelte Wurzelortsverfahren geht davon aus, daß die Kreisübertragungsfunktion $F_o(s)$ als Produkt von Regler- und Streckenübertragungsfunktion gegeben ist, und damit die Pole p_j und Nullstellen z_i des offenen Kreises bekannt sind. Nur die Übertragungskonstante des Reglers bzw. die Kreisverstärkung V ist variabel. Die charakteristische Gleichung ist dann

$$F_o(s) = V \frac{\prod_{i=1}^{m} (s-z_i)}{\prod_{j=1}^{n} (s-p_j)} = -1 \tag{5.13}$$

Im allgemeinen handelt es sich um eine komplexe Gleichung, die in zwei Gleichungen zerlegt werden kann, eine für den Betrag und eine für den Winkel oder die Phase.

Somit lautet die Betragsbedingung

$$|F_o(s)| = V \cdot \frac{\prod_{i=1}^{m} |s-z_i|}{\prod_{j=1}^{n} |s-p_j|} = 1 \qquad (5.13a)$$

und die Phasen- oder Winkelbedingung

$$\sum_{i=1}^{m} \psi_i - \sum_{j=1}^{n} \varphi_j = \pi \qquad (5.13b)$$

Die Winkelbedingung ist unabhängig vom freien Parameter V und wird deshalb benutzt, um einen Eigenwert s_k des geschlossenen Kreises zu bestimmen. Mit diesem Wert kann aus der Betragsbedingung die zugehörige Kreisverstärkung V_k berechnet werden.

Bild 5.11 zeigt eine angenommene Pol-Nullstellenkonfiguration für $F_o(s)$ mit zwei negativ reellen Polen p_1 und p_2, einem Pol p_3 im Ursprung und einer negativ reellen Nullstelle z_1. So könnte man sich den Regelkreis aus einer P-T_2-Strecke mit zwei Zeitkonstanten und einem PI-Regler zusammengeschaltet denken. Die Kreisübertragungsfunktion zu Bild 5.11 ist

$$F_o(s) = V \frac{s-z_1}{s(s-p_1)(s-p_2)}$$

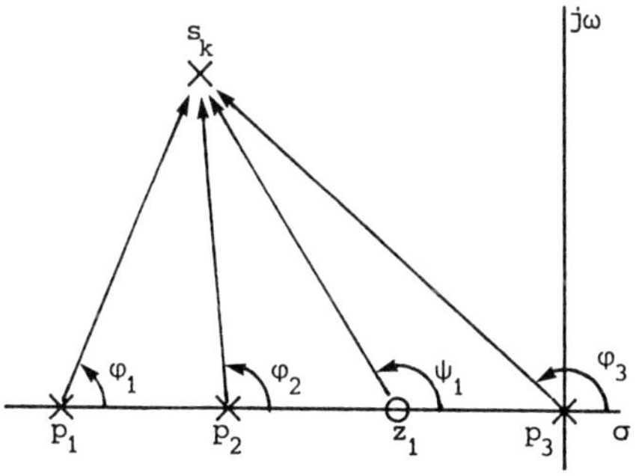

Bild 5.11: Pol-Nullstellenkonfiguration zur Illustration der Winkelbedingung für die Wurzelortskurve

Für einen Eigenwert s_k des geschlossenen Kreises lautet die Winkelbedingung

$$\psi_1 - (\varphi_1 + \varphi_2 + \varphi_3) = \pi$$

Jeder Punkt der s-Ebene, der diese Bedingung erfüllt, gehört zur Wurzelortskurve. Das Aufsuchen solcher komplexen Eigenwerte s_k ist viel zu mühsam, als daß sich der Aufwand rechtfertigen läßt. Mit Hilfe der im Anhang 2 aufgeführten geometrischen Eigenschaften E1 bis E8 läßt sich die Wurzelortskurve relativ schnell zeichnen bzw. skizzieren, um die Regelkreisdynamik beurteilen zu können. Wenn man die exakte Wurzelortskurve benötigt, muß man die Lösungen der charakteristischen Gleichung durch den Digitalrechner bestimmen lassen. Zwei Beispiele für Wurzelortskurven werden in den Abschnitten 5.2.5 und 5.3.1 behandelt.

5.2.4 Untersuchung des Frequenzgangs

Bei den Verfahren, die den Frequenzgang zugrunde legen, hat sich das Nyquist-Kriterium am besten bewährt, vor allem im Hinblick auf den Reglerentwurf (siehe Abschnitt 5.3.2). Dabei wird der Frequenzgang $\underline{F}_o(j\omega)$ des offenen Kreises untersucht, um Aussagen über die Stabilität des geschlossenen Kreises zu machen. Hervorzuheben ist, daß mit diesem Verfahren auch Systeme höherer Ordnung mit vertretbarem Aufwand untersucht werden können, vor allem aber, daß auch Totzeitelemente berücksichtigt werden können.

Das Nyquist-Kriterium läßt sich zwar über die Funktionentheorie herleiten, hier soll jedoch nur eine anschauliche Erklärung gegeben werden. Der in Bild 5.12 dargestellte Regelkreis enthält die Kreisübertragungsfunktion $F_o(s)$. Zunächst wird festgestellt, unter welchen Bedingungen in diesem Kreis eine Schwingung bestehen bleiben kann. Angenommen, es existiert eine Dauerschwingung (z.B. von außen angeregt) mit $e = A \sin \omega_K t$, dann kann sie nur weiterbestehen, wenn $x = - A \sin \omega_K t$. Daraus folgt, daß der Kreisfrequenzgang $\underline{F}_o(j\omega)$ für die Kreisfrequenz ω_K die sog. Schwingungsbedingung (5.14) erfüllen muß.

$$\underline{F}_o(j\omega_K) = -1 \quad \text{bzw.} \quad \underline{F}_o(j\omega_K) + 1 = 0 \qquad (5.14)$$

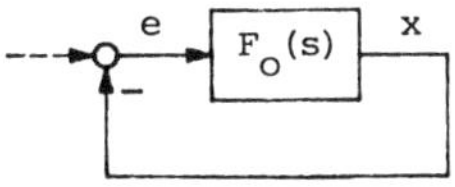

Bild 5.12: Skizze zur Herleitung der Schwingungsbedingung

Diese komplexe Gleichung läßt sich zerlegen in Real- und Imaginärteil zur Bestimmung der kritischen Kreisfrequenz ω_K und des kritischen Übertragungsfaktors (meist als K_K bezeichnet). Zur Formulierung des Nyquist-Kriteriums ist die Zerlegung nach Betrag $|F_o(\omega)|$ und Phase $\varphi_o(\omega)$ vorzunehmen, so daß die Schwingungsbedingung lautet

$$\varphi_o(\omega_K) = -180^\circ \quad \text{und} \quad |F_o(\omega_K)| = 1$$

Das Minuszeichen für den Phasenwinkel zeigt an, daß im Bereich der kritischen Kreisfrequenz das Signal x(t) dem Signal e(t) nacheilt. Der Regelkreis ist dann stabil, wenn eine einmal angeregte Schwingung mit der Kreisfrequenz ω_K wieder abklingt, d.h. wenn $|F_o(\omega_K)| < 1$ ist. Dies ist die Aussage des Nyquist-Kriteriums. Somit mag das Nyquist-Kriterium, wie folgt, lauten:

> Der geschlossene Regelkreis ist stabil, wenn für den Kreisfrequenzgang $\underline{F}_o(j\omega)$ des offenen Kreises bei der Kreisfrequenz ω_K gilt
>
> $$\varphi_o(\omega_K) = -180^\circ \tag{5.15a}$$
>
> und
>
> $$|F_o(\omega_K)| < 1 \tag{5.15b}$$

Gibt es keine Lösung ω_K für Gl. (5.15a), d.h. wird der Winkel $\varphi_o = -180^\circ$ erst für $\omega \to \infty$ erreicht, dann ist der Kreis für jeden Übertragungsfaktor stabil (strukturstabil). Dies trifft z.B. für Systeme zweiter Ordnung zu. Die Bedingungen (5.15a und b) lassen sich häufig analytisch überprüfen, im allgemeinen (bei hoher Ordnung oder mit Totzeit) grafisch anhand des Bodediagramms. Im folgenden Unterabschnitt wird die Untersuchung des Nyquist-Kriteriums mit Hilfe des Bodediagramms erläutert.

5.2.5 Vergleich der Verfahren, Definition von Stabilitätsmaßen

Der Vergleich der besprochenen Verfahren soll anhand eines Beispiels durchgeführt werden. Man denke sich einen I-Regler mit einer P-T_2-Regelstrecke (Kennkreisfrequenz 1/T als Maßstabsfaktor, variabler Dämpfungsgrad d_v) zu einem Kreis zusammengeschaltet; dann ist die Kreisübertragungsfunktion

$$F_o(s) = \frac{V}{Ts(1 + 2d_v Ts + T^2s^2)}$$

Für das Hurwitz-Kriterium ergibt sich als charakteristische Gleichung $F_o(s) + 1 = 0$ der Ansatz

$$T^3s^3 + 2d_v T^2s^2 + Ts + V = 0$$

Die Stabilitätsbedingung (5.12) fordert

$$V < 2d_v$$

Man kann zwar die kritische Kreisfrequenz $\omega_K = 1/T$ und die kritische Verstärkung $V_K = 2d_v$ berechnen, aber einen Hinweis für eine gute Wahl von K liefert das Hurwitz-Kriterium nicht.

Für die Wurzelortskurve benötigt man Pole und Nullstellen von $F_o(s)$; die drei Pole sind

$$p_{1,2} = -\frac{1}{T}\left(d_v \pm \sqrt{d_v^2 - 1}\right) \quad \text{bzw.} \quad p_{1,2} = -\frac{1}{T}\left(d_v \pm j\sqrt{1 - d_v^2}\right)$$

$$p_3 = 0$$

Endliche Nullstellen hat $F_o(s)$ nicht. Mit Hilfe der geometrischen Eigenschaften (E1 bis E8, Anhang 2) läßt sich die Wurzelortskurve zeichnen. Bild 5.13 zeigt ein Beispiel für $d_v = 0{,}9$. In diesem einfachen Fall läßt sich der komplexe Teil der Wurzelortskurve analytisch angeben (als Teil einer Hyperbel):

$$\omega T = \pm\sqrt{3\sigma^2T^2 + 4d_v\sigma T + 1} \tag{5.16a}$$

Zu jedem Eigenwert $s = \sigma + j\omega$ des geschlossenen Kreises gehört die Verstärkung

$$V = \omega^2T^2(3\sigma T + 2d_v) - \sigma T(1 + 2d_v\sigma T + \sigma^2T^2) \tag{5.16b}$$

Aus der geometrischen Eigenschaft E5, bzw. aus Gl. (5.16a) mit $\omega = 0$, erhält man für den Verzweigungspunkt

$$cT = \frac{2}{3} d_v (1 \pm \sqrt{1 - \frac{3}{4d_v^2}})$$

d.h. für $d_v < \sqrt{3}/2$ erhält man keine reelle Lösung, für $\sqrt{3}/2 < d_v < 1$ ergeben sich zwei Verzweigungspunkte wie in Bild 5.13 für $d_v = 0{,}9$; für $d_v \geq 1$ existiert ein Verzweigungspunkt. Die Asymptoten nach E6 schneiden die reelle Achse in

$$c_A T = -\frac{2}{3} d_v$$

mit den Winkeln

$$\varphi_A = 60^\circ, 180^\circ, -60^\circ$$

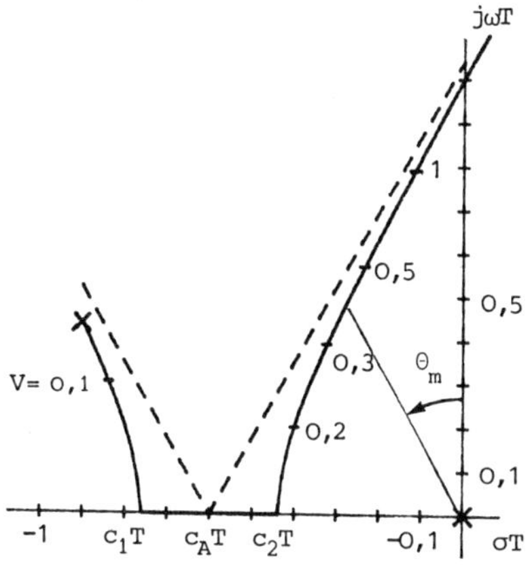

Bild 5.13: Wurzelortskurve für einen Regelkreis dritter Ordnung (Dämpfungsgrad der Regelstrecke $d_V = 0{,}9$)

Bild 5.14 zeigt die Wurzelortskurven für verschiedene Werte des Streckendämpfungsgrades d_v. Zur besseren Darstellung wurde auf $|c_A|$ normiert. Der dritte Ast, nämlich der Teil auf der reellen Achse, muß für jeden einzelnen Fall aus E3 festgelegt werden.

Die Wurzelortskurve in Bild 5.13 ist für verschiedene Werte der Kreisverstärkung V markiert. Für V = 0,3 z.B. entnimmt man zwei konjugiert komplexe Eigenwerte $Ts_{1,2} = -0{,}32 \pm j\,0{,}39$; der dritte Eigenwert wird mit E8 ermittelt zu $Ts_3 = -1{,}16$. Diese Werte beschreiben die Eigenbewegung des geschlossenen Kreises, nämlich eine gedämpfte Schwingung (Eigenkreisfrequenz $\omega_e = 0{,}39/T$; Abklingkonstante $\omega_o d = 0{,}32/T$ bzw. Dämpfungsgrad d = 0,63) und eine exponentiell abklingende Funktion mit der Zeitkonstanten T/1,16. Für V = 0,5 schwingt der Kreis schneller und ist schlechter gedämpft; die exponentielle Funktion kann praktisch vernachlässigt werden.

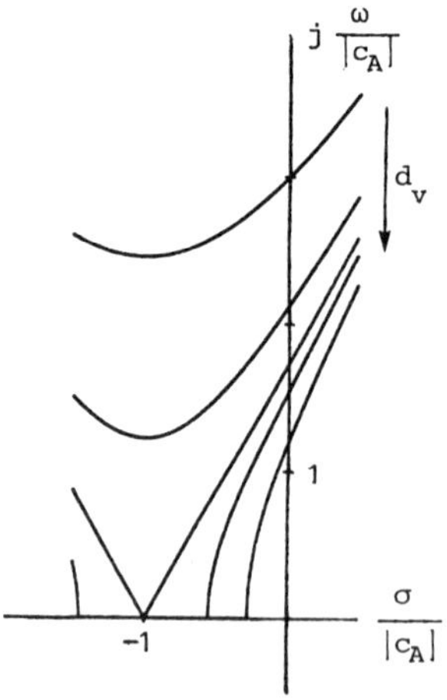

Bild 5.14: Normierte Wurzelortskurven zu Bild 5.13 mit $d_V = 0,5$; $1/\sqrt{2}$; $\sqrt{3}/2$; 0,97; 1,25

So lassen sich anhand der Wurzelortskurve Vorgaben machen, z.B. welche Mindestdämpfung der geschlossene Kreis haben soll, und/ oder wie schnell die Eigenbewegung abgeklungen sein soll. Für solche Vorgaben wurden als Stabilitätsmaße die relative und die absolute Stabilitätsreserve eingeführt. Bild 5.15 zeigt links die Vorgabe der relativen Stabilitätsreserve. Alle Eigenwerte dürfen nur im Bereich $\Theta > \Theta_m$ liegen, d.h. die minimale Dämpfung ist $d_m = \sin \Theta_m$. Das rechte Diagramm illustriert die absolute Stabilitätsreserve. Die Eigenwerte sollen links der Begrenzungslinie $\sigma = -\alpha$ liegen, dann ist die Abklingkonstante immer größer als α. Im allgemeinen wendet man beide Maße an: nahe der reellen Achse gilt die Grenze $\sigma \leq -\alpha$ und im übrigen Bereich $\Theta > \Theta_m$. Diese Bedingung kann man durch entsprechende Wahl der Verstärkung erfüllen oder durch "Verbiegen" der Wurzelortskurve, d.h. durch Hinzufügen einer endlichen Nullstelle, was gleichbedeutend einem PD-Anteil ist.

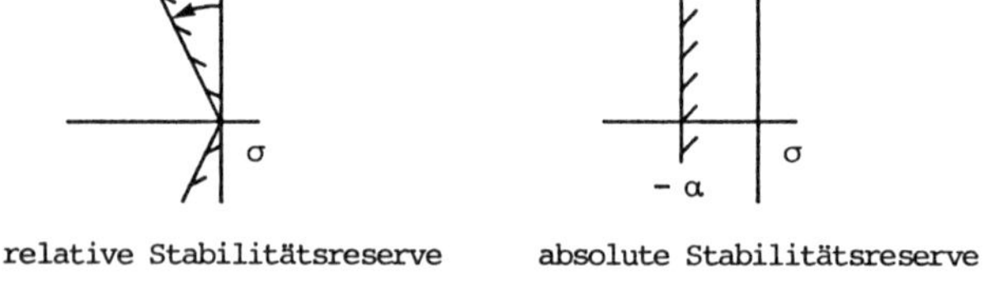

Bild 5.15: Skizzen zur Definition von relativer und absoluter Stabilitätsreserve

Für das Beispiel von Bild 5.13 werde gefordert, daß der Kreis mit d = 0,5 gedämpft ist. Dazu gehört der Winkel $\Theta_m = 30^\circ$. Grafisch oder analytisch erhält man mit den Gln (5.16a und b) die Eigenwerte $s_{1,2}T = -0,28 \pm j\,0.48$ und $s_3T = -1,24$ und die einzustellende Verstärkung V = 0,38. Das Wurzelortsverfahren bietet wohl die beste Möglichkeit, die Dynamik des Regelkreises festzulegen, wird aber bei Systemen höherer Ordnung sehr aufwendig. Die Frequenzgangmethode, die auf dem Nyquist-Kriterium beruht, ist dagegen wesentlich handlicher.

Der Frequenzgang zum Beispiel von Bild 5.13 ist

$$\underline{F}_o(j\omega) = \frac{V}{j\omega T(1 - \omega^2T^2 + 2d_v j\omega T)}$$

Das Bodediagramm dazu zeigt Bild 5.16 für $d_v = 0,9$ und V = 1. Dem Phasengang $\varphi_o(\omega)$ entnimmt man die kritische Kreisfrequenz $\omega_K = 1/T$. An dieser Stelle ist der Amplitudengang

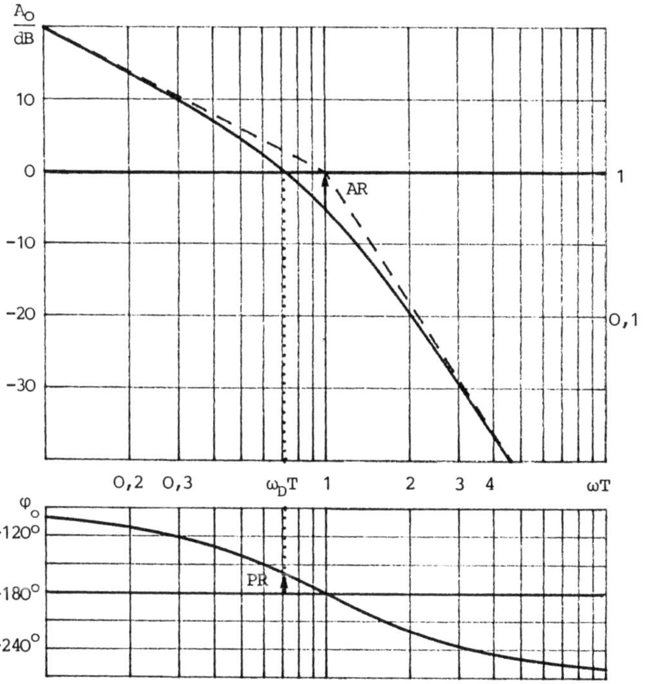

Bild 5.16: Frequenzgang zur Definition von Amplitudenrand AR und Phasenrand PR

$$A_o(\omega_K) = \frac{1}{2d_v} < 1$$

Der Kreis ist also stabil; man könnte ihn "stabiler" machen, wenn man V kleiner wählt bzw. die 0 dB-Linie nach oben verschiebt. Aus dieser Überlegung heraus wurden zwei Stabilitätsmaße eingeführt, quasi als Abstand von der Stabilitätsgrenze.

Der Amplitudenrand AR wird an der Stelle ω_K definiert.

$$AR = \frac{1}{A_o(\omega_K)} \quad \text{bzw.} \quad AR = -A_o(\omega_K)/dB \tag{5.17}$$

Der Phasenrand PR (gelegentlich φ_R) wird an der Durchtrittsfrequenz ω_D bestimmt, für die $A_o(\omega_D) = 1$ (bzw. 0 dB) ist.

$$PR = 180^o + \varphi_o(\omega_D) \tag{5.18}$$

Im Amplitudengang ist der Amplitudenrand als Abstand des Amplitudenwertes $A_o(\omega_K)$ zur 0 dB-Linie abzulesen; im Phasengang ist der Phasenrand der Abstand der -180°-Linie zu $\varphi_o(\omega_D)$, siehe eingetragene Pfeile. Dem Bild 5.16 entnimmt man daher AR = 1,8 bzw. 5 dB und PR $\approx 20^o$ (bei $\omega_D T \approx 0{,}72$). Da die Frequenzgangmethode leichter zu handhaben ist als das Wurzelortsverfahren, wird sie mit den Vorgaben AR und/oder PR häufig zum Reglerentwurf angewendet.

5.3 Reglerentwurf

Voraussetzung für den Reglerentwurf ist die Stabilität des Regelkreises. Darüberhinaus will man durch die Dimensionierung des Reglers eine gewisse dynamische Qualität erzielen, z.B. schnell und gut gedämpft. Der Reglerentwurf geht in zwei Schritten vor sich: zunächst ist die Reglerstruktur vorzugeben, dann müssen geeignete Kennwerte gefunden werden. Die Reglerstruktur ergibt sich meist aus den stationären Randbedingungen (z.B. stationäre Genauigkeit bei bestimmten Eingangsfunktionen) und den technischen Gegebenheiten (Realisierbarkeit, Aufwand). Die Reglerparameter werden dann aus zulässigen Abweichungen (z.B. Geschwindigkeitsfehler) und aus den Forderungen an die Dynamik des Regelkreises bestimmt. Im folgenden werden Verfahren vorgestellt, nach denen die Kennwerte von vorgegebenen Reglern (P-, PI-, ...) bestimmt werden.

5.3.1 Festlegung der Eigenwerte für den Regelkreis

In den Beispielen der Abschnitte 5.1.1 und 5.1.2 wurde schon darauf hingewiesen, wie bei Regelkreisen zweiter Ordnung die Einstellung des Reglers die Kennkreisfrequenz und die Dämpfung beeinflussen kann. Bei Regelkreisen höherer Ordnung ist der Einfluß nicht mehr so leicht zu erkennen. Es besteht aber die Möglichkeit, durch sog. Polvorgabe die erforderlichen Reglerkennwerte zu berechnen. Die charakteristische Gleichung des Kreises nach Gl. (5.8) in Polynomform enthält in ihren Koeffizienten die Reglerparameter. Dagegen stellt man aus den gewählten Eigenwerten s_j die charakteristische Gleichung gemäß Gl. (5.9) auf. Durch Koeffizientenvergleich erhält man dann die notwendigen Kennwerte. Als Beispiel werde die Nachlaufregelung mit PI-Regler aus Abschnitt 5.1.2 betrachtet, denn es handelt sich dort um ein System dritter Ordnung, dessen dynamisches Verhalten nicht so einfach beurteilt werden kann wie bei einem System zweiter Ordnung.

Die Kreisübertragungsfunktion ist

$$F_o(s) = \frac{K(1+T_n s)}{T_n s^2 (1+Ts)}$$

Die charakteristische Gleichung (5.7) lautet dann in Polynomform

$$s^3 + \frac{1}{T} s^2 + \frac{K}{T} s + \frac{K}{T_n T} = 0$$

Mit den vorgegebenen Polen s_j, $j = 1, 2, 3$, die die Eigenbewegung des Kreises bestimmen, erhält man nach Gl. (5.9) bzw. (5.9a)

$$s^3 - (s_1 + s_2 + s_3)s^2 + (s_1 s_2 + s_2 s_3 + s_3 s_1)s - (s_1 s_2 s_3) = 0$$

Nachdem nur die Reglerverstärkung K und die Nachstellzeit T_n wählbar sind, können die drei Eigenwerte nicht unabhängig voneinander sein. Der Koeffizient von s^2 liefert die Bedingung

$$s_1 + s_2 + s_3 = -\frac{1}{T}$$

Durch Vergleich der beiden anderen Koeffizienten erhält man K und T_n.

Es sei z.B.

$$s_1 = s_2 = s_3 = -\frac{1}{3T}$$

dann werden

$$K = \frac{1}{3T} \quad \text{und} \quad T_n = 9T$$

Nun ist diese Vorgehensweise bei der Dimensionierung von konventionellen Reglern nicht üblich (sie wird überwiegend bei Mehrgrößenregelung verwendet). Man betrachtet vielmehr die Wurzelortskurven in Abhängigkeit der Parameter und entscheidet dann, wie eine gute dynamische Eigenschaft erreicht wird. Zu diesem Zweck sind in Bild 5.17 für verschiedene Nachstellzeiten $T_n = aT$ die Wurzelortskurven in Abhängigkeit von K dargestellt. Sie zeigen die Einflüsse sehr anschaulich. Nun kann man absolute und/oder relative Stabilität vorgeben oder zwei Eigenwerte s_1, s_2 festlegen. Der dritte reelle Eigenwert ist dann $s_3 = -\frac{1}{T} - s_1 - s_2$. Wählt man z.B. eine relative Stabilitätsreserve $d_m = 0{,}5$ (d.h. $\Theta_m = 30^\circ$), so erhält man für $T_n = 4T$ eine Schwingung der Kreisfrequenz $\omega_e \approx 0{,}43/T$ mit der Abklingkonstanten 0,25/T. Die exponentiell abnehmende Eigenbewegung, zum dritten Eigenwert $-0{,}5/T$ gehörend, hat dann die Zeitkonstante 2T.

Für größere Werte von a sind zwei Lösungen möglich: eine schnelle oder eine langsame Schwingung. Es ist jedoch zu beachten, daß zur schnellen Schwingung noch eine langsame exponentiell abklingende Eigenbewegung gehört und umgekehrt. Weiterhin fällt auf, daß für $a \leq 9$ jede Wurzelortskurve einen Punkt maximal möglicher Dämpfung hat. Diesen Eigenwertpaaren kommt eine besondere Bedeutung zu (siehe symmetrisches Optimum, Abschnitt 5.3.3) und es erscheint sinnvoll, die zugehörige Reglereinstellung zu wählen. Die Dimensionierung anhand der Wurzelortskurve ist zwar anschaulich, solange das System nicht mehr als drei bis vier Eigenwerte haben kann; bei mehreren Eigenwerten wird der Aufwand zu groß.

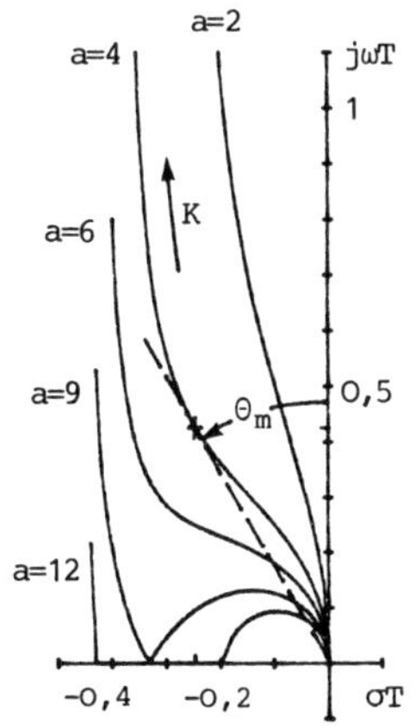

Bild 5.17: Wurzelortskurven für die Folgeregelung mit verschiedenen Nachstellzeiten $T_n = aT$

5.3.2 Korrektur des Frequenzgangs

Für Systeme höherer Ordnung und vor allem bei Anwesenheit von Totzeit führt die Korrektur des Frequenzganges schneller zu einem Ergebnis. Bei gegebenem Streckenfrequenzgang $\underline{F}_S(j\omega)$ wird der Reglerfrequenzgang $\underline{F}_R(j\omega)$ so hinzugefügt, daß der Kreisfrequenzgang $\underline{F}_o(j\omega) = \underline{F}_R(j\omega) \cdot \underline{F}_S(j\omega)$ einen bestimmten Amplitudenrand (AR) und/oder Phasenrand (PR) einhält. Da in der logarithmischen Darstellung des Bodediagramms die Einzelamplituden- und -phasengänge additiv überlagert werden, ist dieses Verfahren sehr handlich. Aus den Definitionen von Amplituden- und Phasenrand, Gln.(5.17) und (5.18) in Abschnitt 5.2.5, erhält man folgende Einstellvorschriften

$$A_R(\omega_K) = \frac{1}{AR \cdot A_S(\omega_K)} \quad \text{bzw.} \quad \frac{A_R(\omega_K)}{dB} = -\frac{AR + A_S(\omega_K)}{dB} \tag{5.19}$$

und/oder mit $\varphi_o(\omega_D) = -180^\circ + \varphi_R$

$$A_R(\omega_D) = \frac{1}{A_S(\omega_D)} \quad \text{bzw.} \quad \frac{A_R(\omega_D)}{dB} = -\frac{A_S(\omega_D)}{dB} \tag{5.20}$$

Hat man sich einmal für einen Reglertyp entschieden, so sollen über die Kennwerte gute dynamische Eigenschaften des Kreises erzielt werden. Der Forderung "möglichst schnell" kommt man nach, indem man den Arbeitsbereich des Kreises möglichst weit nach rechts legt, d.h. die Kreisfrequenzen ω_D und ω_K sollen möglichst hohe Werte annehmen. Das Einschwingverhalten wird indirekt durch Amplituden- und Phasenrand vorgegeben.

Die mit den Gln (5.19) und (5.20) angegebenen Einstellvorschriften sollen an einer Regelstrecke mit Ausgleich demonstriert werden, sie habe die Übertragungsfunktion

$$F_S(s) = \frac{K_S\, e^{-T_t s}}{(1+T_1 s)(1+T_2 s)}$$

Es handelt sich um ein P-T_2-T_t-Übertragungsglied mit $K_S = 1$; $T_t = 0{,}3$ sec; $T_1 = 2$ sec; $T_2 = 0{,}5$ sec (bzw. $\omega_o = 1/\text{sec}$; $d = 1{,}25$). Der zugehörige Frequenzgang $\underline{F}_S(j\omega)$ ist als Bodediagramm in Bild 5.18 aufgetragen. In der Praxis übliche Forderungen sind

$AR \geq 2{,}5$ (bzw. 8 dB) und $PR \geq 30^o$

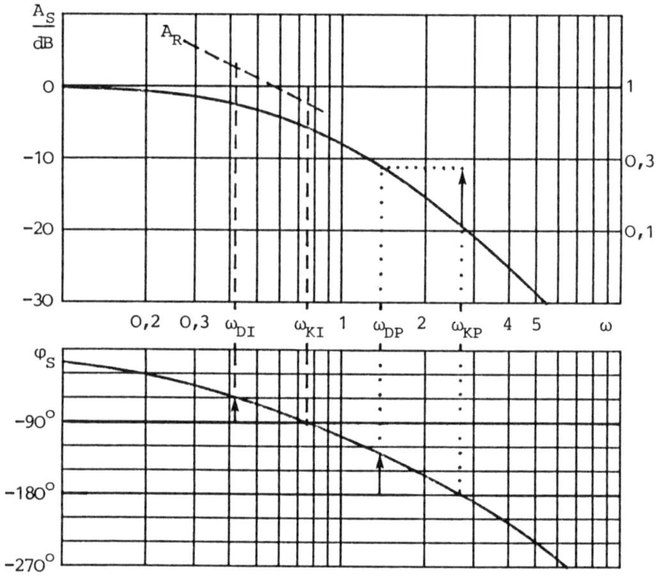

Bild 5.18: Bodediagramm einer Regelstrecke mit Ausgleich zum Entwurf eines P-Reglers (gepunktet) und eines I-Reglers (gestrichelt)

Dazu sollen die Kennwerte von verschiedenen Reglertypen festgelegt werden.

a) Der <u>P-Regler</u> mit $F_R(s) = K_P$ hat keine Phasenverschiebung, so daß $\varphi_o(\omega) = \varphi_S(\omega)$. Da in dem Frequenzbereich, in dem $\varphi_S(\omega)$ die -180°-Linie schneidet, der Amplitudengang relativ steil verläuft, sei hier der Amplitudenrand mit AR = 2,5 (bzw. 8 dB) zugrunde gelegt. Dem Bild 5.18 entnimmt man $\omega_{KP} \approx 2{,}7/\text{sec}$ als Schnittpunkt von $\varphi_S(\omega)$ mit der -180°-Linie. Da $A_S(\omega_{KP}) = 0{,}11$ (bzw. - 19 dB), erhält man mit Gl. (5.19) für den Übertragungsfaktor $K_P = A_R(\omega)$ des Reglers

$$K_P = 3{,}6 \text{ (bzw. 11 dB)}$$

Den Phasenrand PR kontrolliert man, indem man grafisch den Winkel $\varphi_S(\omega_{DP})$ bestimmt, in Bild 5.18 die gepunktete Linie: Durch Antragen des Amplitudenrandes AR bei ω_{KP} erhält man die neue 0 dB-Linie für den Regelkreis, sie schneidet den Amplitudengang bei $\omega_{DP} \approx 1{,}4/\text{sec}$. An der Stelle liest man im Phasengang ab $\varphi_S(\omega_{DP}) \approx 130^o$ bzw. PR $\approx 50^o > 30^o$. Die Vorgaben sind damit erfüllt. Die stationäre Genauigkeit des Regelkreises ist mit dem P-Regler nicht besonders hoch (Regelfaktor r = = 1/4,6 = 0,22).

b) Der <u>I-Regler</u>, $F_R(s) = K_I/s$, liefert im gesamten Frequenzbereich eine Phasenverschiebung um -90°. Der Phasenverlauf von Bild 5.18 bleibt zwar erhalten, wird aber um -90° verschoben, d.h. die kritische Kreisfrequenz ω_{KI} wird an der Stelle abgelesen, an der $\varphi_S(\omega)$ die -90°-Linie schneidet, $\omega_{KI} \approx 0{,}75/\text{sec}$. Da in diesem Bereich der Amplitudengang flach verläuft, soll vom Phasenrand PR = 30° ausgegangen werden. Die Durchtrittsfrequenz ist demnach $\omega_{DI} \approx 0{,}42/\text{sec}$, so daß $\varphi_S(\omega_{DI}) = -60^o$ (bzw. $\varphi_o(\omega_{DI}) = -150^o$). Im Amplitudengang liest man ab $A_S(\omega_{DI}) = -2{,}5$ dB oder 0,75. Aus Gl. (5.20) ergibt sich dann

$$K_I = \omega_{DI}/A_S(\omega_{DI}) = 0{,}56 \quad \text{(etwa - 5 dB)}$$

Gemäß Gl. (5.20) ist der Amplitudengang des I-Reglers gestrichelt eingezeichnet, so daß der Amplitudenrand nach Gl. (5.19) überprüft werden kann

$$\frac{AR}{dB} = -\frac{A_S(\omega_{KI}) + A_R(\omega_{KI})}{dB} \approx 9 \text{ dB} > 8 \text{ dB}$$

Mit dem I-Regler ist der Regelkreis zwar statisch genau (r=0) aber langsamer als mit dem P-Regler, wie aus dem Vergleich der jeweiligen kritischen Kreisfrequenzen bzw. der Durchtrittsfrequenzen ersichtlich wird.

c) Beim PI-Regler, $F_R(s) = K_R(1 + 1/T_n s)$, hat man zwei Parameter, um beide Bedingungen zu erfüllen. Für den Frequenzgang des Reglers legt man die asymptotische Darstellung zugrunde: im Amplitudengang $A_R(\omega < 1/T_n) = K_R/\omega T_n$ und $A_R(\omega > 1/T_n) = K_R$; im Phasengang $\varphi(\omega \leq 0{,}1/T_n) = -90^\circ$, $\varphi(\omega \geq 10/T_n) = 0^\circ$ und für $0{,}1 \leq \omega T_n \leq 10$ eine geradlinige Verbindung, vergl. Abschnitt 3.1.2. Man geht davon aus, daß im Bereich ω_K mit $\varphi_S(\omega_K) = -180^\circ$ vom Regler keine Phasenverschiebung kommt, und setzt daher $\omega_K = 10/T_n$. Da in diesem Frequenzbereich nur der P-Anteil des Reglers mit K_R wirksam ist, gilt die gleiche Dimensionierungsvorschrift wie beim P-Regler. Unter Zugrundelegung des geforderten Amplitudenrandes AR = 8 dB und aus der kritischen Kreisfrequenz $\omega_K = 2{,}7/\text{sec}$ erhält man als Kennwerte des PI-Reglers

$$K_R = 3{,}6 \quad \text{und} \quad T_n = 3{,}7 \text{ sec}$$

Mit der Festlegung von T_n ist in Bild 5.19 der Phasengang des Reglers gestrichelt eingetragen. Der Amplitudengang des Reglers, ebenfalls gestrichelt, liegt zwar frequenzrichtig, ist aber in der Amplitude verschoben (die Berechnung von K_R ergab sich aus Gl. (5.19)). Aus dem Phasengang liest man ab, daß bei der Durchtrittsfrequenz ω_D die Summe der Winkel $\varphi_o(\omega_D) \approx 150^\circ$ beträgt. Beide Bedingungen sind somit erfüllt. Dieser PI-Regler ist so schnell wie der unter a) entworfene P-Regler und so genau wie der I-Regler, da r = 0.

Wenn die Zeitkonstanten der Regelstrecke bekannt sind, geht man oft einen einfacheren Weg. Man kompensiert nämlich mit Reglernullstellen ein oder mehrere Zeitkonstanten der Strecke. Der PI-Regler hat eine Nullstelle $z_1 = -1/T_n$. In unserem Beispiel soll die größte Zeitkonstante T_1 kompensiert werden. Dann ist $T_n = T_1 = 2$ sec und man erhält als Kreisübertragungsfunktion

$$F_o(s) = \frac{K_R\, e^{-T_t s}}{T_n s(1+T_2 s)}$$

Nun zeichnet man das Bodediagramm mit $K_R = 1$ und bestimmt K_R wie für den P-Regler. In diesem Beispiel kann man auch analytisch vorgehen. Nach einigen Versuchen findet man $\omega_K \approx 2,4/\mathrm{sec}$ mit $\varphi_o(\omega_K) = -180^\circ$ und nun gilt nach Gl. (5.19)

$$K_R = T_n \omega_K \sqrt{1 + T_2^2 \omega_K^2} \; \frac{1}{AR}$$

Bei der Kompensation der größten Zeitkonstante der Regelstrekke ergeben sich somit als Reglerkennwerte

$$K_R = 1,2 \quad \text{und} \quad T_n = 2 \text{ sec}$$

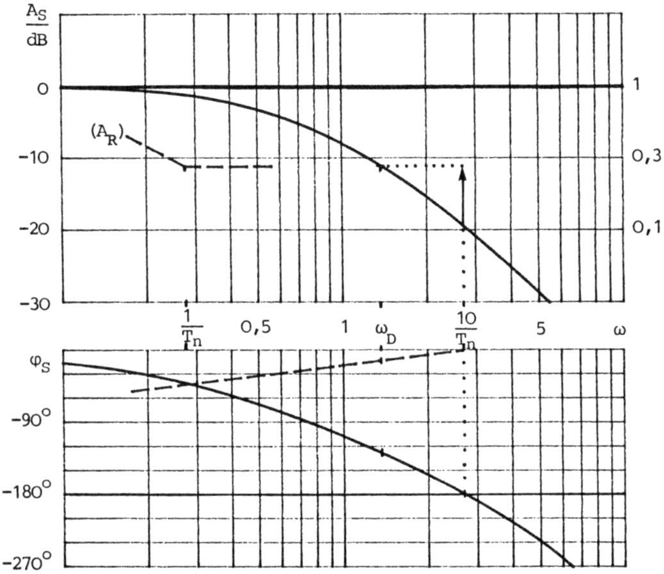

Bild 5.19: Bodediagramm einer Regelstrecke mit Ausgleich zum Entwurf eines PI-Reglers

d) Für den PID-Regler legt man zunächst die ideale Übertragungsfunktion zugrunde

$$F_R(s) = K\left(1 + \frac{1}{T_n s} + T_v s\right) = \frac{K}{T_n s}\left(1 + T_n s + T_n T_v s^2\right)$$

Da man drei Parameter für zwei Bedingungen hat, ist es ratsam, einen Zusammenhang festzulegen, z.B. das Verhältnis T_n/T_v. Dann liegt das Bodediagramm in seiner Form fest und muß "nur noch" waagerecht und senkrecht so geschoben werden, daß die Bedingungen eingehalten werden. In diesem Beispiel soll der Weg der Kompensation von Zeitkonstanten besprochen werden. Mit den zwei Nullstellen des Reglers werden die beiden Zeitkonstanten der Strecke kompensiert, dann ist

$$T_n = T_1 + T_2 = 2{,}5 \text{ sec} \quad \text{und} \quad T_v = \frac{T_1 T_2}{T_1 + T_2} = 0{,}4 \text{ sec}$$

Aus dem Kreisfrequenzgang $\underline{F}_o(j\omega) = \frac{K}{j\omega T_n} e^{-j\omega T_t}$

läßt sich die kritische Kreisfrequenz ω_K leicht berechnen, nämlich $\omega_K = \frac{\pi}{2T_t}$, und für AR = 2,5 liefert Gl. (5.19) K = 5,2.

In diesem Fall läßt sich noch eine Zeitkonstante T_3 für den realen PID-Regler berücksichtigen. Gemäß der oben bestimmten Vorhaltzeit $T_v = 0{,}4$ sec sollte diese Zeitkonstante $T_3 \leq$ $\leq 0{,}1$ sec sein. Aus dem zugehörigen Kreisfrequenzgang

$$\underline{F}_{o3}(j\omega) = \frac{K\, e^{-j\omega T_t}}{j\omega T_n (1 + j\omega T_3)}$$

erhält man für $T_3 = 0{,}1$ sec eine kritische Kreisfrequenz $\omega_K \approx 4$/sec und nach Gl. (5.19) den Übertragungsfaktor K = 4,3. Die Phasenrandbedingung, leicht zu überprüfen, ist in beiden Fällen erfüllt.

e) Ein PD-Regler wird nicht so oft eingesetzt, überwiegend zur dynamischen Stabilisierung. Man wählt dann die Vorhaltzeit T_v so, daß die größte Zeitkonstante der Regelstrecke kompensiert wird. Mit der im Regler enthaltenen Zeitkonstante $T_3 < 0{,}2\, T_v$ erhält man die gleiche Form der Kreisübertragungsfunktion wie bei der Auslegung des P-Reglers jedoch mit höheren Eckfrequenzen. Die Reglerübertragungskonstante wird deshalb wie unter Punkt a) bestimmt.

5.3.3 Einstellregeln

Zunächst werden zwei Verfahren genannt, die dann noch helfen können, wenn weder die Übertragungsfunktion noch der Frequenzgang der Regelstrecke bekannt sind. Das dritte Verfahren ist nur für eine bestimmte Anwendung mit einer festen Regelkreiskonfiguration anwendbar.

a) Festlegung der Reglerparameter durch Messung an der Stabilitätsgrenze

Der Regelkreis wird mit P-Regler an der Stabilitätsgrenze betrieben. Dazu ist die kritische Reglerverstärkung K_K einzustellen und dann die Dauerschwingung mit der kritischen Kreisfrequenz ω_K aufzunehmen. (Es ist darauf zu achten, daß der Reglereingang innerhalb des P-Bereiches schwingt.) Aus der kritischen Schwingungsdauer $T_K = 2\pi/\omega_K$ und der Verstärkung K_K ergeben sich dann folgende Reglereinstellungen (nach Ziegler und Nichols):

$$\text{P-Regler}: \quad K = 0{,}5\ K_K$$
$$\text{PI-Regler}: \quad K = 0{,}45\ K_K\,, \quad T_n = 0{,}85\ T_K$$
$$\text{PID-Regler}: \quad K = 0{,}6\ K_K\,, \quad T_n = 0{,}5\ T_K\,, \quad T_v = 0{,}12\ T_K$$

Nehmen wir als Beispiel die P-T_2-T_t-Regelstrecke aus dem Frequenzgangverfahren, so liefert der Frequenzgang in Bild 5.18

$$K_K = \frac{1}{A_S(\omega_K)} = 9 \quad \text{und} \quad \omega_K \approx 2{,}7/\text{sec} \quad \text{woraus} \quad T_K = 2{,}3\ \text{sec}$$

Damit ist für einen P-Regler $K = 4{,}5$, für einen PI-Regler $K = 4$ und $T_n = 2$ sec und für einen PID-Regler $K = 3{,}6$; $T_n = 1{,}2$ sec; $T_v = 0{,}3$ sec. Diese Werte liegen auf jeden Fall im stabilen Bereich. Jedoch sind hier im Vergleich zu den im vorigen Abschnitt gefundenen Einstellwerten Amplituden- und Phasenrand geringer.

Das Betreiben an der Stabilitätsgrenze zu Testzwecken ist nicht immer möglich. Dann hilft eventuell das zweite Verfahren, das auf der Übergangsfunktion der Regelstrecke basiert.

b) Einstellung anhand der Streckenübergangsfunktion, Wendetangentenverfahren

Bild 5.20 zeigt die Übergangsfunktion von der zuletzt behandelten Regelstrecke. Ihr entnimmt man den Endwert als Übertragungsbeiwert K_S. Durch Einzeichnen der Wendetangente, wie in Abschnitt 4.1.1 beschrieben, bestimmt man die Verzugszeit T_u und die Ausgleichszeit T_g.

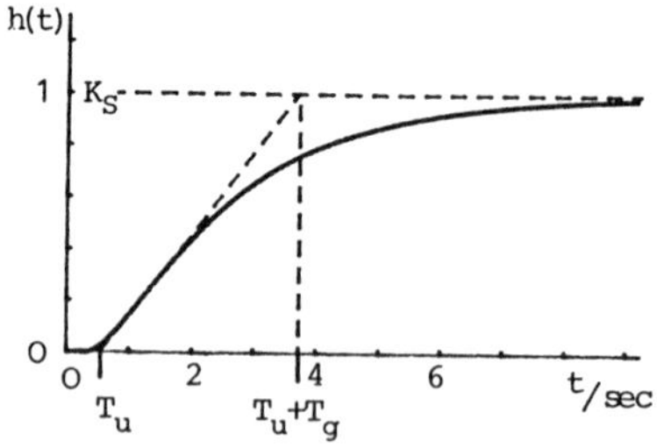

Bild 5.20: Übergangsfunktion einer Regelstrecke zum Reglerentwurf nach dem Wendetangentenverfahren

Dann gelten für die Reglereinstellung folgende Vorschriften (hier aus der Vielzahl von existierenden Vorschlägen die nach Ziegler und Nichols):

$$\text{P-Regler}: \quad K = \frac{1}{K_S} \cdot \frac{T_g}{T_u}$$

$$\text{PI-Regler}: \quad K = \frac{0.9}{K_S} \cdot \frac{T_g}{T_u}, \quad T_n = 3{,}33\ T_u$$

$$\text{PID-Regler}: \quad K = \frac{1{,}2}{K_S} \cdot \frac{T_g}{T_u}, \quad T_n = 2\ T_u, \quad T_v = 0{,}5\ T_u$$

Die der Übergangsfunktion in Bild 5.20 entnommenen Werte sind

$$K_S = 1 \quad T_g = 3{,}2 \text{ sec} \quad T_u = 0{,}6 \text{ sec}, \quad \text{so daß} \quad \frac{T_g}{T_u} = 5{,}3$$

Daraus errechnet man die Einstellwerte für den P-Regler: $K = 5{,}3$; den PI-Regler: $K = 4{,}8$; $T_n = 2$ sec und den PID-Regler: $K = 6{,}4$; $T_n = 1{,}2$ sec; $T_v = 0{,}3$ sec.

Diese Einstellungen liegen noch näher an der Stabilitätsgrenze als die unter a) gefundenen. Andere Vorschläge, auf die hier nicht eingegangen wird, führen zu besser gedämpftem Einschwingverhalten. Die Einstellvorschriften sind ohnehin für den Techniker vor Ort gedacht, deshalb sollen diese Verfahren nicht weiter vertieft werden.

c) Das symmetrische Optimum

Die Reglereinstellung nach dem symmetrischen Optimum basiert auf dem Frequenzgangverfahren und wird überwiegend für Nachlaufregelkreise angewendet. Diese enthalten eine Regelstrecke ohne Ausgleich, angesteuert von einem PI-Regler, mit dem Anstiegsfunktionen stationär exakt nachgeführt werden können. Die Regelstrecke ohne Ausgleich wird als I-T_1-Glied angenähert, vergl. Abschnitt 4.1.2 mit Bild 4.3 sowie Abschnitt 3.2.1. Mit dem Übertragungsbeiwert K_I und der Zeitkonstante T hat sie die Übertragungsfunktion

$$F_S(s) = \frac{K_I}{s(1+Ts)}$$

Mit einem PI-Regler (K_R, T_n) wird die Kreisübertragungsfunktion

$$F_o(s) = \frac{K(1+T_n s)}{T_n s^2(1+Ts)} \quad \text{mit} \quad K = K_R K_I$$

Es handelt sich hier um das schon mehrmals untersuchte Nachlaufsystem. Die Einstellvorschrift soll anhand des Frequenzganges, Bild 5.21, erläutert werden. Wegen der Stabilitätsbedingung (z.B. nach Hurwitz) muß $T_n > T$ sein. Der Phasengang $\varphi_o(\omega)$ zeigt auch, daß nur unter dieser Bedingung ein positiver Phasenrand φ_R möglich ist. Der maximale Phasenwinkel bzw. Phasenrand tritt an der Stelle $\omega_m = 1/\sqrt{T_n T}$ auf. Aus

$$\varphi_o(\omega) = -180^\circ + \arctan \omega T_n - \arctan \omega T$$

bzw.

$$\varphi_R = \varphi_o(\omega_m) + 180^\circ = \arctan\sqrt{\frac{T_n}{T}} - \arctan\sqrt{\frac{T}{T_n}}$$

kann zu einem gegebenen Phasenrand φ_R das entsprechende Verhältnis $a = T_n/T$ berechnet werden, nämlich

$$a = \frac{1 + \sin\varphi_R}{1 - \sin\varphi_R} \tag{5.21}$$

Die grafische Darstellung der Funktion $a(\varphi_R)$ zeigt Bild 5.22. Da $A_o(\omega_m) = 1$ sein muß, wird

$$K = \frac{1}{\sqrt{T_n T}} = \omega_m$$

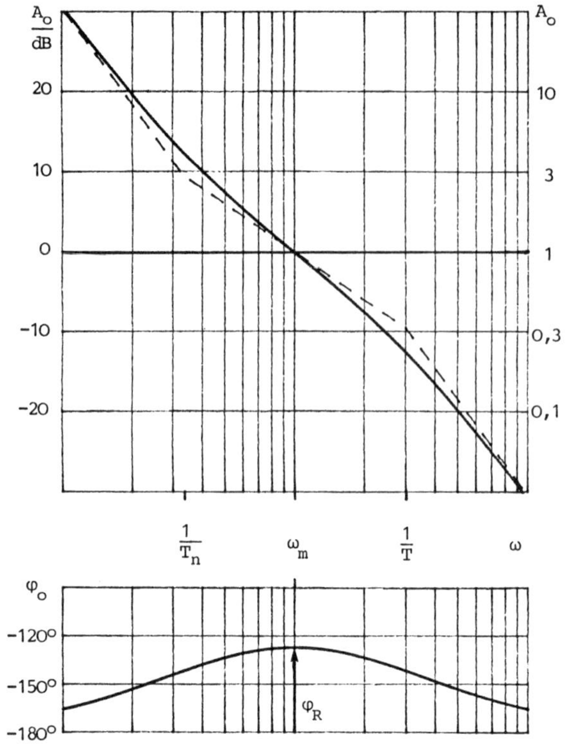

Bild 5.21: Bodediagramm zum Reglerentwurf nach dem symmetrischen Optimum

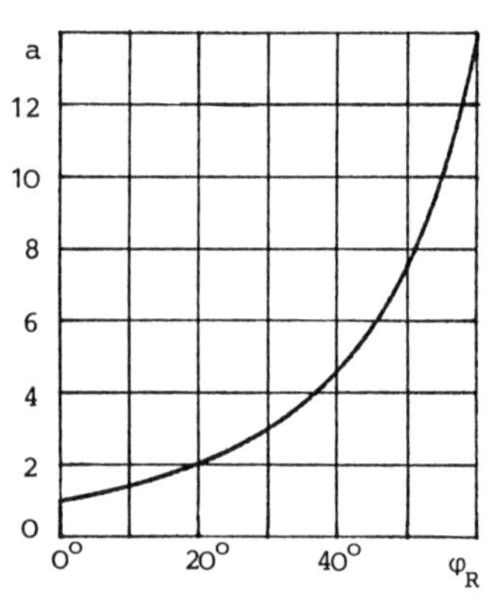

Bild 5.22: Verhältnis $a = T_n/T$ in Abhängigkeit von φ_R bei Einstellung nach dem symmetrischen Optimum

Somit lautet die Einstellvorschrift für das symmetrische Optimum: Mit dem gegebenen Phasenrand φ_R ist nach Gl. (5.21) das Verhältnis $a = T_n/T$ zu berechnen, aus dem sich dann die Reglerkennwerte bestimmen lassen

$$K_R = \frac{1}{\sqrt{a}\, T\, K_I} \quad \text{und} \quad T_n = aT$$

Eine Vorgabe mit dem Amplitudenrand ist nicht möglich, da rein rechnerisch $\omega_K \to \infty$ und damit $AR \to \infty$. In der Praxis hat die Regelstrecke sicher noch weitere Eckfrequenzen im oberen Frequenzbereich. Ihr Einfluß auf die o.a. Einstellung kann jedoch vernachlässigt werden. Wegen des flachen Phasenganges und des steilen Amplitudenganges ist die durch den Phasenrand gegebene Bedingung auf jeden Fall schärfer als die Vorgabe durch den Amplitudenrand.

Die Bezeichnung "symmetrisches Optimum" kommt aus der Symmetrie im Bodediagramm, Bild 5.21, und aus der Tatsache, daß der Phasenrand für den maximalen Phasenwinkel $\varphi_o(\omega_m)$ festgelegt wird.

Bei Einstellung nach dem symmetrischen Optimum lassen sich die Eigenwerte aus der charakteristischen Gleichung berechnen

$$s_{1,2} = \frac{1}{\sqrt{a}\, T} \left[-\frac{1}{2} (\sqrt{a} - 1) \pm \sqrt{\frac{1}{4} (\sqrt{a} - 1)^2 - 1} \right]$$

$$s_3 = -\frac{1}{\sqrt{a}\, T}$$

Für $a < 9$ sind s_1 und s_2 konjugiert komplex. Dann ist der Dämpfungsgrad $d = (\sqrt{a} - 1)/2 < 1$; die Kennkreisfrequenz ist $\omega_o = \omega_m$. Danach kann man anstelle des Phasenrandes den Dämpfungsgrad d vorgeben, um das Verhältnis a zur Reglereinstellung zu berechnen. In Abschnitt 5.3.1 wurde bei der Betrachtung der Wurzelortskurven, Bild 5.17, auf die Punkte maximaler Dämpfung hingewiesen. Sie entsprechen genau der Einstellung nach dem symmetrischen Optimum. Deshalb ist in Bild 5.23 zu den Wurzelortskurven von Bild 5.17 gestrichelt die Wurzelortskurve des symmetrischen Optimums für $1 < a \leq 9$ aufgetragen. Sie läßt sich als Imaginärteil ω in Abhängigkeit vom Realteil σ analytisch angeben

$$\omega = \pm\sqrt{3\sigma^2 + 4\frac{\sigma}{T} + \frac{1}{T^2}} \quad \text{für} \quad \sigma > -\frac{1}{3T}$$

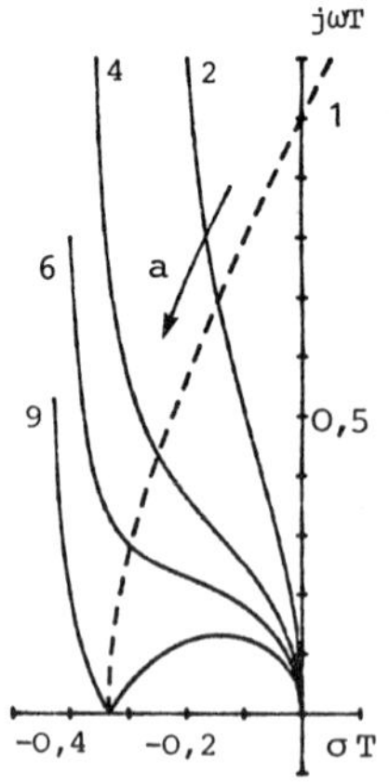

Bild 5.23: Wurzelortskurven von Bild 5.17 und gestrichelt Wurzelortskurve zum symmetrischen Optimum in Abhängigkeit von $a = T_n/T$

Zu jedem komplexen Polpaar $s_{1,2} = \sigma_1 \pm j\omega_1$ kommt der dritte reelle Pol $s_3 = -2\sigma_1 - 1/T$ hinzu, aus dem man das zugehörige Verhältnis a berechnet mit $s_3 = -\frac{1}{\sqrt{a}\,T}$.

Zur Beurteilung des Nachlaufregelkreises mit Einstellung nach dem symmetrischen Optimum sind in Bild 5.24 Führungsanstiegsantworten für verschiedene Verhältnisse $a = T_n/T$ dargestellt. Der mittlere Verlauf für a = 4 (zugehöriger Dämpfungsgrad d = 0,5) erreicht die Führungsanstiegsfunktion am schnellsten, nämlich nach einer Zeit, die etwa 13 mal so lang ist wie die Zeitkonstante der Regelstrecke. Im schwach gedämpften Fall für a = 2 (bzw. d = 0,2) und im aperiodisch gedämpften Fall für a = 9 werden längere Zeiten benötigt.

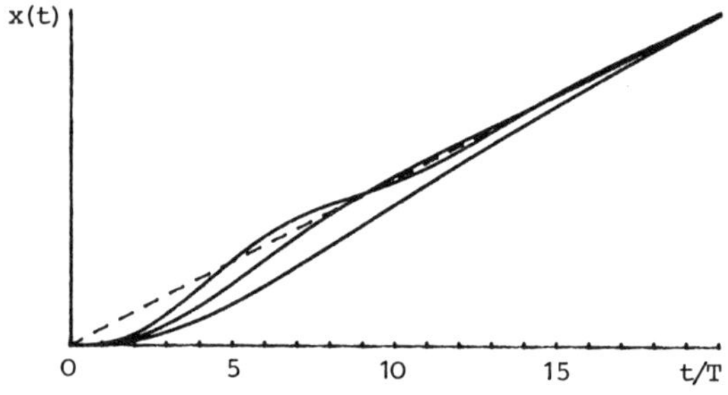

Bild 5.24: Führungsanstiegsantworten einer Folgeregelung mit Reglereinstellung nach dem symmetrischen Optimum für $a = T_n/T = 2;\ 4;\ 9$

5.3.4 Optimale Reglerparameter

Anhand eines vorgegebenen Gütekriteriums sollen optimale Reglereinstellungen gefunden werden. Bei dem einschleifigen Regelkreis wird die Regeldifferenz als Regelfehler zugrunde gelegt. Dieser soll während des ganzen Einschwingvorgangs möglichst klein werden. Daraus ergibt sich für das Gütekriterium die Regelfläche, sie ist das Integral des Fehlers über der Zeit. In Bild 5.25 ist der zeitliche Verlauf einer Regeldifferenz dargestellt. Der Endwert $\lim_{t \to \infty} e(t) = e_\infty$ ist durch die Reglerstruktur bedingt und darf nicht in die Regelfläche einbezogen werden, da sonst das Integral nicht endlich bleibt.

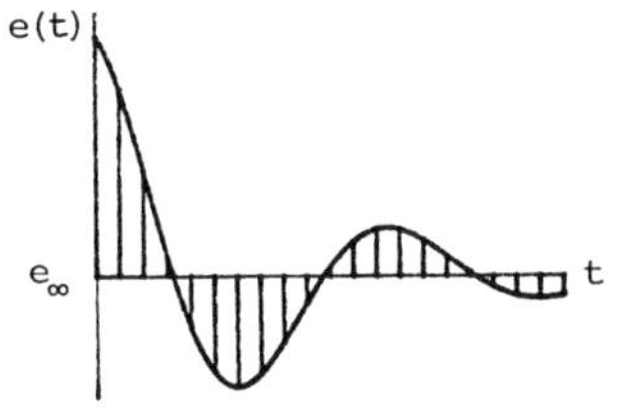

Bild 5.25: Zeitlicher Verlauf einer Regeldifferenz

Deshalb ist die Differenz $e_d(t) = e(t) - e_\infty$ zu untersuchen. Aufgrund von verschiedenen Definitionen für die Regelfläche unterscheidet man entsprechende Gütekriterien I_j, die in Abhängigkeit der Reglerparameter minimiert werden sollen, formal ausgedrückt

$$I_j(K, T_n, T_v) \rightarrow \text{Min.}$$

Es wird also I_j berechnet, das eine Funktion der Reglerparameter darstellt. Die partiellen Ableitungen gleich Null gesetzt, liefern als Ergebnis die optimalen Werte, entsprechend dem obigen Ansatz

$$\frac{\partial I_j}{\partial K} = 0 \; ; \qquad \frac{\partial I_j}{\partial T_n} = 0 \; ; \qquad \frac{\partial I_j}{\partial T_v} = 0$$

a) Die lineare Regelfläche

$$I_1 = \int_0^\infty e_d(t)dt \rightarrow \text{Min}$$

Es ist leicht einzusehen, daß ohne zusätzliche Einschränkungen (z.B. ein gegebener Mindestdämpfungsgrad) $I_1 = 0$ wird bei einer

Dauerschwingung für $e_d(t)$. Somit bestimmen im allgemeinen die gegebenen Grenzen die Reglerkennwerte, und die Optimierung erübrigt sich.

b) Die quadratische Regelfläche oder das ISE-Kriterium
(Integral of Squared Error)

$$I_2 = \int_0^\infty e_d^2(t)dt \rightarrow \text{Min}$$

Durch das Quadrieren des Regelfehlers werden alle Flächenanteile positiv, so daß eine echte Minimierung möglich wird. Es ist jedoch zu beachten, daß dabei der Fehler am Anfang stärker eingeht als der nach längerer Zeit noch anstehende, was vom physikalischen Standpunkt aus ungünstig ist. Aber dieses Integral läßt sich am einfachsten analytisch berechnen, so daß es häufig angewendet wird. Zur Berechnung dient die Parseval'sche Gleichung

$$\int_0^\infty e_d^2(t)dt = \frac{1}{2\pi j}\int_{-j\infty}^{j\infty} E_d(s) \cdot E_d(-s)ds$$

wobei $E_d(s)$ die Laplace-Transformierte von $e_d(t)$ ist. $E_d(s)$ erhält man aus den Übertragungsfunktionen des Regelkreises und der Laplace-Transformierten der Eingangsfunktion als einen Quotienten von Zähler- und Nennerpolynom. Dazu sind in /1/ für (stabile) Systeme bis zur 10-ten Ordnung die Integrale I_2 tabellarisch vorgelegt: für

$$E_d(s) = \frac{c_o + c_1 s + \ldots + c_{n-1}s^{n-1}}{d_o + d_1 s + \ldots + d_n s^n} \tag{5.22}$$

seien hier die Integralwerte für Regelkreise bis zur dritten Ordnung aufgeführt

$$n = 1 \qquad I_2 = \frac{c_o^2}{2d_o d_1}$$

$$n = 2 \qquad I_2 = \frac{c_1^2 d_o + c_o^2 d_2}{2d_o d_1 d_2} \tag{5.23}$$

n = 3 $\quad I_2 = \dfrac{c_2^2 d_o d_1 + (c_1^2 - 2c_o c_2) d_o d_3 + c_o^2 d_2 d_3}{2 d_o d_3 (d_1 d_2 - d_o d_3)}$

Das letzte Integral enthält im Nenner das Stabilitätskriterium nach Hurwitz, da der Ausdruck positiv sein muß.

c) Die Betragsfläche oder das IAE-Kriterium
(Integral of Absolute Error)

$$I_3 = \int_o^\infty |e_d(t)|\,dt \rightarrow \text{Min}$$

Hier wird der Fehler gleichmäßig positiv über den ganzen Zeitbereich berücksichtigt. Die Berechnung ist analytisch nicht durchführbar, sondern nur mit einem Digitalrechner (oder anhand einer Simulation am Analogrechner).

d) Das ITAE-Kriterium
(Integral of Time-weighted Absolute Error)

$$I_4 = \int_o^\infty t\,|e_d(t)|\,dt \rightarrow \text{Min}$$

Dieses Integral ist physikalisch gesehen am sinnvollsten, da die Abweichung am Anfang unvermeidbar ist.

Bei den hier aufgeführten Gütekriterien sind die einschränkenden Voraussetzungen zu beachten. Einmal ist die Reglerkonfiguration vorgegeben, es werden nur noch die optimalen Kennwerte eingestellt (Parameteroptimierung), zum anderen ist die Optimierung von der den Regelkreis anregenden Eingangsfunktion abhängig. Wenn man für eine Testfunktion optimiert hat, arbeitet der Regelkreis im praktischen Einsatz doch nicht optimal. Deshalb werden bei einschleifigen Regelkreisen die Verfahren der vorhergehenden Abschnitte bevorzugt. Den Aufwand der Optimierung treibt man bei Systemen höherer Ordnung, wenn mehrere Regelgrößen zur Verfügung stehen, vergl. z.B. /W11,..., W14/.

Beispiele: Die Anwendung des ISE-Kriteriums soll nun an zwei Beispielen demonstriert werden:

Betrachten wir wieder das Nachlaufsystem mit PI-Regler. Die Reglerparameter K und T_n sollen für eine Führungsrampe $w(t) = t\sigma(t)$, bzw. $W(s) = 1/s^2$ optimiert werden. Man erhält für die Regeldifferenz

$$E(s) = \frac{T_n(1 + Ts)}{K + KT_n s + T_n s^2 + T_n T s^3}$$

Da $e_\infty = 0$ ist $E_d(s) = E(s)$, und Gl. (5.23) für $n = 3$ kann direkt angewendet werden. Sie liefert

$$I_2(K, T_n) = \frac{T\,T_n(KT^2 + T_n)}{2K^3(T_n - T)}$$

Das Minimum in Bezug auf K ist nur durch $K \to \infty$ zu erreichen. Die partielle Ableitung nach T_n zu Null gesetzt ergibt

$$a = \frac{T_n}{T} = 1 + \sqrt{1 + KT}$$

Dieser Zusammenhang ist als sog. Beiwertediagramm in Bild 5.26 dargestellt. Man könnte nun die Einstellung nach dem symmetrischen Optimum mit $KT = 1/\sqrt{a}$ vornehmen.

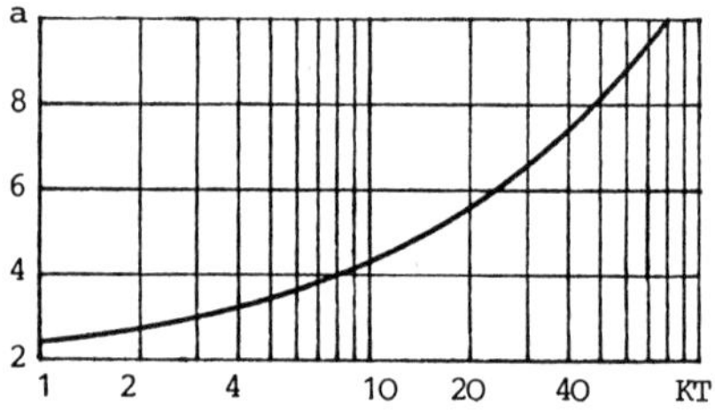

Bild 5.26: Beiwertediagramm zur optimalen Reglereinstellung für eine Nachlaufregelung

Dann gilt es die Gleichung $(a-1)^2 = 1 + \frac{1}{\sqrt{a}}$ zu lösen. Sie liefert $a \approx 2,3$ und daraus $K \approx 0,66$ (mit $\varphi_R \approx 22°$ und $d \approx 0,26$).

Mit einem anderen Beispiel läßt sich der Einfluß der Eingangsfunktion auf die Optimierung zeigen. Ein P-Regler soll eine I-T_2-Regelstrecke ansteuern ($K_S = 1/\text{sec}$; $T_1 = 1$ sec; $T_2 = 0,1$ sec).

Mit

$$F_o(s) = \frac{K}{s(1+T_1 s)(1+T_2 s)}$$

wird

$$E(s) = \frac{s[1 + (T_1 + T_2)s + T_1 T_2 s^2]}{K + s + (T_1 + T_2)s^2 + T_1 T_2 s^3} \cdot W(s)$$

Für ein sprungförmiges Eingangssignal, $W(s) = 1/s$, ist $e_\infty = 0$. Aus dem obigen Ansatz wird I_2 nach Gl. (5.23) berechnet:

$$I_2(k) = \frac{K(T_1^2 + T_2^2 + T_1 T_2) + (T_1 + T_2)}{2[K(T_1 + T_2) - K^2 T_1 T_2]}$$

Mit den angenommenen Zahlenwerten ergibt sich aus $\frac{dI_2}{dK} = 0$ der Reglerbeiwert $K_{opt} = 2{,}46$.

Soll nun für ein rampenförmiges Eingangssignal mit $W(s) = 1/s^2$ optimiert werden, so muß man die bleibende Abweichung $e_\infty = 1/K$ berücksichtigen. Nach ähnlichem Rechengang erhält man $K_{opt} = 4{,}13$.

Dieses Ergebnis ist leicht einzusehen, da mit einer Anstiegsfunktion eine Schwingung wesentlich schwächer angeregt wird als mit einem Sprung.

Die in diesem Abschnitt vorgestellten Entwurfsverfahren sind für einschleifige Regelkreise entwickelt worden. In Automatisierungssystemen sind entweder solche Regelkreise verkoppelt und beeinflussen sich gegenseitig, oder es sind mehrere Größen gleichzeitig über ein oder mehrere Stellgrößen zu regeln. Dann werden andere Regelungskonzepte notwendig. In den folgenden zwei Kapiteln werden einige Schritte hin zu komplexen Regelungssystemen unternommen.

6. Mehrfachregelungen

Unter dem Begriff Mehrfachregelungen sollen solche Strukturen verstanden werden, die von dem einschleifigen Regelkreis nach Bild 5.1 abweichen. Aus einer Vielzahl von Möglichkeiten werden in den folgenden Unterabschnitten einige typische Beispiele betrachtet, die mit den in Kapitel 5 vorgestellten Verfahren untersucht werden können.

6.1 Strukturelle Ergänzungen außerhalb des Regelkreises

Diese Ergänzungen sollen das Führungs- oder Störverhalten eines Regelkreises unter Beibehaltung eines einfachen Reglers verbessern.

6.1.1 Zusätzliche Steuerung durch das Eingangssignal

Zur Verbesserung des Störverhaltens führt man eine Störgrößenaufschaltung durch, vorausgesetzt der Einfluß der Störung ist direkt meßbar (z.B. bei einer Spannungsregelung ist der Laststrom ein Maß für die Störgröße).

Bild 6.1 zeigt eine mögliche Konfiguration. Der Regelkreis bestehe aus einem P-Regler und einer Regelstrecke höherer Ordnung mit Ausgleich. Da der Regelfaktor $r \neq 0$ ist, kann eine konstante Störung nicht vollständig ausgeregelt werden. Mit einem I- oder PI-Regler könnte zwar $r = 0$ erreicht werden, aber die Stabilität des Kreises würde verschlechtert.

Deshalb wird unter Beibehaltung des P-Reglers ein von der Störung abgeleitetes Signal auf den Regelkreis geschaltet. Ob die Aufschaltung am Reglereingang oder -ausgang vorgesehen wird, hängt von der gerätetechnischen Realisierung ab. Nach Bild 6.1 ergibt sich als Störübertragungsfunktion

$$F_Z(s) = \frac{\Delta X(s)}{\Delta Z(s)} = \frac{F_L(s) - F_{St}(s)F_o(s)}{1 + F_o(s)} \qquad (6.1)$$

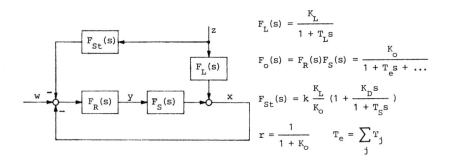

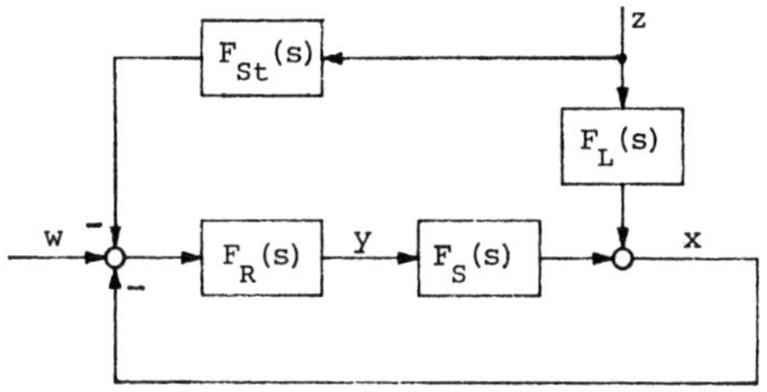

$$F_L(s) = \frac{K_L}{1 + T_L s}$$

$$F_o(s) = F_R(s) F_S(s) = \frac{K_o}{1 + T_e s + \ldots}$$

$$F_{St}(s) = k \frac{K_L}{K_o} \left(1 + \frac{K_D s}{1 + T_S s}\right)$$

$$r = \frac{1}{1 + K_o} \qquad T_e = \sum_j T_j$$

Bild 6.1: Festwertregelung mit Störgrößenaufschaltung

Im Idealfall, nämlich für $F_Z(s) \equiv 0$, müßte gelten

$$F_{St}(s) = \frac{F_L(s)}{F_o(s)}$$

d.h., die Übertragungsfunktion $F_{St}(s)$ müßte aus der Parallelschaltung von P-, D-, D^2- ... -Gliedern gebildet werden.

Da solch ein Übertragungsglied nicht realisierbar ist, wählt man in der Praxis eine starre und gegebenenfalls parallel dazu eine nachgebende Störgrößenaufschaltung, d.h. $F_{St}(s)$ ist die Summe aus einer P- und einer D-T_1-Übertragungsfunktion. Mit den Angaben aus Bild 6.1 wird Gl. (6.1) umgeformt

$$F_Z(s) = rK_L \frac{1-k + [T_e + T_S - k(T_L + T_S + K_D)]s + (\ldots)s^2 + \ldots}{(1 + rT_e s + \ldots)(1+T_S s)(1+T_L s)} \tag{6.2}$$

Bild 6.2 zeigt Störsprungantworten zu Gl. (6.2). Mit einer starren Störgrößenaufschaltung ($K_D = T_S = 0$) kann man für $k = 1$ die bleibende Abweichung zum Verschwinden bringen. Jedoch tritt dann ein starkes Überschwingen auf. Mit zusätzlicher nachgebender Aufschaltung kann dies vermindert werden. Dazu setzt man den D-Anteil von F_Z, d.h. den Faktor von s im Zähler, zu Null mit $K_D = T_e - T_L$. Je kleiner man die Zeitkonstante T_S dieses D-T_1-Gliedes wählen kann, desto schneller klingt die Störung ab und desto geringer ist das Überschwingen, vergl. die Verläufe a und b. Die Störgrößenaufschaltung hat keinen Einfluß auf das Führungsverhalten des Regelkreises (z.B. beim Hochfahren auf Nennbetrieb).

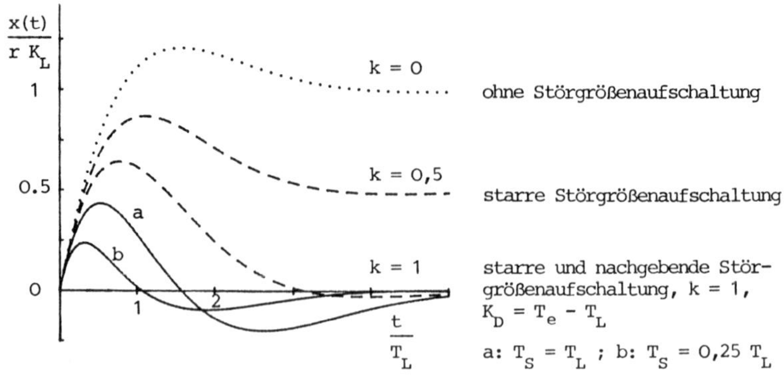

Bild 6.2: Störsprungantworten zu Bild 6.1

Dieses Beispiel zeigt, wie wirksam die Störgrößenaufschaltung sein kann. Deswegen sucht man nach Wegen, dieses Verfahren anzuwenden, auch wenn die Störgröße nicht meßbar ist. Dazu muß das Übertragungsverhalten der Regelstrecke gut bekannt sein. Dann stellt man neben die real gestörte Regelstrecke das Modell der idealen ungestörten Strecke. Aus dem Vergleich von gestörtem und idealem Ausgangssignal bei gleichem Steuersignal läßt sich ein Signal erzeugen, das den Einfluß der Störung wiedergibt. Dieses Verfahren wurde von R. Noisser als "Synthetische Störgrößenaufschaltung" vorgestellt (Regelungstechnik 24 (1976) Nr. 3, S. 96--101).

Ganz analog zur Verbesserung des Störverhaltens kann man durch zusätzliche Steuerung mit der Führungsgröße das Führungsverhalten verbessern. Diese Aufschaltung wird als Vorsteuerung oder Vorwärtssteuerung bezeichnet. Bild 6.3 zeigt eine Nachlaufregelung bestehend aus einer Regelstrecke ohne Ausgleich und einem P-Regler. Wenn als Führungsgröße eine Anstiegsfunktion angelegt wird, folgt die Regelgröße mit konstantem Abstand, vergl. Bild 6.4, gepunktete Linie. Mit einem PI-Regler würde dieser Abstand zwar verschwinden, aber die Stabilität des Kreises würde verschlechtert. Statt dessen soll die Aufschaltung der Führungsgröße über $F_V(s)$ auf den Reglerausgang das Führungsverhalten verbessern.

Nach Bild 6.3 wird die Regeldifferenz

$$E(s) = \frac{1 - F_V(s) F_S(s)}{1 + F_o(s)} W(s) \tag{6.3}$$

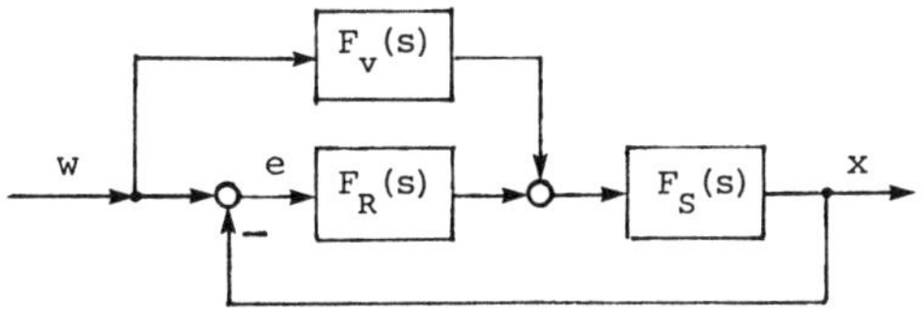

Bild 6.3: Folgeregelung mit Vorsteuerung

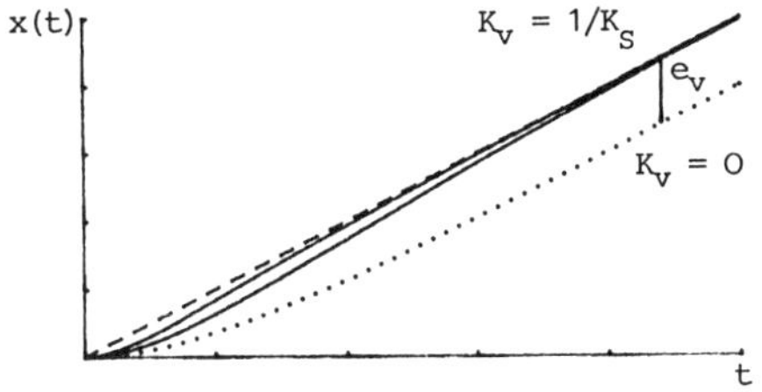

Bild 6.4: Führungsanstiegsantworten zu Bild 6.3 und 6.5

Das ideale Führungsverhalten $(e(t) \equiv 0)$ würde fordern $F_V(s) = 1/F_S(s)$, für dieses Beispiel eine Kettenschaltung aus einem D- und einem idealen PD-Glied. Deshalb soll eine nachgebende Vorsteuerung mit einem D-T_1-Glied vorgesehen werden. Für $W(s) = 1/s^2$ ergibt sich aus Gl. (6.3)

$$E(s) = \frac{1 - K_V K_S + (T_e + T_1)s + T_e T_1 s^2}{(K_o + s + T_e s^2)(1 + T_1 s)s} \qquad (6.4)$$

Bild 6.4 zeigt Anstiegsantworten zu Gl. (6.4). Für $K_V = 0$ (nur Regelung) bleibt die Regeldifferenz, der Geschwindigkeitsfehler $e_V = 1/K_o$, bestehen (gepunktete Linie). Für $K_V = 1/K_S$ wird $e_V = 0$. Je kleiner man die Zeitkonstante T_1 wählen kann, desto schneller schmiegt sich die Anstiegsantwort an die ideale Rampe an. In diesem Fall ist der Beschleunigungsfehler $e_A = (T_e+T_1)/K_o$. Erweitert man das D-T_1-Glied in der Vorsteuerung durch ein PD-T_1-Glied als Kettenschaltung, dann kann man e_A zu Null machen. Das Störverhalten wird von der Vorsteuerung nicht beeinflußt.

6.1.2 Vorfilterung oder Vorregelung des Eingangssignals

Statt der Vorsteuerung wird gelegentlich ein Vorfilter (oder Führungsgrößengenerator) eingesetzt. Durch die Filterung wird die Führungsgröße so umgeformt, daß die Regelgröße den gewünschten Verlauf bekommt. Will man mit der Vorfilterung gemäß Bild

6.5 die gleiche Wirkung erzielen wie mit der Vorsteuerung nach Bild 6.3, dann erhält man durch Vergleich für die Übertragungsfunktion des Vorfilters (mit $K_V = 1/K_S$)

$$F_F(s) = 1 + \frac{F_V(s)}{F_R(s)} = \frac{1 + (\frac{1}{K_o} + T_1)s}{1 + T_1 s}$$

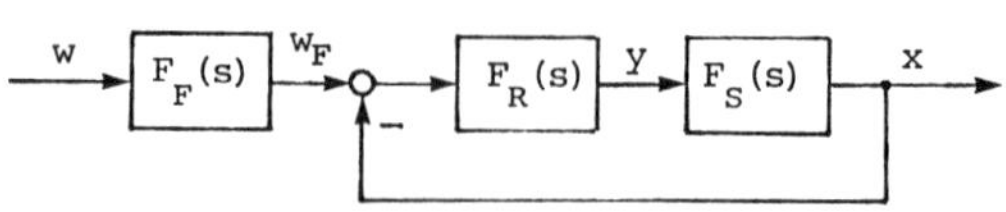

$$F_o(s) = \frac{K_o}{s(1 + T_e s)}$$

$$F_F(s) = 1 + \frac{F_V(s)}{F_R(s)}$$

Bild 6.5: Folgeregelung mit Vorfilter

Die Verzögerung, die der Regelkreis erzeugt, wird durch den Vorhalt des Filters kompensiert. Die verformten Führungssignale $w_F(t)$ von Bild 6.6 (ausgezogene Linien für zwei verschiedene Zeitkonstanten T_1) erzeugen die in Bild 6.4 dargestellten Anstiegsantworten.

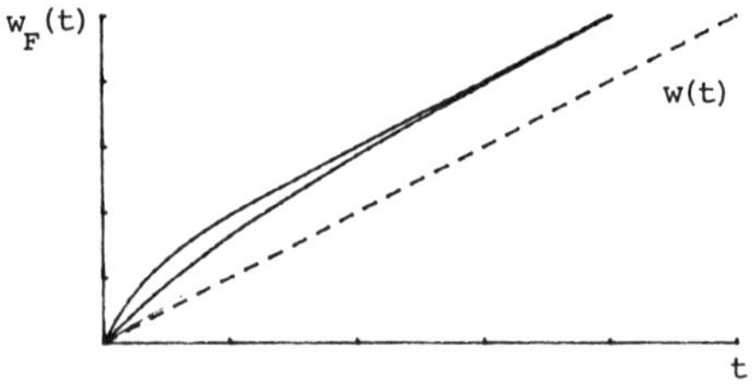

Bild 6.6: Gefilterte Führungsgröße

Eine der Vorfilterung ähnliche Vorgehensweise zur Verbesserung des Störverhaltens ist die Vorregelung. Hierzu muß die Störung meßbar sein, und im Bereich des Störortes muß eine Stelleinrichtung einsetzbar sein.

Die praktische Ausführung solch einer Vorregelung zeigt Bild 6.7, Abschnitt 6.2.1 (gestrichelter Teil). Ein Medium wird in einem Wärmetauscher erhitzt. Steigende oder sinkende Dampftemperatur wirkt sich als Störung aus, sie kann jedoch durch Veränderung des Dampfstromes am Einlaßventil beeinflußt werden.

Die Wirkung der Vorregelung soll an einem theoretischen Beispiel erläutert werden: Ein Regelkreis bestehe aus einer P-T_3-Regelstrecke mit drei gleichen Zeitkonstanten und einem P-Regler, so

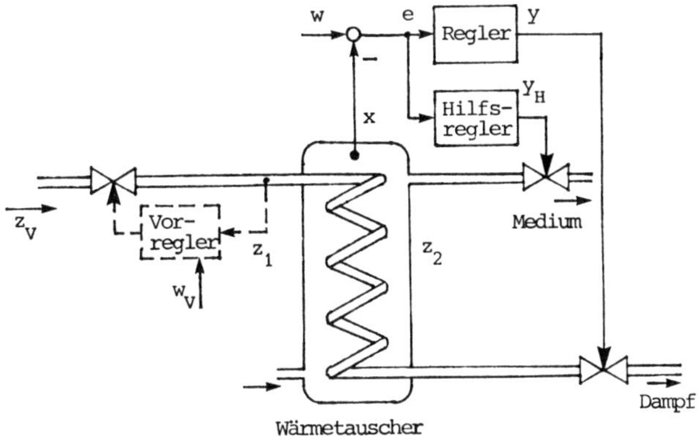

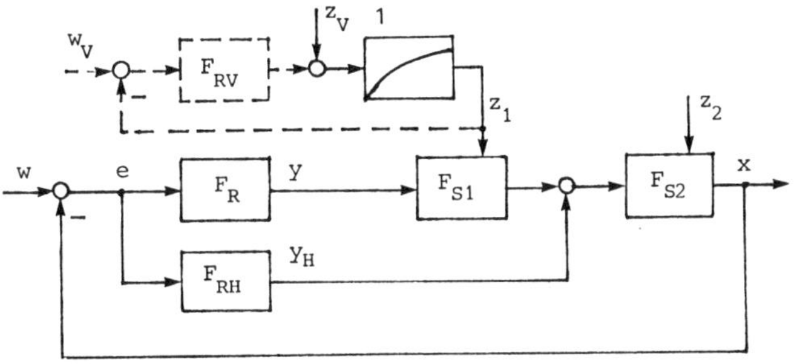

Bild 6.7: Temperaturregelung eines Wärmetauschers mit Hilfsregler F_{RH} und Vorregler F_{RV}

daß die Kreisübertragungsfunktion $F_o(s) = K/(1+Ts)^3$ ist. Die Regelung soll so ausgelegt werden, daß eine Störung auf unter 10 % reduziert wird, d.h. für den Regelfaktor $r \leq 0{,}1$, und die Stabilität mit einem Amplitudenrand AR = 2 (≙ 6 dB) sichergestellt ist. Aus dem Hurwitz-Kriterium erhält man als kritische Kreisverstärkung $K_K = 8$; für den gegebenen Amplitudenrand muß K = 4 eingestellt werden. Daraus ergibt sich der Regelfaktor $r_o = 1/(1+K) = 0{,}2$. Eine Vorregelung muß also den Störeinfluß mindestens auf die Hälfte reduzieren. Deshalb muß für den Vorregelkreis $r_V \leq 0{,}5$ und der Gesamtregelfaktor $r = r_V \cdot r_o \leq 0{,}1$ sein. Dies wird erreicht, wenn der Vorregelkreis eine Kreisverstärkung $K_V \geq 1$ hat. Im allgemeinen wird im Vorregelkreis ein P-Regler eingesetzt mit geringen Anforderungen an seine Genauigkeit. Man könnte auch von Grob- und Feinregelungen sprechen. Die Grobregelung mit dem Vorregler reduziert den Störeinfluß, bevor er den

Regelkreis trifft. Die Feinregelung im Hauptregelkreis muß dann die gestellten Forderungen erfüllen und zufriedenstellendes dynamisches Verhalten gewährleisten. Voraussetzung für eine Vorregelung ist, daß am Störort gemessen werden kann und ein Stelleingriff vorhanden ist; zur Störgrößenaufschaltung dagegen ist nur eine Messung erforderlich.

6.2 Strukturelle Ergänzungen innerhalb des Regelkreises

Solche Maßnahmen werden dann getroffen, wenn im Regelkreis weitere Größen gemessen werden können (Hilfsregelgrößen) und/oder wenn es weitere Steuermöglichkeiten für die Regelstrecke gibt (Hilfsstellgrößen). Mit den zusätzlichen Reglern (Hilfsreglern) entstehen dann mehrschleifige Regelkreise. Es folgen zwei einfache Beispiele mit einem Hilfsregler.

6.2.1 Hilfsregler mit Hilfsstellgröße

Bild 6.7 zeigt die Temperaturregelung eines Wärmetauschers. Der Hauptregler F_R steuert mit der Stellgröße y den Dampfstrom durch das Auslaßventil. Parallel dazu steuert der Hilfsregler F_{RH} den Strom des Mediums.

Als Störgrößen wurden die Dampftemperatur z_1 und die Umgebungstemperatur z_2 angenommen. Der Einfluß von z_2 wird durch den Hilfsregler schneller ausgeregelt als durch den Hauptregler. Die Störung durch z_1 wirkt langsamer, so daß auch die Regelung langsamer erfolgt. Deshalb ist die Vorregelung für z_1 sinnvoll. Die Auslegung der Regler nach Verfahren aus Kapitel 5 gestaltet sich schwieriger. Die Regelstrecke selbst ist mindestens vierter Ordnung (die Teilstrecken F_{S1} und F_{S2} sind mehrfach verzögert mit Ausgleich). Für stationäre Genauigkeit muß einer der beiden Regler einen I-Anteil besitzen; man wird den Hauptregler als PI- und den Hilfsregler als P-Regler wählen. Das Gesamtsystem-mindestens fünfter Ordnung-muß stabil sein. Die Untersuchung der charakteristischen Gleichung

$$F_o(s) + 1 = 0$$

mit

$$F_o(s) = F_R(s)F_{S1}(s)F_{S2}(s) + F_{RH}(s)F_{S2}(s)$$

wird dann ziemlich aufwendig, wie auch die Untersuchung des Frequenzganges $\underline{F}_o(j\omega)$.

6.2.2 Kaskadenregelung (Hilfsregelgröße)

Bei vielen Regelstrecken lassen sich außer der Regelgröße noch ein oder mehrere Variable als Hilfsregelgrößen messen, die die Regelung durch direktes Aufschalten oder über Hilfsregler unterstützen können. Zunächst soll die Konfiguration nach Bild 6.8 betrachtet werden, angewendet auf die Nachlaufregelung in Abschnitt 5. Die Übertragungsfunktion $F_{S2}(s)$ beschreibe den Antrieb mit $P\text{-}T_1$-Verhalten (Übertragungsfaktor K_1, Zeitkonstante T_1); $F_{S1}(s)$ beschreibe das Getriebe mit der Drehzahl x_H (Hilfsregelgröße) als Eingang und der Position x als Ausgang (I-Verhalten mit Übertragungsfaktor K_G). Als Hilfsregler werde ein P-Regler mit $F_{RH}(s) = K_H$ gewählt. Der Hilfssollwert w_H wird meistens zu Null gesetzt, da die Drehzahl selten interessiert. Als Hauptregler werde ein PI-Regler eingesetzt (Reglerkonstante K_R, Nachstellzeit T_n). In diesem Beispiel wird mit x_H die Ableitung der Regelgröße x zurückgeführt, da $x_H = \dot{x}/K_G$. Somit ergibt sich aus der Reglerkombination bezüglich x (für $w = w_H = 0$) mit

$$Y(s) + Y_H(s) = -K_R\left(1 + \frac{1}{T_n s} + \frac{K_H}{K_G K_R}s\right)X(s)$$

ein idealer PID-Regler mit der Vorhaltzeit $T_V = K_H/(K_G K_R)$. Durch solch eine zusätzliche Messung kann man indirekt, ohne großen gerätetechnischen Aufwand, einen unverzögerten D-Anteil erzeugen,

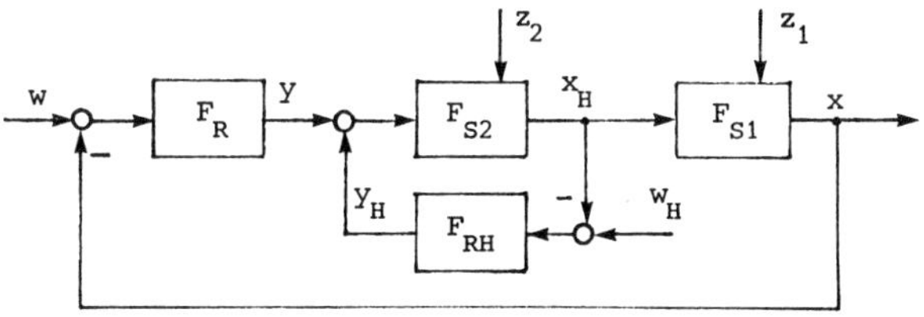

Bild 6.8: Regelkreis mit Hilfsregler, Hilfsregel- und Hilfsstellgröße

der die Stabilität des Regelkreises verbessert. Zur Festlegung der Kennwerte arbeitet man von innen nach außen. In diesem Beispiel wird man den Beiwert K_H für die innere Schleife möglichst groß wählen, weil damit die Zeitkonstante für $X_H(s)/Y(s)$ gegenüber T_1 sehr klein wird. Den PI-Regler der äußeren Schleife kann man nach dem symmetrischem Optimum auslegen.

In der Praxis wird die Konfiguration nach Bild 6.9 bevorzugt. Wegen der Folge von Reglern bezeichnet man die Regelkreisstruktur als Kaskadenregelung. Der Entwurf der einzelnen Regler wird, wie oben skizziert, von innen nach außen durchgeführt unter Anwendung der in Kapitel 5 vorgestellten Verfahren. Der innere Regelkreis soll den Einfluß der Störgröße z_2 möglichst schnell kompensieren, so daß er sich im äußeren Regelkreis nur wenig auswirkt. Ein Sollwert w_2 wird nur dann vorgegeben, wenn eine Begrenzung für x_2 erforderlich ist. Bezüglich der Stellgröße y_1 stellt der innere Regelkreis eine Folgeregelung dar. Kaskadenregelungen findet man überwiegend in der Verfahrenstechnik und in der elektrischen Antriebstechnik. Für elektrische Antriebe (z.B. /7/ und /8/) ist x_1 die Drehzahl und somit F_{R1} der Drehzahlregler. Der innere Kreis ist der Stromregelkreis mit F_{R2} als Stromregler und Stellglied (z.B. Thyristor). Über w_2 kann man den Strom begrenzen.

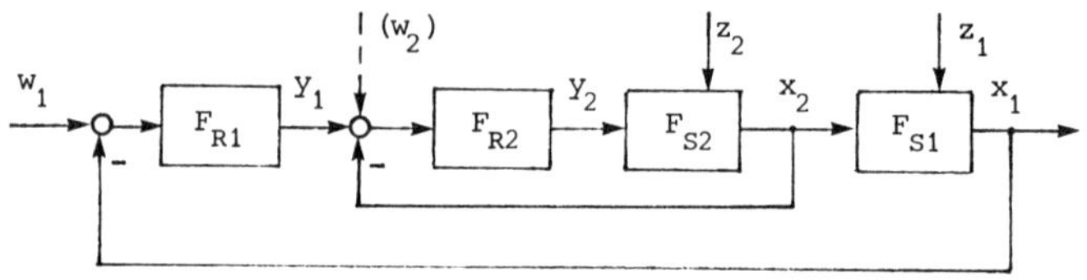

Bild 6.9: Kaskadenregelung

Zusammenfassend lassen sich einer Kaskadenregelung folgende Vorteile zuschreiben:

(1) Durch Unterteilung der Regelstrecke in einfachere Teilabschnitte (F_{S1}, F_{S2}) wird das Entwurfsproblem erleichtert (einfachere Regler, einfachere Einstellung).

(2) Störgrößen, die im inneren Teilabschnitt angreifen (z_2), werden bereits dort ausgeregelt. Ihre Auswirkung auf die Hauptregelgröße wird reduziert.

(3) Wesentliche Zwischengrößen (x_2), denen ein eigener Regler (F_{R2}) zugeordnet ist, können auf einfache Weise über den zugehörigen Sollwert (w_2) begrenzt werden.

(4) Die Auswirkung von Nichtlinearitäten im inneren Kreis wird eingegrenzt.

(5) Die Regelung kann schrittweise von innen nach außen in Betrieb genommen werden. Die durch Fehlschaltungen hervorgerufenen Gefahren werden dadurch reduziert.

(6) Man hat eine gewisse Flexibilität hinsichtlich Störgrößenaufschaltung oder Vorsteuerung (Zuschaltung auf jeden Reglereingang möglich).

6.3 Verkoppelte Regelkreise

In diesem Abschnitt geht es um beliebige Kopplungen in Mehrgrößensystemen (Systeme mit mehreren Stell-, Stör- und Regelgrößen). Solche Kopplungen können beabsichtigt sein oder physikalisch bedingt auftreten.

6.3.1 Verhältnisregelung

Die Aufgabe, das Verhältnis zweier Größen zu regeln, führt zur Kopplung von zwei Regelkreisen. Als Beispiel diene die Regelung des Gas-Luft-Gemisches für einen Brennofen, Bild 6.10. Gas und Luft werden dem Brenner des Ofens zugeführt. Die gewünschte Gaszufuhr x_G kann von Hand über den Sollwert w_G vorgegeben oder in Abhängigkeit von der Temperatur x_T im Ofen über den Temperatur-Regler verstellt werden (gestrichelt eingetragen; im letzteren Fall ergibt sich eine Kaskadenregelung). Um eine möglichst vollständige Verbrennung zu erreichen, muß die sog. Luftüberschußzahl auf dem günstigsten Wert gehalten werden. Die Luftzufuhr x_L muß also in einem bestimmten Verhältnis zum Gasverbrauch x_G stehen: $x_L = K_V\, x_G$. Dies geschieht durch den Verhältnisregler, einem P-Regler, der den Sollwert $w_L = K_V\, x_G$ für den Luftregler vorgibt. Durch diese Verhältnisregelung werden die Regelkreise für Gas- und Luftzufuhr verkoppelt. Jedoch ist die Struktur gut überschaubar und die einzelnen Regelkreise können nach bekannten Verfahren ausgelegt werden.

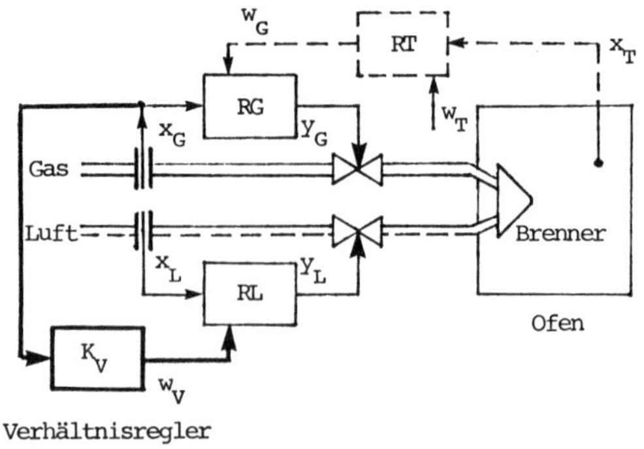

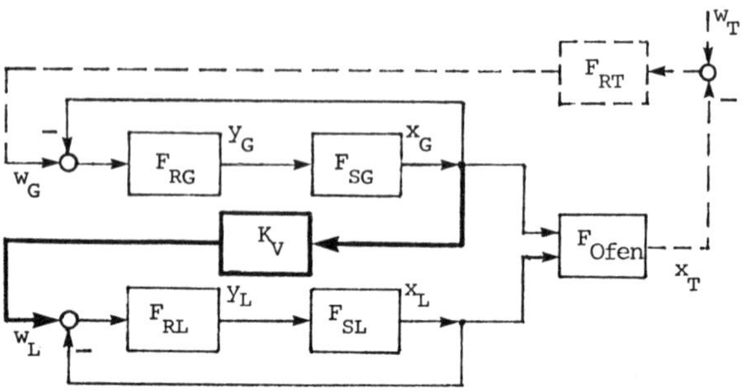

Bild 6.10: Regelung des Gas-Luft-Gemisches für einen Brennofen

Die Verhältnisregelung findet eine weite Verwendung bei der Mischung von Rohstoffen, z.B. zur richtigen Zusammensetzung von Futtermitteln oder zur Vergütung von Erzen. Es kann dort vorkommen, daß fünf oder zehn getrennte Materialflüsse in einem bestimmten Verhältnis zum Endprodukt zusammengeführt werden.

6.3.2 Regelung einer Mehrgrößenregelstrecke

Eine Mehrgrößenregelstrecke hat mehrere Eingänge (Stör- und Stellgrößen) und mehrere Ausgänge (Regelgrößen), vergl. Bild 6.11. Jeder Eingang kann einige oder alle Ausgänge beeinflussen; das sind physikalisch bedingte Kopplungen. Ein markantes Beispiel für solch eine Regelstrecke ist das Flugzeug: Schub, Höhen-, Quer- und Seitenruder sowie Landeklappen steuern Fahrt, Vertikalgeschwindigkeit, Kurs, Nick- und Querlage. Weitere Beispiele sind eine Klimaanlage, bei der Temperatur und Luftfeuchtigkeit geregelt werden, eine Netz-Verbundregelung mit Frequenz und Übergabeleistung als Regelgrößen oder eine Druckregelung in einem Gasnetz mit den Drücken an den Verbraucheranschlüssen als Regelgrößen.

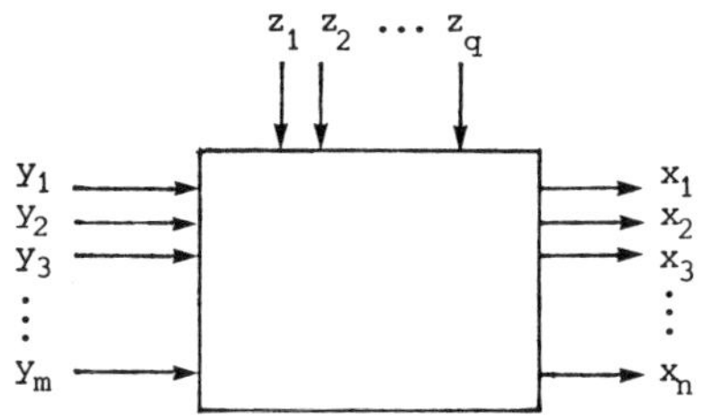

Bild 6.11: Mehrgrößenregelstrecke

Die Schwierigkeiten des Reglerentwurfs für eine Mehrgrößenregelung soll anhand einer Zweigrößenregelung erläutert werden. Bild 6.12 zeigt eine sog. P-kanonische Struktur. (Auf andere Darstellungsformen, z.B. V-kanonische Struktur, wird hier nicht eingegangen.)

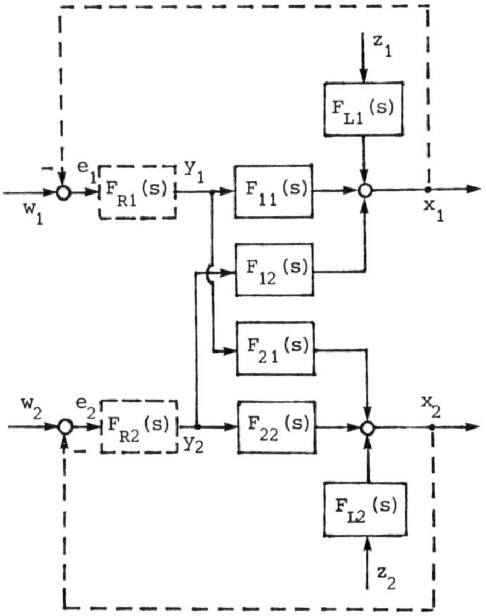

Bild 6.12: Regelung einer Zweigrößenstrecke in P-Struktur

Die P-Struktur entspricht der meßtechnischen Darstellung. Denn durch Variation jeweils einer Stellgröße kann der Einfluß auf beide Regelgrößen gemessen werden, so daß man die vier Teilübertragungsfunktionen für das Steuerverhalten bestimmen kann. Der Angriff der beiden Störgrößen wurde willkürlich angenommen. In Bild 6.12 wurde auch gestrichelt eine Regelung eingezeichnet, wie sie nach Kapitel 5 entworfen werden kann. Zur analytischen

Beschreibung von Strecke und Regelung eignet sich die Abkürzung mit Vektoren und Matrizen. Für das Übertragungsverhalten der Regelstrecke schreibt man

$$\underline{X}(s) = \underline{G}_S(s)\underline{Y}(s) + \underline{G}_L(s)\underline{Z}(s) \tag{6.5}$$

$\underline{X}(s)$, $\underline{Y}(s)$ und $\underline{Z}(s)$ sind die Spaltenvektoren der Laplace-Transformierten von Regel-, Stell- und Störgrößen. $\underline{G}_S(s)$ ist die Matrix des Übertragungsnetzes, die das Steuerverhalten der Strecke beschreibt.

$$\underline{G}_S(s) = \begin{bmatrix} F_{11}(s) & F_{12}(s) \\ F_{21}(s) & F_{22}(s) \end{bmatrix}$$

Das Störverhalten der Strecke ist gegeben durch die Diagonalmatrix $\underline{G}_L(s)$ mit $F_{L1}(s)$ und $F_{L2}(s)$ auf der Hauptdiagonalen. Für die Regelung ergibt sich gemäß Bild 6.12

$$\underline{Y}(s) = \underline{G}_R(s)[\underline{W}(s) - \underline{X}(s)] \tag{6.6}$$

Dabei ist $\underline{G}_R(s)$ eine Diagonalmatrix mit den Reglerübertragungsfunktionen $F_{R1}(s)$ und $F_{R2}(s)$, $W(s)$ ist der Spaltenvektor der Führungsgrößen $W_1(s)$ und $W_2(s)$.

Der Stellgrößenvektor $\underline{Y}(s)$, Gl. (6.6), wird in Gl. (6.5) eingesetzt. Unter Beachtung der Matrizenrechenregeln erhält man für den Regelgrößenvektor

$$\underline{X}(s) = [\underline{I} + \underline{G}_S(s)\underline{G}_R(s)]^{-1}[\underline{G}_S(s)\underline{G}_R(s)\underline{W}(s) + \underline{G}_L(s)\underline{Z}(s)] \tag{6.7}$$

und für den Vektor der Regeldifferenz

$$\underline{E}(s) = [\underline{I} + \underline{G}_S(s)\underline{G}_R(s)]^{-1}[\underline{W}(s) - \underline{G}_L(s)\underline{Z}(s)] \tag{6.8}$$

$\underline{I}$ ist die Einheitsmatrix, bei der nur jedes Element der Hauptdiagonalen mit 1 besetzt ist. Beiden Gleichungen kann man unter Berücksichtigung der entsprechenden Eingangsgrößen das Führungs- und das Störverhalten entnehmen. Zu beachten ist ferner die Inverse der Matrix $[\underline{I} + \underline{G}_S(s)\underline{G}_R(s)]$, die in beiden Gleichungen auftritt. Da bei der Inversion einer Matrix ihre Determinante in den Nenner kommt, besitzt jede Teilübertragungsfunktion dasselbe Nennerpolynom. Somit ist die charakteristische Gleichung des Regelungssystems nach Bild 6.12

$$\det[\underline{I} + \underline{G}_S(s)\underline{G}_R(s)] = 0 \tag{6.9}$$

Mit den Abkürzungen $F_{10}(s)$ bzw. $F_{20}(s)$ für $F_{11}(s)F_{R1}(s)$ bzw. $F_{22}(s)F_{R2}(s)$ läßt sich Gl. (6.9) für dieses Zweigrößensystem ausschreiben

$$\frac{1+F_{10}(s)}{F_{10}(s)} \; \frac{1+F_{20}(s)}{F_{20}(s)} - \frac{F_{12}(s)F_{21}(s)}{F_{11}(s)F_{22}(s)} = 0 \tag{6.10}$$

Wenn eines der Koppelelemente $F_{12}(s)$ oder $F_{21}(s)$ verschwindet, zerfällt Gl. (6.10) in die Gleichungen

$$1 + F_{10}(s) = 0 \quad \text{und} \quad 1 + F_{20}(s) = 0$$

Bezüglich der Stabilität könnten dann die beiden Regelkreise getrennt untersucht werden. Deswegen bezeichnet man den rechten Quotienten von Gl. (6.10) als Koppelfaktor. Er stellt ein Maß für die Verkopplung der Regelstrecke dar. Meistens arbeitet man mit dem <u>statischen Koppelfaktor</u>

$$K_F = \left. \frac{F_{12}(s)F_{21}(s)}{F_{11}(s)F_{22}(s)} \right|_{s=0}$$

Die (konventionelle) Regelung einer Mehrgrößenstrecke, entsprechend Bild 6.12, (eine Regelgröße wird auf eine Stellgröße zurückgeführt) ist sehr problematisch. Man betrachte beispielsweise den Einfluß der Störgröße z_1. Über die Regelgröße x_1 wird der Regler F_{R1} angesteuert, der das Stellsignal y_1 erzeugt. y_1 wirkt der Störung x_1 entgegen, erzeugt aber gleichzeitig über F_{21} ein Signal im unteren Kreis bei x_2, das als Störung aufgefaßt wird. Dadurch wird über den Regler F_{R2} das Stellsignal y_2 abgegeben, das wiederum den oberen Kreis bei x_1 stört. Allgemein lassen sich für eine Mehrgrößenregelung nachstehende Merkmale aufstellen:

- Da an einem System mehrere Größen geregelt werden, sind mehrere Regler und Stellglieder vorhanden.
- Zwischen Stell- und Regelgrößen besteht ein verzweigter Wirkungsablauf. Diese Kopplung hat nachstehende Folgen:
  * Die Regelgüte einer Regelgröße ist im allgemeinen geringer als beim Einzelregelkreis gleicher Dynamik.
  * Eine Führungsgröße wirkt auf die nicht ihr zugedachten Regelgrößen als Störgröße.
  * Eine Störgröße wirkt streuend auf verschiedene Regelgrößen.
- Im Vergleich zum Einzelregelkreis gibt es mehrere Verhaltensformen, und für den Einzelregelkreis aufgestellte Gesetze sind nicht unmittelbar auf die Mehrfachregelung anzuwenden. So kann z.B. die Erhöhung der Verstärkung eines Reglers in einem Mehrgrößensystem stabilisierend wirken, was im Einzelregelkreis nicht der Fall ist.

Um die genannten Nachteile zu mindern, versucht man durch zusätzliche Übertragungsglieder die Regelstrecke zu entkoppeln. Wenn dies gelingt, beeinflußt die Stellgröße y_1 nur die Regelgröße x_1, bzw. y_2 steuert nur x_2. Dann kann man die Regelung nach konventionellen Methoden (Kapitel 5) entwerfen. Zur Entkopplung verwendet man Netzwerke, die parallel, seriell oder als Rückführung geschaltet werden können. Eine parallele Entkopplung - sie ist am leichtesten zu berechnen - ist praktisch nur selten realisierbar, da die Überlagerung der Signale am Ausgang der Regelstrecke vorgenommen werden muß. Die Reihenentkopplung wird gemäß Bild 6.13a durchgeführt. Der Regelstrecke $\underline{G}_S(s)$ wird das serielle Entkopplungsnetz $E_S(s)$ vorgeschaltet, so daß y_{e1} nur auf x_1 und y_{e2} nur auf x_2 wirkt, oder analytisch ausgedrückt, für

$$\underline{X}(s) = \underline{G}_S(s)\underline{E}_S(s)\underline{Y}_e(s)$$

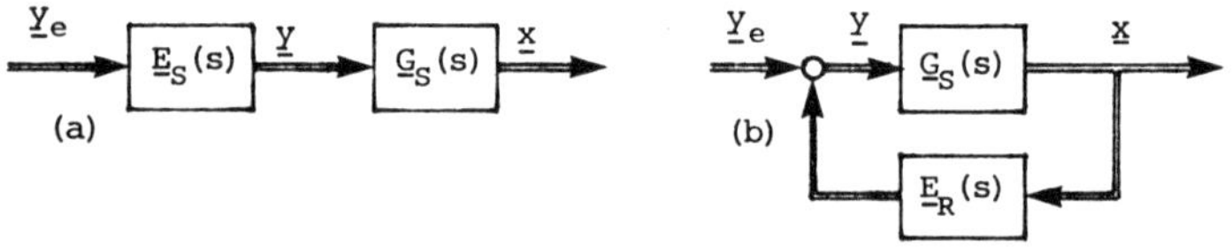

Bild 6.13: Entkopplung einer Mehrgrößenregelstrecke,
a) seriell, b) durch Rückführung

muß das Matrizenprodukt eine Diagonalmatrix $\underline{G}_D(s)$ werden. Die Diagonale von $\underline{G}_D(s)$ wird vorgegeben, z.B. mit $F_{11}(s)$ und $F_{22}(s)$. Dann erhält man für das serielle Entkopplungsnetz

$$\underline{E}_S(s) = \underline{G}_S^{-1}(s)\underline{G}_D(s) \qquad (6.11)$$

Bei der Entkopplung durch Rückführung nach Bild 6.13b berechnet man mit der gleichen Forderung wie oben aus

$$\underline{X}(s) = \underline{G}_S(s)\underline{E}_R(s)\underline{X}(s) + \underline{G}_S(s)\underline{Y}_e(s)$$

die Rückführungs-Entkopplungs-Matrix

$$\underline{E}_R(s) = \underline{G}_S^{-1}(s) - \underline{G}_D^{-1}(s) \qquad (6.12)$$

Die Entkopplung durch Rückführung ist in der Praxis meist leichter zu realisieren als durch Reihenschaltung. Denn für das Rückführungsnetz ergeben sich einfachere Übertragungselemente als für das Reihenentkopplungsnetz. Da bei der seriellen Entkopplung die Stellsignale durch das Entkopplungsnetz geführt werden, sind an die Übertragungsglieder höhere Anforderungen zu stellen. Entkopplung mit konventioneller Regelung von Zweigrößenregelstrecken wird z.B. in der elektrischen Antriebstechnik angewendet. Bild 6.14 zeigt ein Zahlenbeispiel aus einem anderen Bereich, nämlich die Entkopplung für ein Turbopropeller-Triebwerk. Die Drehzahl x_1 des Triebwerkes soll durch den Propeller-Anstellwinkel y_1 und die Einlaßtemperatur x_2 der Turbine soll durch die Brennstoffzufuhr y_2 gesteuert werden. Die Regelstrecke ist stark verkoppelt (statischer Koppelfaktor $K_F = 3$). Nach Gl. (6.11) und Gl. (6.12) wurde ein Netz $\underline{E}_S(s)$ zur seriellen Entkopplung sowie ein Netz $\underline{E}_R(s)$ zur Entkopplung durch Rückführung berechnet und mit seinen Einzelübertragungsfunktionen dargestellt. Für den Entwurf der Regelung gilt dann das Ersatzbild, nach dem sich zwei getrennte Kreise konzipieren lassen.

Selbst wenn eine Entkopplung gerätetechnisch möglich ist, kann sie nur in dem Maße erfolgreich sein, wie die Einzelübertragungsfunktionen der Strecke bekannt sind. Die Schreibweise mit Vektoren und Matrizen ist zwar einfach, jedoch ist der Rechenaufwand (Multiplikation, Inversion) schon bei je zwei Stell- und Regelgrößen sehr hoch, zumal die Elemente der Matrizen durch Quotienten von Polynomen in s, dem Laplace-Operator, gebildet werden. Daher sind die Verfahren aus Kapitel 5 zur Analyse und Synthese von Mehrfachregelungen nur sehr begrenzt anwendbar. Die in diesem Abschnitt beschriebene Entkopplung und Regelung kann nur durchgeführt werden, wenn ebenso viele Stell- wie Regelgrößen vorhanden sind.

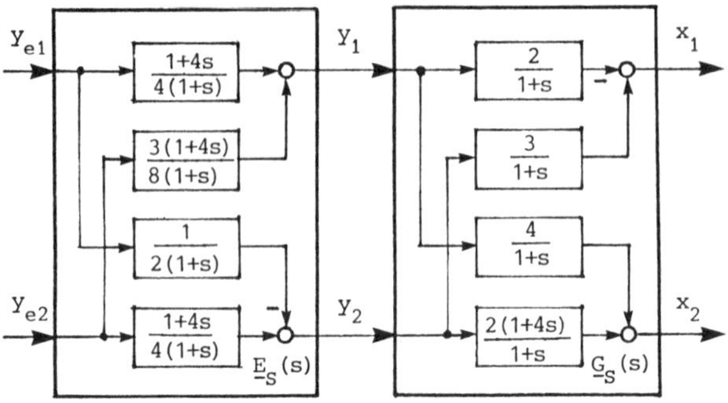

Serienentkopplung

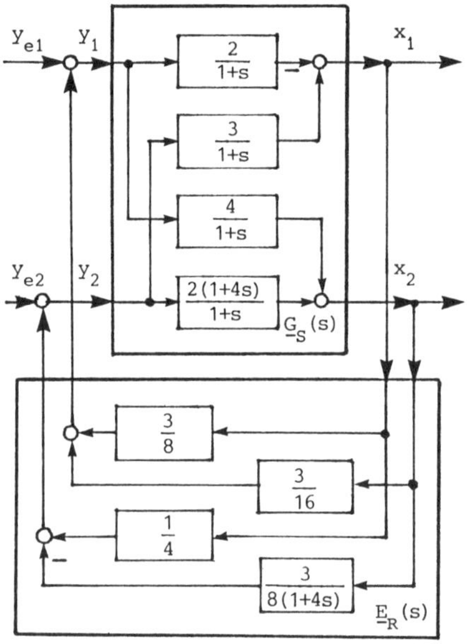

Entkopplung durch Rückführung

$$\underline{E}_S(s) = \underline{G}_S(s)^{-1}\,\underline{G}_D(s)$$

$$\underline{E}_R(s) = \underline{G}_S^{-1}(s) - \underline{G}_D^{-1}(s)$$

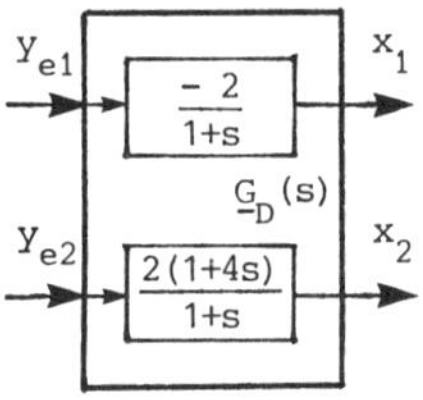

Ersatzbild für die entkoppelte Strecke

Bild 6.14: Beispiel zur Entkopplung einer Zweigrößenstrecke

7. Mehrgrößensysteme

Die Untersuchung von Systemen mit mehreren Eingangs- und Ausgangsgrößen mittels Übertragungsfunktionen oder Frequenzgängen ist sehr umständlich. Dies zeigt sich bei den Beispielen in Kapitel 6; jede Konfiguration muß individuell bearbeitet werden. Selbst beim letzten Beispiel, Abschnitt 6.3.2, bei dem die Vektor-Matrizen-Schreibweise eine gewisse Systematik bietet, ist der Aufwand groß, da jedes Element der Vektoren oder Matrizen eine Übertragungsfunktion ist.

Die Schreibweise mit Vektoren und Matrizen eignet sich aber hervorragend für die Untersuchung im Zeitbereich. In Abschnitt 2.1.1 wird bei Beispiel 3 anhand von Gl. (2.3a) auf die Form als Vektordifferentialgleichung (2.5) hingewiesen. Gerade bei komplexen Systemen (z.B. Fahrzeuge, mechanische Konstruktion, elektrische Netze und Antriebe) liefert die physikalische Beschreibung mit den Bilanzgleichungen einen Satz von Differentialgleichungen, der sich leichter in n Differentialgleichungen erster Ordnung umformen läßt als in eine Differentialgleichung n-ter Ordnung.

Im folgenden soll ein knapper Einblick in das Gebiet der Zustandsdarstellung und -regelung gegeben werden mit besonderer Berücksichtigung von Systemen zweiter Ordnung. Allgemein wird auch hier wie in den vorhergehenden Kapiteln Linearität und Zeitinvarianz vorausgesetzt, aber einige Verfahren können auch für die Untersuchung von nichtlinearen Systemen angewendet werden. Im übrigen wird auf ergänzende und weiterführende Literatur verwiesen: /1/, /2/, /13/, /W2/, /W3/, /W5/.

7.1 Allgemeine Beschreibung

Ein lineares, zeitinvariantes System n-ter Ordnung ist durch die folgenden zwei Vektorgleichungen vollständig beschrieben

$$\dot{\underline{x}} = \underline{A}\,\underline{x} + \underline{B}\,\underline{u} \qquad (7.1)$$

$$\underline{y} = \underline{C}\,\underline{x} + \underline{D}\,\underline{u} \qquad (7.2)$$

Die Differentialgleichung (7.1) beschreibt die Dynamik des Systems mit dem Zustandsvektor $\underline{x}$, einem Spaltenvektor mit den Zustandsgrößen $x_1, \ldots, x_n$ als Komponenten und dem Eingangsvektor $\underline{u}$, bestehend aus den Komponenten $u_1, \ldots, u_p$. Die Eingangsgrößen u_i können sowohl Stell- als auch Störgrößen sein, die das System anregen. Im folgenden interessiert nur das Steuerverhalten, d.h. $\underline{u}$ enthalte nur Stellgrößen. Die Elemente der Systemmatrix $\underline{A}$ charakterisieren die Eigenbewegungen des Systems, während die Eingangs- oder Steuermatrix $\underline{B}$ den Einfluß der Eingangsgrößen angibt. Gl. (7.2) ist die Ausgangs- oder Meßgleichung, die die Ausgangsgrößen v_K, $k = 1 \ldots q$, bildet. Die Beobachtungs- oder Ausgangsmatrix $\underline{C}$ überlagert die Zustandsgrößen. Die Durchgangsmatrix $\underline{D}$ gibt an, wie der Eingang direkt auf den Ausgang wirkt. Solch ein Einfluß kommt nur selten vor, d.h. meistens ist $\underline{D} = \underline{0}$. In der Praxis sind im allgemeinen weniger Ausgangsgrößen meßbar, als Zustandsgrößen zur Beschreibung der Dynamik des Systems erforderlich sind. Der Zustandsvektor $\underline{x}$ wird oft kurz als Zustand eines Systems bezeichnet. An dieser Stelle sei die Definition nach Ogata, /W5/, zitiert: "Der Zustand $\underline{x}$ eines Systems ist die kleinste Anzahl von Werten $x_1, \ldots, x_n$, die zur Zeit $t = t_o$ bekannt sein muß, um bei gegebenen Eingangsfunktionen $u_1, \ldots, u_p$ das Verhalten des Systems für jeden Zeitpunkt $t \geq t_o$ eindeutig vorherzusagen, vorausgesetzt jedes Element u_i ist für $t \geq t_o$ bekannt".

Mit nur einer Eingangsgröße u als Stellgröße und einer Ausgangsgröße v sind die Gleichungen (7.1) und (7.2) wie folgt zu schreiben:

$$\dot{\underline{x}} = \underline{A}\,\underline{x} + \underline{b}\,u \qquad (7.1a)$$

$$v = \underline{c}^T\underline{x} + d\,u \qquad (7.2a)$$

Die Eingangsmatrix $\underline{B}$ von Gl. (7.1) wird hier zum Spaltenvektor $\underline{b}$, die Ausgangsmatrix $\underline{C}$ von Gl. (7.2) zum Zeilenvektor $\underline{c}^T$, die Durchgangsmatrix $\underline{D}$ wird zum skalaren Durchgriff d.

Die Vektor-Matrizen-Schreibweise ist als eine Art Kurzschrift zu sehen. Ihr Vorteil liegt zum einen in der allgemeinen Formulierung für Systeme beliebiger Ordnung zum anderen darin, daß sie "computergerecht" ist, d.h. die Gleichungen können direkt in

Rechnerprogramme übernommen werden. Für die zum Umgang mit diesen Gleichungen erforderliche Matrizenrechnung sei auf die Fachliteratur verwiesen, z.B. /13/.

7.1.1 Lösung der Vektordifferentialgleichung

Zunächst soll das stationäre Verhalten des Systems (7.1) betrachtet werden. Liegt ein konstanter Eingangsvektor $\underline{u}_R$ an, dann ist das System in Ruhe, wenn $\dot{\underline{x}}_R = \underline{0}$. Der Ruhe- oder Arbeitspunkt $\underline{x}_R$ berechnet sich aus Gl. (7.1)

$$\underline{A}\ \underline{x}_R = -\underline{B}\ \underline{u}_R$$

Es gibt also nur einen Ruhepunkt, wenn

$$\det \underline{A} \neq 0 \tag{7.3}$$

Für Systeme ohne äußere Anregung ist $\underline{u}_R = \underline{0}$. Aus $\underline{A}\ \underline{x}_{Ro} = \underline{0}$ folgt mit der Bedingung (7.3) $\underline{x}_{Ro} = \underline{0}$. Die einzige mögliche Ruhelage eines linearen Systems ohne äußere Anregung ist daher der Nullpunkt.

In einem zweiten Schritt wird die Lösung $\underline{x}_h(t)$ der homogenen Differentialgleichung

$$\dot{\underline{x}} = \underline{A}\ \underline{x} \tag{7.4}$$

bestimmt; sie liefert die Eigenbewegungen des Systems. Für eine skalare Differentialgleichung erster Ordnung, $\dot{x} = a\,x$, ist die Lösung $x_h(t) = e^{a(t-t_o)}\,x(t_o)$. Entsprechend schreibt man als Lösung für die Vektordifferentialgleichung (7.4) formal

$$\underline{x}_h(t) = e^{\underline{A}(t-t_o)}\,\underline{x}(t_o) \tag{7.5}$$

Die Matrix $\underline{\phi}(t-t_o) = e^{\underline{A}(t-t_o)}$ muß somit alle Eigenbewegungen enthalten. Wie sie berechnet wird, soll im folgenden erläutert werden.

Bekanntlich haben die Eigenbewegungen eines linearen Systems die Form e^{st}, so daß man mit dem Ansatz

$$\underline{x}_h(t) = \underline{p}\, e^{st} \qquad (7.6)$$

in die Gl. (7.4) gehen kann, und man erhält

$$(s\,\underline{I} - \underline{A})\, \underline{x}_h(t) = \underline{0}$$

Da die nichttriviale Lösung $\underline{x}_h(t) \neq \underline{0}$ gesucht ist, muß

$$\det(s\,\underline{I} - \underline{A}) = 0$$

gelten. Diese charakteristische Gleichung (vergl. Gl. (2.11), Abschnitt 2.2.1) liefert n Lösungen, die Eigenwerte s_j. Für die weiteren Überlegungen wird vorausgesetzt, daß alle Eigenwerte verschieden sind; besondere Ansätze für gleiche Werte, $s_{j+1} = s_j$, entnehme man der Fachliteratur, z.B. /1 II/.

Aus dem Lösungsansatz (7.6) ergibt sich für jede Eigenbewegung

$$\underline{x}_{hj}(t) = \underline{p}_j\, e^{s_j t}$$

und da sie eine Lösung von Gl. (7.4) ist, gilt durch Einsetzen

$$s_j \underline{p}_j = \underline{A}\, \underline{p}_j \qquad j = 1 \ldots n \qquad (7.7)$$

Gl. (7.7) liefert zu jedem Eigenwert s_j einen Lösungsvektor, den <u>Eigenvektor</u> $\underline{p}_j$.

Die Gesamtlösung der homogenen Differentialgleichung (7.4) ist dann

$$\underline{x}_h(t) = \sum_{j=1}^{n} k_j\, \underline{x}_{hj}(t) = \sum_{j=1}^{n} k_j\, \underline{p}_j\, e^{s_j t} \qquad (7.5a)$$

Die freien Konstanten k_j werden durch die Anfangswerte bestimmt.

Für die weiteren Überlegungen sollen einige Abkürzungen bzw. Definitionen eingeführt werden. Alle Eigenwerte bilden die Hauptdiagonale der Matrix

$$\underline{S} = \mathrm{diag}\{s_1, \ldots, s_n\} \qquad (D1)$$

Entsprechend werden alle Eigenbewegungen zu einer Diagonalmatrix zusammengefaßt

$$e^{\underline{S}t} = \text{diag}\{e^{s_1 t}, \ldots, e^{s_n t}\} \tag{D2}$$

Die Eigenvektoren $\underline{p}_j$ stellen die Spalten einer Matrix $\underline{P}$ dar

$$\underline{P} = [\underline{p}_1, \ldots, \underline{p}_n] \tag{D3}$$

Schließlich werden die freien Konstanten k_j als Komponenten eines Vektors $\underline{k}$ geschrieben

$$\underline{k}^T = [k_1, \ldots, k_n] \tag{D4}$$

Mit (D1) und (D3) kann Gl. (7.7) geschlossen für alle Eigenvektoren als Matrizengleichung geschrieben werden

$$\underline{S}\,\underline{P} = \underline{A}\,\underline{P}$$

bzw.

$$\underline{S} = \underline{P}^{-1}\,\underline{A}\,\underline{P} \tag{7.7a}$$

Mit der Matrix $\underline{P}$ kann die Systemmatrix $\underline{A}$ nach Gl. (7.7a) in eine Diagonalmatrix transformiert werden, auf deren Hauptdiagonalen ihre Eigenwerte angeordnet sind.

Führt man (D3) und (D4) in den Lösungsansatz (7.5a) ein, so ergibt sich

$$\underline{x}_h(t) = \underline{P}\, e^{\underline{S}t}\, \underline{k} \tag{7.8}$$

Mit $\underline{x}(t_o)$, den Anfangswerten zum Zeitpunkt $t = t_o$, kann der Vektor $\underline{k}$ aus Gl. (7.8) berechnet werden

$$\underline{k} = e^{-\underline{S}t_o}\, \underline{P}^{-1}\, \underline{x}(t_o)$$

Damit wird

$$\underline{x}_h(t) = \underline{P}\, e^{\underline{S}(t-t_o)}\, \underline{P}^{-1}\, \underline{x}(t_o) \tag{7.5b}$$

Aus den Gln (7.5) und (7.5b) ergibt sich der Lösungsansatz

$$\underline{\Phi}(t-t_o) = e^{\underline{A}(t-t_o)} = \underline{P}\, e^{\underline{S}(t-t_o)}\, \underline{P}^{-1} \tag{7.9}$$

Die Elemente der Matrix $\underline{\Phi}(t)$ enthalten somit eine Überlagerung aller Eigenbewegungen $e^{s_j t}$.

Analog zu Gl. (7.7a) kann Gl. (7.9) umgeschrieben werden

$$e^{\underline{S}t} = \underline{P}^{-1}\, e^{\underline{A}t}\, \underline{P} \tag{7.9a}$$

So gilt der entsprechende Zusammenhang: die Matrix $\underline{P}$ zerlegt das System in seine Eigenbewegungen. Da diese im Englischen mit "modes" bezeichnet werden, wird $\underline{P}$ Modalmatrix genannt.

Mit der Koordinatentransformation $\underline{x} = \underline{P}\,\underline{z}$ wird aus der Differentialgleichung (7.4)

$$\dot{\underline{z}} = \underline{S}\,\underline{z} \tag{7.10}$$

die sich wegen (D1) in Komponenten schreiben läßt

$$\dot{z}_j = s_j z_j \quad \text{mit der Lösung } z_j(t) = e^{s_j(t-t_o)} z_j(t_o)$$

oder

$$\underline{z}(t) = e^{\underline{S}(t-t_o)}\, \underline{z}(t_o) \tag{7.10a}$$

Die Koordinaten z_j sind dann die sog. Modalkoordinaten.

Gl. (7.10) und (7.10a) zeigen, daß die Matrix $e^{\underline{S}t}$ die Eigenschaften einer e-Funktion hat.

Das gilt auch für $\underline{\Phi}(t) = e^{\underline{A}t}$, die die Differentialgleichung (7.4) erfüllt, nämlich

$$\dot{\underline{\Phi}} = \underline{A}\,\underline{\Phi} \quad \text{mit} \quad \underline{\Phi}(o) = \underline{I} \tag{7.11}$$

Die Matrix $\underline{\Phi}(t)$ als Lösung der homogenen Differentialgleichung (7.11) wird Fundamentalmatrix bzw. Übergangs- oder Transitionsmatrix bezeichnet. Denn sie enthält alle Eigenbewegungen und ist fundamental für die vollständige Lösung der Differentialgleichung (7.1) bzw. sie beschreibt generell den Übergang von einem Ruhezustand in den anderen.

Im folgenden Beispiel wird die Fundamentalmatrix $\underline{\phi}(t) = e^{\underline{A}t}$ für ein System zweiter Ordnung aufgestellt. Das System sei mit seiner Systemmatrix $\underline{A}$ gegeben

$$\underline{A} = \begin{bmatrix} 0 & 1 \\ -a_1 a_2 & -(a_1+a_2) \end{bmatrix}$$

Die charakteristische Gleichung $\det(s\,\underline{I} - \underline{A}) = 0$ liefert die Eigenwerte $s_1 = -a_1$ und $s_2 = -a_2$. Aus Gl. (7.7) erhält man

$$\underline{p}_1 = \begin{bmatrix} 1 \\ -a_1 \end{bmatrix} \quad \text{und} \quad \underline{p}_2 = \begin{bmatrix} 1 \\ -a_2 \end{bmatrix}$$

sowie die Modalmatrix $\underline{P}$ und ihre Inverse $\underline{P}^{-1}$

$$\underline{P} = \begin{bmatrix} 1 & 1 \\ -a_1 & -a_2 \end{bmatrix} \quad \text{und} \quad \underline{P}^{-1} = \frac{1}{a_1 - a_2} \begin{bmatrix} -a_2 & -1 \\ a_1 & 1 \end{bmatrix}$$

Mit Gl. (7.9) berechnet man die Fundamentalmatrix

$$\underline{\phi}(t) = e^{\underline{A}t} = \frac{1}{a_1 - a_2} \begin{bmatrix} -a_2 e^{-a_1 t} + a_1 e^{-a_2 t} & -e^{-a_1 t} + e^{a_2 t} \\ a_1 a_2 (e^{-a_1 t} - e^{-a_2 t}) & a_1 e^{-a_1 t} - a_2 e^{-a_2 t} \end{bmatrix}$$

Für $t = 0$ wird aus dieser Matrix die Einheitsmatrix $\underline{I}$. Jedes Element der Fundamentalmatrix enthält die beiden Eigenbewegungen $e^{-a_1 t}$ und $e^{-a_2 t}$.

Mit der Lösung der homogenen Differentialgleichung (7.4) $\underline{x}_h(t) = \underline{\phi}(t-t_o)\underline{x}_o$, wobei $\underline{x}_o = \underline{x}(t_o)$, kann die Lösung für die inhomogene Differentialgleichung (7.1) aufgestellt werden. Hier soll die Methode der "Variation der Konstanten" angewendet werden: Der konstante Vektor $\underline{x}_o$ wird durch die zeitveränderliche Vektorfunktion $\underline{g}(t)$ ersetzt, so daß $\underline{x}(t) = \underline{\phi}(t-t_o)\underline{g}(t)$. In Gl. (7.1) eingesetzt und unter Berücksichtigung von Gl. (7.11) erhält man schließlich als vollständige Lösung der inhomogenen Differentialgleichung (7.1)

$$\underline{x}(t) = \underline{\phi}(t-t_o)\underline{x}_o + \int_{t_o}^{t} \underline{\phi}(t-\tau)\,\underline{B}\,\underline{u}(\tau)d\tau \qquad (7.12)$$

In Abschnitt 2.2.1 wurde mit Gl. (2.10) der Lösungsansatz zur Differentialgleichung (7.1) mittels der Laplace-Transformation hergeleitet:

$$\underline{X}(s) = (s\,\underline{I} - \underline{A})^{-1}\underline{x}_o + (s\,\underline{I} - \underline{A})^{-1}\,\underline{B}\,\underline{U}(s) \qquad (7.12a)$$

Man erkennt den unmittelbaren Zusammenhang zwischen den ersten Ausdrücken der rechten Seite als durch die Anfangswerte angeregte Eigenbewegung und den zweiten Ausdrücken, die die erzwungene Bewegung beschreiben. Vor allem entnimmt man den beiden Gleichungen einen weiteren Ansatz zur Bestimmung der Fundamentalmatrix

$$\underline{\phi}(t) \circ\!\!-\!\!\bullet\ (s\,\underline{I} - \underline{A})^{-1}$$

Zur Ermittlung der Übertragungsfunktion müssen alle Anfangswerte zu Null gesetzt werden; das Gleiche gilt auch für die Übertragungsmatrix. Man erhält sie, indem man $\underline{X}(s)$ aus Gl. (7.12a) für $\underline{x}_o = 0$ in die Ausgangsgleichung (7.2) einsetzt, hier sei $\underline{D} = \underline{O}$:

$$\underline{Y}(s) = \underline{C}(s\,\underline{I} - \underline{A})^{-1}\,\underline{B}\,\underline{U}(s)$$

Die Übertragungsmatrix ist dann

$$\underline{G}_S(s) = \underline{C}(s\,\underline{I} - \underline{A})^{-1}\,\underline{B}$$

Sie hat die gleiche Bedeutung wie in Abschnitt 6.3.2.

Um das Beispiel weiterzuführen, werde nun die Laplace-Transformierte der Fundamentalmatrix ermittelt:

$$(s\underline{I} - \underline{A})^{-1} = \begin{bmatrix} \dfrac{s+a_1+a_2}{(s+a_1)(s+a_2)} & \dfrac{1}{(s+a_1)(s+a_2)} \\ \dfrac{-a_1a_2}{(s+a_1)(s+a_2)} & \dfrac{s}{(s+a_1)(s+a_2)} \end{bmatrix}$$

Jedes Element dieser Matrix wird über die Korrespondenzen-Tabelle der Laplace-Transformation in den Zeitbereich zurücktransformiert, so daß man $\underline{\phi}(t)$ erhält. Zur Bestimmung der Übertragungsfunktion werde ein skalares Eingangssignal $\underline{u}(t) \rightarrow u(t)$, so daß $\underline{B} \rightarrow \underline{b}$, und ein skalares Ausgangssignal $\underline{v}(t) \rightarrow v(t) = x_1(t)$ betrachtet; dann wird auch $\underline{C} \rightarrow \underline{c}^T$.

Mit $\underline{b}^T = [0 \quad 1]$, $\underline{c}^T = [1 \quad 0]$ und $d = 0$ wird aus Gl. (7.2a)

$$\underline{G}_S(s) \rightarrow F(s) = \frac{X_1(s)}{U(s)} = \frac{1}{(s+a_1)(s+a_2)}$$

7.1.2 Zustandsregelung

Wie die Bezeichnung besagt, werden bei diesem Konzept alle Zustandsgrößen zur Regelung herangezogen. Der lineare "Zustandsregler" mit Vorgabe des Führungsvektors $\underline{w}$ wird beschrieben durch

$$\underline{u} = \underline{R}(\underline{w} - \underline{x}) \tag{7.13}$$

Eingesetzt in die Gln (7.1) und (7.2) ergibt sich für den Regelkreis

$$\dot{\underline{x}} = (\underline{A} - \underline{B}\,\underline{R})\underline{x} + \underline{B}\,\underline{R}\,\underline{w} = \underline{A}_o\underline{x} + \underline{B}_o\underline{w} \tag{7.14}$$

$$\underline{v} = (\underline{C} - \underline{D}\,\underline{R})\underline{x} + \underline{D}\,\underline{R}\,\underline{w} = \underline{C}_o\underline{x} + \underline{D}_o\underline{w} \tag{7.15}$$

An der Form der Gleichungen ändert sich gegenüber den Gln (7.1) und (7.2) nichts, nur die Elemente der Matrizen müssen umgerechnet werden. Der neue Eingangsvektor ist der Führungsvektor $\underline{w}$.

Für eine skalare Stellgröße u wird der Zustandsregler

$$u = \underline{r}^T(\underline{w} - \underline{x}) \tag{7.13a}$$

und mit Gl. (7.13a) wird die Differentialgleichung des Kreises

$$\dot{\underline{x}} = (\underline{A} - \underline{b}\,\underline{r}^T)\underline{x} + \underline{b}\,\underline{r}^T\,\underline{w} \tag{7.14a}$$

In diesem Fall ist $\underline{A}_o = \underline{A} - \underline{b}\,\underline{r}^T$ und $\underline{B}_o = \underline{b}\,\underline{r}^T$

Das einfachste Reglerentwurfsverfahren ist die sog. Polvorgabe (vergl. Abschnitt 5.3.1). Durch die Regelung soll das dynamische Verhalten des Kreises gegenüber der Strecke verbessert werden (schneller, besser gedämpft). Aufgrund der bekannten Eigenwerte der Regelstrecke wählt man die Eigenwerte $s_1, \ldots, s_n$ des Kreises, so daß sie in der s-Ebene links von denen der Strecke liegen. Sie bilden die charakteristische Gleichung

$$(s-s_1)(s-s_2)\ \ldots.\ (s-s_n) = 0$$

Aus der Vorgabe der Reglerstruktur Gl. (7.13) oder (7.13a) stellt man die charakteristische Gleichung des Kreises auf

$$\det(s\,\underline{I} - \underline{A}_o) = 0$$

worin die Elemente von $\underline{R}$ oder $\underline{r}^T$ als Parameter auftreten. Durch Koeffizientenvergleich für die Potenzen von s lassen sich die gesuchten Parameter berechnen.

Diese Vorgehensweise wird nun an einem Beispiel gezeigt. Die Zustandsregelung für ein hydraulisches Positionierungssystem wird mittels Polvorgabe entworfen.

$$(x_1, x_2, x_3) = (\varphi, \omega, p)$$

φ ist der Positionierungswinkel (im Bogenmaß), ω ist die Winkelgeschwindigkeit, p ist der Ausgangsdruck des elektrohydraulischen Servoventils, der den hydraulischen Motor treibt. Das Servoventil wird von einem elektrischen Verstärker angesteuert mit der Eingangsspannung u_V, die als Stellgröße u für diese Regelstrecke gilt. Das Gleichungssystem für diese Regelstrecke dritter Ordnung ist dann

$$\dot{\underline{x}} = \begin{bmatrix} 0 & 1 & 0 \\ 0 & a_{22} & a_{23} \\ 0 & a_{32} & 0 \end{bmatrix} \underline{x} + \begin{bmatrix} 0 \\ 0 \\ b \end{bmatrix} u$$

mit $a_{22} = -\frac{20}{\text{sec}}$; $a_{23} = \frac{20}{10^5 \text{ Pa sec}^2}$; $a_{32} = -125 \cdot 10^5$ Pa

$b = 25 \cdot 10^3 \frac{10^5 \text{ Pa}}{\text{V sec}}$ $(10^5 \text{ Pa} = 1 \text{ bar})$

Die Eigenwerte der Strecke sind

$p_{1,2} = (-10 \pm j\,49)/\text{sec}$ (d.h. Eigenkreisfrequenz ω_o =
$p_3 = 0$ = 50/sec, Dämpfungsgrad d = 0,2)

Die Reglergleichung gemäß Gl. (7.13a) ist

$$u = -r_1 x_1 - r_2 x_2 - r_3 x_3 + r_1 w_1$$

d.h. es wird nur eine Führungsgröße für den Positionswinkel x_1 vorgegeben. Damit erhält man als Gleichungssystem für den Regelkreis

$$\dot{\underline{x}} = \begin{bmatrix} 0 & 1 & 0 \\ 0 & a_{23} & a_{23} \\ -br_1 & a_{32}-br_2 & -br_3 \end{bmatrix} \underline{x} + \begin{bmatrix} 0 \\ 0 \\ br_1 \end{bmatrix} w_1$$

Nun werden die beiden Formen für die charakteristische Gleichung aufgestellt, aus dem Kreis mit $\underline{A}_o$ und den gewählten Eigenwerten s_1, s_2, s_3.

$$s^3 + (br_3 - a_{22})s^2 + (a_{23}br_2 - a_{22}br_3 - a_{23}a_{32})s + a_{23}br_1 = 0$$

$$s^3 - (s_1+s_2+s_3)s^2 + (s_1s_2 + s_2s_3 + s_3s_1)s - s_1s_2s_3 = 0$$

Aus dem Vergleich der konstanten Elemente und der Koeffizienten von s^2 lassen sich die Reglerparameter r_1 und r_3 ermitteln. Aus den Koeffizienten von s erhält man schließlich r_2.

Für die gewählten Eigenwerte des Kreises

$$s_{1,2} = (-50 \pm j\,50)/\mathrm{sec} \qquad \text{(Eigenkreisfrequenz 70,7/sec,}$$
$$s_3 = -50/\mathrm{sec} \qquad \text{Dämpfungsgrad } 1/\sqrt{2}\text{)}$$

ergeben sich die Reglerkennwerte

$$r_1 = 0{,}5\ \mathrm{V}; \qquad r_2 = 9{,}8\cdot 10^{-3}\ \mathrm{Vsec}; \qquad r_3 = 5{,}2\ \frac{10^{-3}\ \mathrm{V}}{10^5\ \mathrm{Pa}}$$

Bei solch einer Positionsregelung kommt es darauf an, daß der Winkel x_1 genau der Vorgabe durch w_1 folgt. Dies trifft hier nur für konstante Werte von w_1 zu (Kontrolle durch Untersuchung des stationären Verhaltens). Soll aber eine Führungsgröße mit konstanter Geschwindigkeit nachgeführt werden, dann muß die Regeldifferenz w_1-x_1 in einem Parallelzweig integriert werden. Dazu muß eine neue Zustandsgröße x_4 eingeführt und das Gleichungssystem wie folgt ergänzt werden

$$\dot{x}_4 = x_1 - w_1$$

Die Regelung ist dann

$$u = -r_1x_1 - r_2x_2 - r_3x_3 - r_4x_4 + r_1w_1$$

Für das so entstandene System vierter Ordnung sind nun vier Eigenwerte zur Berechnung der vier Reglerparameter vorzugeben.

An diesem Beispiel wird noch ein wichtiger Aspekt deutlich. Mit der Reglerstruktur nach Gl. (7.13a) für nur eine Stellgröße lassen sich durch Vorgabe von n Eigenwerten n Rückführparameter für alle Zustandsgrößen berechnen. Hat die Regelstrecke mehrere Stellgrößen für einen Regler nach Gl. (7.13), dann liefern die gewählten Eigenwerte nicht genügend Bestimmungsgleichungen für alle Elemente von $\underline{R}$. Man muß dann die übrigen Elemente festlegen z.B. so, daß insgesamt nicht zu hohe Verstärkungen erforderlich werden, oder durch Nullsetzen einiger Elemente, so daß nicht alle Zustandsgrößen auf jede Stellgröße zurückgeführt werden.

Einen systematischen Weg zur Bestimmung der Matrix $\underline{R}$ bietet die <u>modale Regelung</u>. Mit Hilfe der Modalmatrix $\underline{P}$, (D3), wird das System je nach Anzahl der Stellgrößen ganz ($p = n$) oder teilweise ($p < n$) entkoppelt. Für die entkoppelten Zweige werden die Eigenwerte gewählt. Man spricht deshalb auch von "Regelung in getrennten Kanälen".

Der Aufwand an Matrizenoperationen ist erheblich. Da zum erfolgreichen Entwurf einer modalen Regelung einige Definitionen erforderlich sind, die den Rahmen dieses Buches sprengen würden, sei an dieser Stelle auf die Fachliteratur verwiesen: /13/.

Entsprechendes gilt für ein weiteres Regelungskonzept, nämlich für den Entwurf optimaler Regelungen, /W11/, /W12/.

7.2 Systeme zweiter Ordnung

Für Systeme zweiter Ordnung lassen sich die allgemeinen Aussagen von Abschnitt 7.1 leicht überprüfen. Im nun folgenden Abschnitt geht es vor allem um Ansätze und Darstellungsformen, die für nichtlineare Systeme zweiter Ordnung (Abschnitt 8.1) verwendet werden.

7.2.1 Spezielle Ansätze

Es werden Systeme zweiter Ordnung mit nur einer Eingangs- und einer Ausgangsgröße betrachtet ($n = 2;\ p = 1;\ q = 1$), so daß die Vektordifferentialgleichung (7.1a) und die Ausgangsgleichung (7.2a) zugrunde liegen.

$$\dot{\underline{x}} = \underline{A}\,\underline{x} + \underline{b}\,u \tag{7.1a}$$

$$v = \underline{c}^T\underline{x} + d\,u \tag{7.2a}$$

mit

$$\underline{A} = \begin{bmatrix} a_{11} & a_{12} \\ a_{21} & a_{22} \end{bmatrix} \qquad \underline{b} = \begin{bmatrix} b_1 \\ b_2 \end{bmatrix} \qquad \underline{c}^T = [c_1,\ c_2]$$

Mit dem Regler nach Gl. (7.13a)

$$u = r_1 w_1 - r_1 x_1 - r_2 x_2$$

erhält man für den Regelkreis

$$\dot{\underline{x}} = \underline{A}_o \underline{x} + \underline{b}_o w_1 \tag{7.14a}$$

$$v = \underline{c}_o^T \underline{x} + d_o w_1 \tag{7.15a}$$

Dabei ist

$$\underline{A}_o = [\underline{A} - \underline{b}\,\underline{r}^T] = \begin{bmatrix} a_{11} - b_1 r_1 & a_{12} - b_1 r_2 \\ a_{21} - b_2 r_1 & a_{22} - b_2 r_2 \end{bmatrix}$$

$$\underline{b}_o = \begin{bmatrix} b_1 r_1 \\ b_2 r_1 \end{bmatrix} \qquad \underline{c}_o^T = [\, c_1 - dr_1,\; c_2 - dr_2 \,]; \qquad d_o = dr_1$$

Die dynamischen Untersuchungen für Regelstrecke oder -kreis unterscheiden sich nur durch den Einsatz der zugehörigen Systemmatrix $\underline{A}$ oder $\underline{A}_o$. Zur Betrachtung der charakteristischen Gleichung $\det(s\,\underline{I} - \underline{A}) = 0$ werden die folgenden Abkürzungen eingeführt:

$$\det \underline{A} = a_{11}a_{22} - a_{12}a_{21}$$

$$\mathrm{sp}\, \underline{A} = a_{11} + a_{22}$$

sp $\underline{A}$, d.h. Spur von $\underline{A}$, ist demnach die Summe aller Elemente auf der Hauptdiagonalen. Mit diesen Abkürzungen lautet die charakteristische Gleichung für das System zweiter Ordnung

$$s^2 - \mathrm{sp}\,\underline{A}\, s + \det \underline{A} = 0$$

Für eine stabile Eigenbewegung müssen alle Koeffizienten positiv sein, das führt zur Stabilitätsbedingung

$$\det \underline{A} > 0 \quad \underline{\text{und}} \quad \mathrm{sp}\,\underline{A} < 0$$

Ist $\det \underline{A} = 0$, dann liegt ein Eigenwert im Ursprung. Das System enthält eine Integration und hat damit keine eindeutige Ruhelage.

Für sp $\underline{A}$ = 0 ist das System ungedämpft, seine Eigenwerte liegen auf der Imaginärachse der s-Ebene.

Aus dem Vergleich mit dem Übertragungsglied zweiter Ordnung, Abschnitt 3.2, erhält man

$$\det \underline{A} = \omega_o^2 \quad \text{und} \quad \text{sp } A = -2d\omega_o$$

Häufig wählt man die Zustandsgrößen so, daß $\dot{x}_1 = x_2$. Dann gilt für die Elemente der Systemmatrix $\underline{A}$

$$a_{11} = 0, \quad a_{21} = 1$$

und aus dem Vergleich mit der charakteristischen Gleichung $(s-s_1)(s-s_2) = 0$ ist

$$a_{21} = -s_1 s_2 \quad a_{22} = s_1 + s_2$$

Einen besonders einfachen Ansatz findet man dann auch für die Eigenvektoren. Gl. (7.7) liefert nur das Verhältnis der Komponenten des Eigenvektors, die freie Konstante wird zu 1 gesetzt; so erhält man für die zwei Eigenvektoren

$$\underline{p}_1 = \begin{bmatrix} 1 \\ s_1 \end{bmatrix} \quad \text{und} \quad \underline{p}_2 = \begin{bmatrix} 1 \\ s_2 \end{bmatrix}$$

Wie oben angedeutet, ist die Festlegung der Zustandsgrößen nicht eindeutig. Man wählt entweder Größen des Systems, die meßbar sind und damit einfach zur Regelung zurückgeführt werden können ("meßtechnische" Wahl), oder man legt sie so fest, daß die Matrizen und Vektoren möglichst einfach werden für die Systemanalyse und -synthese ("mathematische" Wahl). Drei verschiedene Möglichkeiten die Zustandsgrößen zu wählen, sollen anhand des folgenden Beispiels erläutert werden. Es handelt sich um ein P-T_2-Glied mit dem Eingang u und dem Ausgang v, gegeben durch seine Übertragungsfunktion

$$\frac{V(s)}{U(s)} = F(s) = \frac{K}{(1+T_1 s)(1+T_2 s)}$$

Fall 1, als "meßtechnische" Wahl denkbar: das Übertragungsglied wird in eine Kettenschaltung aus zwei P-T_1-Gliedern zerlegt, mit $x_1 = v$ wird

$$\frac{X_1(s)}{X_2(s)} = \frac{1}{1 + T_1 s} \quad \text{sowie} \quad \frac{X_2(s)}{U(s)} = \frac{K}{1 + T_2 s}$$

Im Zeitbereich als Vektordifferentialgleichung geschrieben, erhält man

$$\dot{\underline{x}} = \begin{bmatrix} -\frac{1}{T_1} & \frac{1}{T_1} \\ 0 & -\frac{1}{T_2} \end{bmatrix} \underline{x} + \begin{bmatrix} 0 \\ \frac{K}{T_2} \end{bmatrix} u$$

$$v = [1, 0]\,\underline{x}$$

Fall 2 ("mathematisch", kann aber auch "meßtechnisch" sinnvoll sein): Der Nenner der Übertragungsfunktion wird ausmultipliziert. Durch Rücktransformation in den Zeitbereich erhält man eine Differentialgleichung zweiter Ordnung

$$v + (T_1+T_2)\dot{v} + T_1T_2\ddot{v} = K\,u$$

Nun setzt man $x_1 = v$ und $x_2 = \dot{v}$, um zwei Differentialgleichungen erster Ordnung, hier wieder als Vektordifferentialgleichung, schreiben zu können

$$\dot{\underline{x}} = \begin{bmatrix} 0 & 1 \\ -\frac{1}{T_1T_2} & -\frac{T_1+T_2}{T_1T_2} \end{bmatrix} \underline{x} + \begin{bmatrix} 0 \\ \frac{K}{T_1T_2} \end{bmatrix} u$$

$$v = [1, 0]\,\underline{x}$$

Fall 3 ("mathematisch"): Das Übertragungsglied wird in eine Parallelschaltung aus den zwei P-T_1-Gliedern umgeformt, so daß

$$F(s) = \frac{K}{T_1 - T_2}\left[\frac{T_1}{1 + T_1 s} - \frac{T_2}{1 + T_2 s}\right]$$

Die Ausgänge der P-T_1-Glieder werden mit den Zustandsgrößen x_1 und x_2 festgelegt

$$\dot{\underline{x}} = \begin{bmatrix} -\frac{1}{T_1} & 0 \\ 0 & -\frac{1}{T_2} \end{bmatrix} \underline{x} + \begin{bmatrix} \frac{K}{T_1-T_2} \\ \frac{K}{T_1-T_2} \end{bmatrix} u$$

$$v = [1, -1]\, \underline{x}$$

In allen drei Fällen handelt es sich um ein und dasselbe System, die Matrizen $\underline{A}$ und die Vektoren $\underline{b}$ und $\underline{c}^T$ sind verschieden. Selbstverständlich muß die charakteristische Gleichung für jeden Ansatz dieselben Eigenwerte $s_1 = -1/T_1$ und $s_2 = -1/T_2$ liefern, nämlich aus $(s + 1/T_1)(s + 1/T_2) = 0$.

Im Fall 3 ist das System entkoppelt, d.h. die Differentialgleichungen für x_1 und x_2 sind getrennt lösbar, die Überlagerung findet in der Ausgangsgleichung statt. Der Leser möge mit Hilfe der aus den jeweiligen Eigenvektoren zusammengesetzten Modalmatrix $\underline{P}$ die Entkopplung gemäß Gl. (7.7a) überprüfen. Es ist für Fall 1 und Fall 2

$$\underline{P}_1 = \begin{bmatrix} 1 & 1 \\ 0 & \frac{T_2-T_1}{T_2} \end{bmatrix}; \quad \underline{P}_2 = \begin{bmatrix} 1 & 1 \\ -\frac{1}{T_1} & -\frac{1}{T_2} \end{bmatrix}$$

Ebenso wie die Systemmatrix $\underline{A}$ unterscheidet sich die Fundamentalmatrix $\underline{\Phi}(t)$ für den jeweiligen Ansatz

Da für das entkoppelte System, Fall 3

$$\underline{\Phi}_3(t) = \text{diag}\,\{e^{-\frac{t}{T_1}}, e^{-\frac{t}{T_2}}\}$$

ist, erhält man nach Gl. (7.9) für Fall 1

$$\underline{\Phi}_1(t) = \underline{P}_1\underline{\Phi}_3(t)\underline{P}_1^{-1}$$

und für Fall 2

$$\underline{\Phi}_2(t) = \underline{P}_2\underline{\Phi}_3(t)\underline{P}_2^{-1}$$

Die Ausgangsgröße v(t) hat für u(t) = O die Form

$$v(t) = f\,e^{-\frac{t}{T_1}} + g\,e^{-\frac{t}{T_2}}$$

Da mit den Zustandsgrößen auch ihre Anfangswerte unterschiedlich definiert sind, setzen sich die Konstanten f und g für die drei Fälle unterschiedlich aus den Anfangs- und Eigenwerten zusammen.

7.2.2 Geometrische Darstellung

Im Zusammenhang mit Gl. (7.10) und der Modalmatrix $\underline{P}$ wurde der Begriff Koordinaten verwendet. Er kommt von der geometrischen Vorstellung des Zustandsvektors als Vektor im Zustandsraum mit den Koordinaten $x_1, \ldots, x_n$. Die Spitze des Zustandsvektors beschreibt in Abhängigkeit von der Zeit eine Kurve, die Bahn- oder Zustandskurve bzw. Trajektorie. Für ein System zweiter Ordnung reduziert sich der Zustandsraum zur Zustandsebene mit der Abszisse x_1 und der Ordinate x_2. Die Bahnkurve erhält man, indem man zum jeweils gleichen Zeitpunkt $x_2(t)$ über $x_1(t)$ aufträgt (vergl. Lissajous-Figuren). Die Zeit t ist dann der Laufparameter der Kurve. Die Zeit t kann aber auch aus den Differentialgleichungen eliminiert werden. Da nur die Eigenbewegung untersucht wird, ist für u = O

$$\dot{x}_1 = a_{11}x_1 + a_{12}x_2$$

$$\dot{x}_2 = a_{21}x_1 + a_{22}x_2$$

Durch Division erhält man mit

$$\frac{dx_2}{dx_1} = \frac{a_{21}x_1 + a_{22}x_2}{a_{11}x_1 + a_{12}x_2} \qquad (7.16)$$

die Steigung für jeden Punkt $x_2(x_1)$ der Bahnkurve.

Die Linien gleicher Steigung, die Isoklinen, sind Geraden durch den Ursprung (Kennzeichen für ein lineares System). Die Steigung im Ursprung ist nicht definiert. Für $\dot{x}_1 = 0$ und $\dot{x}_2 = 0$ (im Ruhepunkt) würde Gl. (7.16) die Division Null/Null ergeben, weswegen auch die Bezeichnung singulärer Punkt eingeführt wurde. Die Laufrichtung mit zunehmender Zeit t kann aus einer der beiden Differentialgleichungen bestimmt werden, indem man z.B. aus

$$dx_1 = (a_{11}x_1 + a_{12}x_2)\ dt$$

feststellt, ob im Punkt (x_1, x_2) für ein positives Zeitintervall dt die Änderung dx_1 positiv oder negativ ist.

Zunächst ein einfaches Beispiel: Eine Regelstrecke ist gegeben durch die Differentialgleichungen $\dot{x}_1 = x_2$ und $\dot{x}_2 = K\ u$. Analog zu Gl. (7.16) ist die Bahnkurve beschrieben durch

$$\frac{dx_2}{dx_1} = \frac{K\ u}{x_2}$$

Unter der Annahme, daß die Stellgröße u konstant ist, z.B. $u = U_o\sigma(t)$ kann die Gleichung integriert werden

$$x_2^2 - X_{20}^2 = 2K\ U_o(x_1 - X_{10})$$

oder

$$x_2^2 = 2K\ U_o[x_1 - (X_{10} - \frac{X_{20}^2}{2K\ U_o})]$$

Die zugehörigen Trajektorien sind Parabeln symmetrisch zur x_1-Achse, je nach dem Vorzeichen von U_o nach rechts oder links geöffnet. Wird nun eine Regelung mit $u = -\ r_1x_1$ eingesetzt, dann ist die Differentialgleichung

$$\frac{dx_2}{dx_1} = \frac{-\ Kr_1x_1}{x_2}$$

Man kann sie integrieren und erhält

$$Kr_1x_1{}^2 + x_2{}^2 = Kr_1X_{10}^2 + X_{20}^2$$

Diese Gleichung beschreibt Ellipsen um den Ursprung, deren Achsenlängen von den Anfangswerten bestimmt werden. In Bild 7.1 ist eine Ellipse als gepunktete Linie dargestellt. Die Eigenbewegung dieses Systems ist also eine ungedämpfte Dauerschwingung ($\mathrm{sp}\ \underline{A} = 0$, d.h. $d = 0$). Führt man zur Regelung auch x_2 zurück mit $u = -r_1x_1 - r_2x_2$, dann läßt sich die Differentialgleichung

$$\frac{dx_2}{dx_1} = \frac{-Kr_1x_1 - Kr_2x_2}{x_2}$$

nur auf Umwegen integrieren; vergl. die Trajektorie in Bild 7.1. Während die Isokline für $dx_2/dx_1 = 0$ vorher durch die x_2-Achse dargestellt wurde, ist sie jetzt eine Gerade durch den Ursprung mit der Steigung $-r_1/r_2$, nämlich die gestrichelte Linie in Bild 7.1. Eine durch eine Anfangsauslenkung angeregte Schwingung klingt ab. Das System ist nun gedämpft. Die Laufrichtung erhält man schnell aus $dx_1 = x_2\,dt$: in der oberen Halbebene ($x_2 > 0$) geht sie nach rechts, in der unteren Halbebene ($x_2 < 0$) nach links, d.h. sie ist im Uhrzeigersinn.

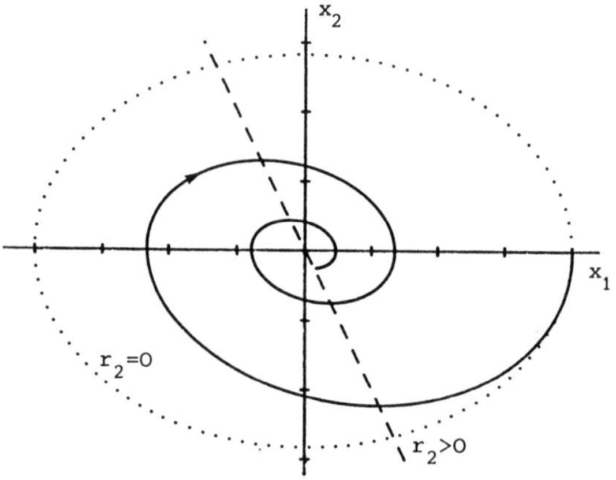

Bild 7.1: Trajektorien zum System $x_1 = x_2$;
$x_2 = -K(r_1x_1 + r_2x_2)$

Tabelle 7.1 zeigt für verschiedene Fälle die Bahnkurven der Eigenbewegung (vergl. auch Bild 5.9, Abschnitt 5.2). In der ersten Spalte steht die Matrix $\underline{A}$ für die Differentialgleichung (einfa-

Tabelle 7.1: Vergleich von Eigenwerten und der zugehörigen Eigenbewegung als Trajektorien in der Zustandsebene

Dauer-schwingung	$\underline{A} = \begin{bmatrix} 0 & 1 \\ -1 & 0 \end{bmatrix}$ $\det \underline{A} > 0$ $\mathrm{sp}\, \underline{A} = 0$	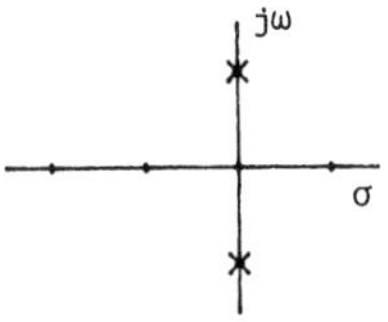	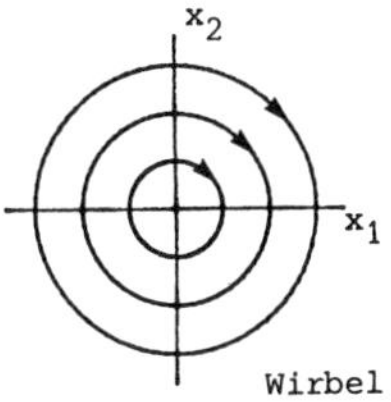
gedämpfte Schwingung	$\underline{A} = \begin{bmatrix} 0 & 1 \\ -1 & -1 \end{bmatrix}$ $\det \underline{A} > 0$ $\mathrm{sp}\, \underline{A} < 0$	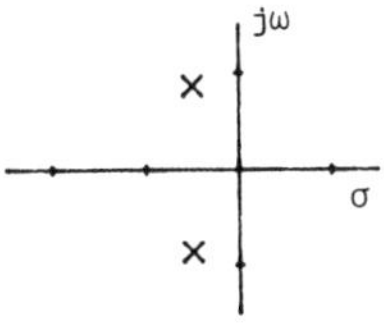	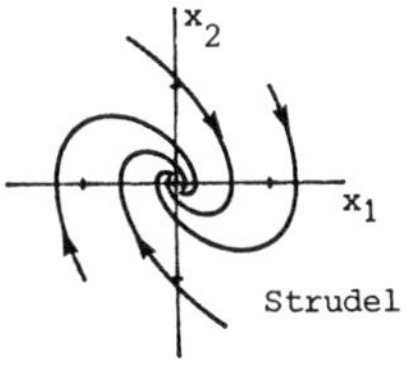
kriechende Bewegung	$\underline{A} = \begin{bmatrix} 0 & 1 \\ -1 & -2{,}5 \end{bmatrix}$ $\det \underline{A} > 0$ $\mathrm{sp}\, \underline{A} < 0$	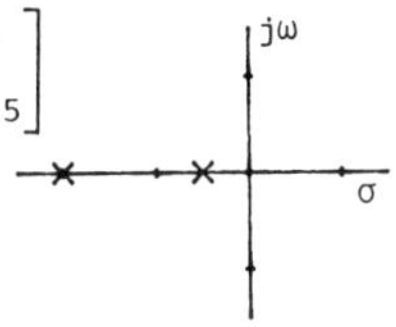	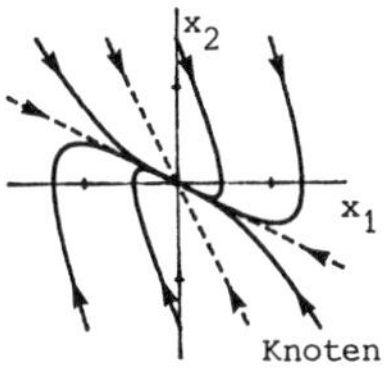
undefinierte Ruhelage	$\underline{A} = \begin{bmatrix} 0 & 1 \\ 0 & -2 \end{bmatrix}$ $\det \underline{A} = 0$ $\mathrm{sp}\, \underline{A} < 0$	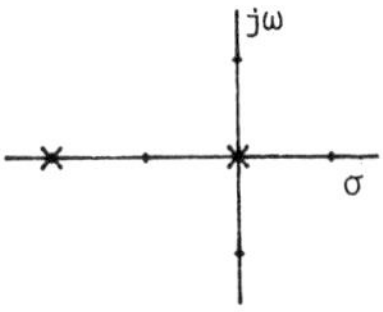	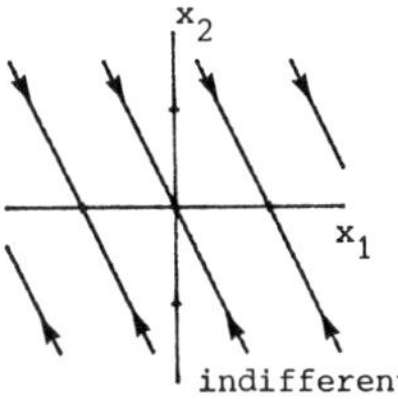
instabile Bewegung	$\underline{A} = \begin{bmatrix} 0 & 1 \\ 2 & -1 \end{bmatrix}$ $\det \underline{A} < 0$ $\mathrm{sp}\, \underline{A} < 0$	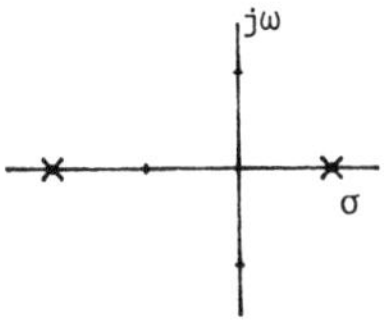	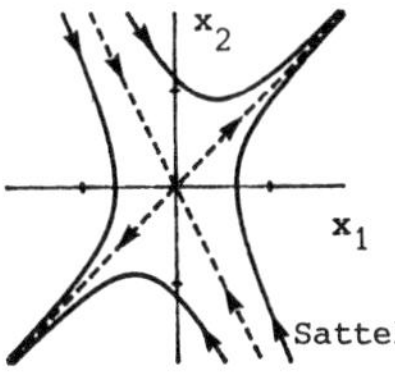

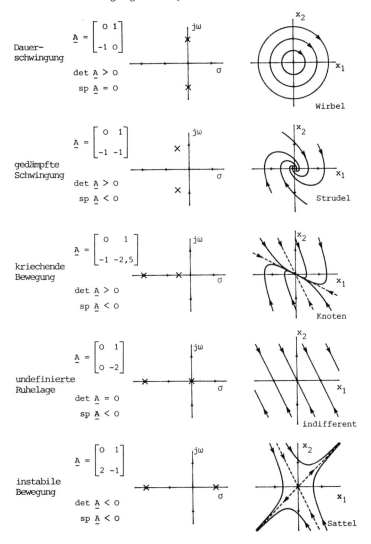

che Festlegung $\dot{x}_1 = x_2$). Die Angaben über det $\underline{A}$ und sp $\underline{A}$ entsprechen der Lage der Eigenwerte in der s-Ebene, 2. Spalte. Die dritte Spalte zeigt zugehörige Bahnkurven in der Zustandsebene für verschiedene Anfangswerte. Je nach Verlauf der Trajektorien hat der singuläre Punkt (hier der Ursprung) die angegebene Bezeichnung. Während der Wirbel mit der Dauerschwingung die Stabilitätsgrenze kennzeichnet (erste Zeile), beschreiben Strudel ($d < 1$)

und Knoten (d > 1) stabile, d.h. echte Ruhepunkte (zweite und dritte Zeile). In der vierten Zeile gilt die ganze x_1-Achse als mögliche Ruhelage wegen der offenen Integration entsprechend dem Eigenwert im Ursprung. Die letzte Zeile zeigt ein instabiles Beispiel. Hier kann man den Ursprung nicht als Ruhepunkt bezeichnen, obwohl genau dort $\dot{x}_1 = 0$ und $\dot{x}_2 = 0$ gilt; die Bezeichnung singulärer Punkt für den Sattel ist deshalb angebracht.

Für die reellen Eigenwerte (dritte bis fünfte Zeile) sind auch die Komponenten der Eigenvektoren reell. Sie stellen deshalb in der Zustandsebene Geraden durch den Ursprung dar (gestrichelte Linien); ihre Länge ist beliebig. Mit Anfangswerten auf einem Eigenvektor wird nur die eine zugehörige Eigenbewegung angeregt, so daß dx_2/dx_1 für den ganzen Verlauf konstant bleibt.

Abschließend sollen die Trajektorien zu dem in Abschnitt 7.2.1 besprochenen Beispiel, dem P-T_2-Glied mit $T_1 = 2$ sec und $T_2 =$ $= 1/2$ sec gezeigt werden, Bild 7.2. Für das entkoppelte System, Fall 3, sind die Eigenvektoren gleichzeitig die Koordinatenachsen, und der analytische Ausdruck für die Trajektorien ist

$$x_2 = X_{20}(x_1/X_{10})^4$$

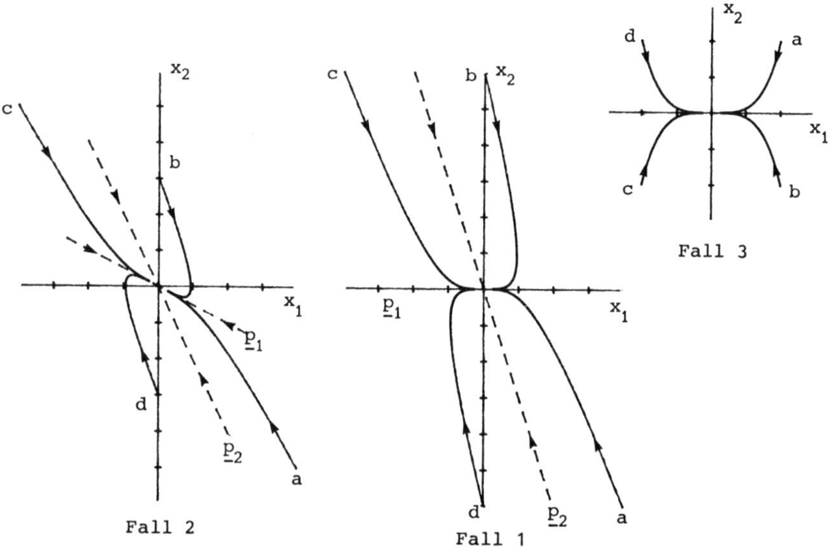

Bild 7.2: Trajektorien für die Eigenbewegung eines Systems zweiter Ordnung bei unterschiedlicher Wahl der Zustandsgrößen

Mit der Koordinatentransformation mittels der jeweiligen Modalmatrix zu Fall 1 und 2 können die Trajektorien in die zugehörige Zustandsebene übertragen werden. Selbstverständlich bleibt die Eigenschaft des Ruhepunktes als Knoten erhalten. Die Kennzeichnung der Punkte a bis d geben an, welche Anfangswerte einander entsprechen.

7.3 Zeitdiskrete Darstellung

Da zur Regelung von Mehrgrößensystemen überwiegend Mikroprozessoren oder Prozeßrechner eingesetzt werden, ist es wichtig, auf die zeitdiskrete Darstellung dynamischer Systeme hinzuweisen (eine eingehende Behandlung dieses Themenkreises ist beispielsweise in /W8, W9, W10/ nachzulesen). Der Digitalrechner erhält seine Eingangssignale zu festen Zeitpunkten und gibt seine Ausgangssignale ebenfalls zu festen Zeitpunkten ab, d.h. es werden jeweils nur diskrete Zeitpunkte beachtet. Man spricht dann von Abtastsystemen. Hier wird nur auf die äquidistante Tastung eingegangen: Die Zeitachse wird in gleiche Abstände mit dem Tastschritt T unterteilt. Während eines Tastintervalls sind die Signale konstant.

7.3.1 Differenzengleichung

Vom Zeitpunkt $t_k = kT$ bis zum Zeitpunkt $t_{k+1} = (k+1)T$ ist der Eingangsvektor $\underline{u}(t_k) = \underline{u}(k)$ konstant. Dann kann die Vektordifferentialgleichung (7.1) mit dem Ansatz Gl. (7.12) vom Anfangspunkt $\underline{x}(t_k) = \underline{x}(k)$ zum Endpunkt $\underline{x}(t_{k+1}) = \underline{x}(k+1)$ integriert werden, so daß

$$\underline{x}(k+1) = \underline{\phi}(T)\underline{x}(k) + \underline{H}(T)\underline{u}(k) \tag{7.17}$$

mit

$$\underline{H}(T) = \underline{A}^{-1}(\underline{\phi}(T) - \underline{I})\underline{B}$$

bzw. mit nur einer Stellgröße u(k) wird Gl. (7.1a) integriert

$$\underline{x}(k+1) = \underline{\phi}(T)\underline{x}(k) + \underline{h}(T)u(k) \tag{7.17a}$$

wobei

$$\underline{h}(T) = \underline{A}^{-1}(\underline{\phi}(T) - \underline{I})\underline{b}$$

Mittels der Laplacetransformation erhält man

$$\underline{\phi}(T) \underset{t=T}{\circ\!\!-\!\!\bullet} (s\,\underline{I} - \underline{A})^{-1}$$

$$\underline{H}(T) \underset{t=T}{\circ\!\!-\!\!\bullet} (s\,\underline{I} - \underline{A})^{-1} \frac{1}{s} \underline{B} \tag{7.18}$$

bzw.

$$\underline{h}(T) \underset{t=T}{\circ\!\!-\!\!\bullet} (s\,\underline{I} - \underline{A})^{-1} \frac{1}{s} \underline{b}$$

Gl. (7.17) bzw. (7.17a) liefern exakte Lösungen für die Tastzeitpunkte unter der Voraussetzung schrittweise konstanter Eingangsfunktionen (Treppenfunktionen).

Die Matrizen $\underline{\phi}(T)$ und $\underline{H}(T)$ bzw. der Vektor $\underline{h}(T)$ sind konstant für eine festgelegte Tastzeit T. Bei Gl. (7.17) bzw. (7.17a) handelt es sich um eine algebraische Gleichung. Der Zustandsvektor wird nur für diskrete Zeitpunkte berechnet, deshalb die Bezeichnung Differenzengleichung.

Im folgenden werden nur Systeme mit einer Eingangsgröße gemäß Gl. (7.17a) betrachtet. Zunächst soll als Beispiel zur Aufstellung der Differenzengleichung ein Algorithmus für einen PID-T_1-Regler hergeleitet werden. In Abschnitt 4.2.4 wurde bereits darauf verwiesen.

Die Übertragungsfunktion für ein PID-T_1-Glied habe die Form

$$\frac{Y(s)}{E(s)} = K \frac{1 + T_n s + T_n T_v s^2}{T_n s(1 + T_1 s)}$$

Zur Zustandsdarstellung benötigt man die Hilfsgröße x, so daß

$$\frac{X(s)}{E(s)} = \frac{1}{s(1 + T_1 s)} \tag{H1}$$

und

$$\frac{Y(s)}{X(s)} = \frac{K}{T_n}(1 + T_n s + T_n T_v s^2) \qquad \text{(H2)}$$

Mit $x_1 = x$ und $x_2 = \dot{x}$ läßt sich aus (H1) die Vektordifferentialgleichung anschreiben

$$\dot{\underline{x}} = \begin{bmatrix} 0 & 1 \\ 0 & -\frac{1}{T_1} \end{bmatrix} \underline{x} + \begin{bmatrix} 0 \\ \frac{1}{T} \end{bmatrix} e$$

Dazu aus (H2) die Ausgangsgleichung

$$y = K\left[\frac{1}{T_n} x_1 + \left(1 - \frac{T_v}{T_1}\right)x_2 + \frac{T_v}{T_1} e\right]$$

Mit Gl. (7.18) kann man die Differenzengleichung aufstellen

$$x(k) = \begin{bmatrix} 1 & T_1(1-e^{-T/T_1}) \\ 0 & e^{-T/T_1} \end{bmatrix} x(k-1) + \begin{bmatrix} T-T_1(1-e^{-T/T_1}) \\ 1-e^{-T/T_1} \end{bmatrix} e(k-1)$$

An der Ausgangsgleichung ändert sich nichts

$$y(k) = \left[\frac{K}{T_n}, K\left(1 - \frac{T_v}{T_1}\right)\right]\underline{x}(k) + K\frac{T_v}{T_1} e(k)$$

Bild 7.3 zeigt die zeitdiskrete Sprungantwort y(t) dieses so realisierten PID-T_1-Reglers, im Vergleich dazu gestrichelt die zeitkontinuierliche Sprungantwort mit $T_n/T_v = 6{,}3$; $T_v/T_1 = 4$; $T/T_1 = 0{,}2$. Man beachte die zeitliche Verschiebung der Treppenfunktion; denn der Rechner braucht einen Tastschritt, um aus dem Eingangssignal das Ausgangssignal zu berechnen. Durch die Tastung wird der Mittelwert insgesamt um das etwa 1,5-fache der Tastzeit verschoben. Diese Totzeit verschlechtert die Stabilität des Regelkreises. Man wird also bestrebt sein, mit möglichst kurzen Tastzeiten auszukommen. Dann kann man meistens davon ausgehen, daß das zeitdiskrete System stabil ist, wenn das Originalsystem (das durch die Differentialgleichung beschrieben ist) stabil ist, d.h. seine Eigenwerte negativen Realteil haben.

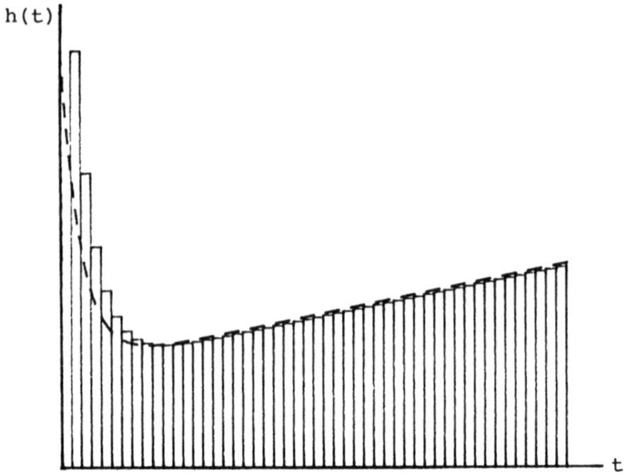

Bild 7.3: Zeitdiskrete Sprungantwort eines PID-T_1-Reglers

Aus der homogenen Differenzengleichung kann man eine Stabilitätsbedingung für zeitdiskrete Systeme ableiten. Da für lineare Systeme ohne äußere Anregung der Ruhepunkt im Ursprung liegt, muß (wenn $\underline{x}(0) \neq \underline{0}$) nach langer Zeit, d.h. für k >> 1, gelten

$$|\underline{x}(k+1)| < |\underline{x}(k)|$$

Komponentenweise kann man ansetzen

$$x_j(k+1) = a_j \, x_j(k)$$

mit der Bedingung

$$|a_j| < 1 \qquad j = 1 \dots n \tag{7.19}$$

Entsprechend kann man für den Zustandsvektor schreiben

$$\underline{x}(k+1) = \operatorname{diag}\{a_1, \dots, a_n\} \underline{x}(k) \tag{7.20}$$

Nach Gl. (7.17) ist mit $\underline{u}(k) = \underline{0}$

$$\underline{x}(k+1) = \underline{\phi}(T)\underline{x}(k) \qquad\qquad (7.21)$$

Aus den Gln (7.20) und (7.21) erhält man

$$[\mathrm{diag}\{a_1, \ldots, a_n\} - \underline{\phi}(T)]\underline{x}(k) = \underline{0}$$

Da diese Gleichung auch gelten soll, wenn der Ursprung noch nicht erreicht ist, muß die Determinante des Klammerausdrucks verschwinden. Es ergibt sich so die charakteristische Gleichung für das zeitdiskrete System

$$\det[a\,\underline{I} - \underline{\phi}(T)] = 0$$

deren Lösungen, die Eigenwerte a_j, für $j = 1 \ldots n$ die Ungleichungen (7.19) erfüllen müssen. Denkt man sich die Eigenwerte in die komplexe Ebene eingezeichnet, so beschreibt diese Ungleichung den Einheitskreis um den Ursprung als stabilen Bereich, in dem alle Eigenwerte a_j liegen müssen.

Für den zeitdiskreten PID-Regler erhält man die beiden Eigenwerte $a_1 = 1$, $a_2 = e^{-T/T_1}$: a_1 gehört zur Integration, a_2 zur Verzögerung; a_2 ist immer kleiner als 1 für eine endliche Tastzeit $T > 0$. (Man vergleiche die beiden Eigenwerte des zeitkontinuierlichen Reglers: $s_1 = 0$, $s_2 = -1/T$; so wie $\underline{\phi}(T) = e^{\underline{A}T}$, ist $a_j = e^{s_j T}$.)

7.3.2 Zustandsregelung

Die Konzepte zur Zustandsregelung (z.B. Polvorgabe, optimale Regelung) sind im allgemeinen unabhängig von der Systembeschreibung. Beim Reglerentwurf wird die gerätetechnische Realisierung zunächst gar nicht berücksichtigt. Wichtig ist, daß die Regelstrecke auf treppenförmige Steuerfunktionen nicht wesentlich anders reagiert als auf die zeitkontinuierlichen Signale. Die Strecke muß Tiefpaßverhalten haben, und die durch die Tastung eingebrachte Totzeit muß klein bleiben.

Ein Konzept, das die schrittweise konstante Steuerung ausnützt, ist der "Reglerentwurf auf endliche Einstellzeit" (Deadbeat Control). Dieses Konzept ergibt sich direkt aus der Lösung der Differenzengleichung, im folgenden wird Gl. (7.17a) zugrunde gelegt. Für eine gegebene Steuerfolge u(0), u(1), ..., u(k-1) kann man durch wiederholtes Einsetzen in Gl. (7.17a) die vollständige Lösung der Differenzengleichung ansetzen mit $\underline{\phi}(T) = \underline{\phi}$ und $\underline{h}(T) = \underline{h}$

$$\begin{aligned} \underline{x}(k) = \; & \underline{\phi}^k \underline{x}(0) + \underline{\phi}^{k-1} \underline{h}\, u(0) + \underline{\phi}^{k-2} \underline{h}\, u(1) + \ldots \\ & \ldots + \underline{\phi}\, \underline{h}\, u(k-2) + \underline{h}\, u(k-1) \end{aligned} \tag{7.22}$$

oder abgekürzt

$$\underline{x}(k) = \underline{\phi}^k \underline{x}(0) + \underline{M}_k \begin{bmatrix} u(0) \\ \vdots \\ u(k-1) \end{bmatrix} \tag{7.23}$$

mit

$$\underline{M}_k = [\underline{\phi}^{k-1} \underline{h},\ \underline{\phi}^{k-2} \underline{h},\ \ldots,\ \underline{\phi}\, \underline{h},\ \underline{h}]$$

Bei einer Regelung soll ein bestimmter Endpunkt erreicht werden. Ist $\underline{x}(k) = \underline{x}_E$ gegeben, dann muß man Gl. (7.23) nach dem Vektor aus der Steuerfolge $[u(0), \ldots, u(k-1)]^T$ auflösen. Dies kann nur gelingen, wenn die Matrix $\underline{M}_k$ regulär ist, auf jeden Fall muß sie ebensoviele Spalten wie Zeilen haben: es muß gelten k = n. Somit sei

$$\underline{M} = [\underline{\phi}^{n-1} \underline{h},\ \underline{\phi}^{n-2} \underline{h},\ \ldots,\ \underline{\phi}\, \underline{h},\ \underline{h}]$$

Wenn det $\underline{M} \neq 0$, dann kann man die n Steuerschritte u(0) bis u(n-1) berechnen, die das System (7.17a) aus dem gegebenen Anfangszustand $\underline{x}(0)$ in den Endzustand $\underline{x}_E = \underline{x}(n)$ bringen

$$\begin{bmatrix} u(0) \\ \vdots \\ u(n-1) \end{bmatrix} = \underline{M}^{-1} \{\underline{x}_E - \underline{\phi}^n\, \underline{x}(0)\} \tag{7.24}$$

Man weiß außerdem, daß dazu die endliche Zeit $T_E = n\,T$ erforderlich ist. Es ist leicht einzusehen, daß mit einer kurzen Einstellzeit T_E größere Werte u(i) erforderlich sind, als wenn man mehr Zeit zuläßt.

Anmerkung: $\underline{M}$ wird gelegentlich als sog. Steuerbarkeitsmatrix bezeichnet aufgrund der folgenden Definition: das System (7.17a) ist steuerbar, wenn die Matrix $\underline{M}$ den Rang n hat. Da nur eine Stellgröße vorhanden ist, ist diese Bedingung gleichbedeutend mit det $\underline{M} \neq 0$.

Ein einfaches Beispiel soll dieses Konzept illustrieren. Die Regelstrecke sei gegeben durch die Differentialgleichungen

$$\dot{x}_1 = x_2 \quad \text{und} \quad \dot{x}_2 = u$$

Sie ist zweiter Ordnung, n = 2, so daß zwei Stellschritte nötig sind, und die Einstellzeit zwei Tastschritte lang ist: $T_E = 2T$. Der Anfangszustand sei $(X_{10}, X_{20})^T$, der Endzustand sei im Ursprung. Mit den Gln (7.18) erhält man

$$\underline{\Phi} = \begin{bmatrix} 1 & T \\ 0 & 1 \end{bmatrix} \quad \text{und} \quad \underline{h} = \begin{bmatrix} \frac{1}{2} T^2 \\ T \end{bmatrix}$$

so daß

$$\underline{M} = \begin{bmatrix} \frac{3}{2} T^2 & \frac{1}{2} T^2 \\ T & T \end{bmatrix}$$

Gl. (7.24) liefert

$$\begin{aligned} u(0) &= -\frac{X_{10}}{T^2} - \frac{3}{2}\frac{X_{20}}{T} \\ u(1) &= \frac{X_{10}}{T^2} + \frac{1}{2}\frac{X_{20}}{T} \end{aligned} \qquad (7.25)$$

Für $X_{10} = X_{20} = 1$ sowie $T_E = 2$ sec, d.h. $T = 1$ sec, wird $u(0) = -2{,}5$ und $u(1) = 1{,}5$. Läßt man die doppelte Einstellzeit zu, mit $T = 2$ sec, dann wird $u(0) = -1$ und $u(1) = 0{,}5$. Bei halber Einstellzeit mit $T = 0{,}5$ sec wird $u(0) = -7$; $u(1) = 5$. Man kann sehr schnell in die Begrenzung des Stellgliedes kommen, wenn man eine kurze Tastzeit wählt. Der Stellbereich sei gegeben durch $|u(i)| \leq U$. In Gl. (7.25) eingesetzt, erhält man je zwei parallele Geraden

$$\frac{X_{20}}{UT} = \pm \frac{2}{3} - \frac{2}{3} \frac{X_{10}}{UT^2}$$

$$\frac{X_{20}}{UT} = \pm 2 - 2 \frac{X_{10}}{UT^2}$$

Diese Geraden umgrenzen ein Parallelogramm. Alle Anfangspunkte (X_{10}, X_{20}), die in diesem Parallelogramm liegen, können innerhalb der Einstellzeit $T_E = 2T$ so in den Ursprung gesteuert werden, daß die Stellgrößen immer unter dem Grenzwert U liegen. Bild 7.4 zeigt solche "Einzugsbereiche" in Abhängigkeit der Tastzeit und damit der Einstellzeit. Falls der gewünschte Endpunkt nicht im Ursprung liegt, ändert sich an der Berechnung nichts. Er ist dann der Mittelpunkt des entsprechend verschobenen Parallelogramms.

Nach diesem Konzept ist eine digitale Folgeregelung denkbar. Mit der Tastzeit T_E werden Ist- und Sollzustand verglichen, und ge-

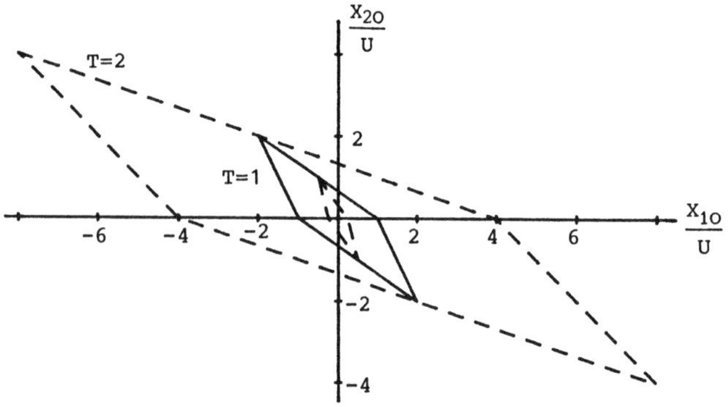

Bild 7.4: Einzugsbereich einer Regelung auf endliche Einstellzeit $T_E = 2T$ bei begrenzter Stellgröße; $T = 0{,}5$ sec; 1 sec; 2 sec

mäß Gl. (7.24) wird eine Steuerfolge berechnet mit der inneren Tastzeit T_E/n. Nach der Zeit T_E ist der vorgegebene Sollzustand erreicht. Für den nächsten Schritt ist er der Istzustand, der mit dem neu eingegebenen Sollzustand verglichen werden muß. Die äußere Tastzeit T_E richtet sich nach dem Stellbereich und der Differenz zwischen Soll- und Istzustand. Der Istzustand muß im Einzugsbereich mit dem Sollzustand als Mittelpunkt liegen.

8. Der nichtlineare Regelkreis

Global gesehen, sind alle Systeme nichtlinear. Jedoch beschränkt man sich überwiegend auf lokale Untersuchungen, die die Voraussetzung von linearem Verhalten zulassen. Selbst Systeme, bei denen in engeren Bereichen nichtlineare Zusammenhänge gelten, lassen sich durch Linearisierung am Arbeitspunkt hinreichend genau mit den vorgestellten Verfahren analysieren.

Allgemein wird ein System beschrieben durch seine Vektordifferentialgleichung

$$\dot{\underline{x}} = \underline{f}(\underline{x}, \underline{u})$$

mit den Komponenten

$$x_j = f_j(x_1, \ldots, x_n, u_1, \ldots, u_p) \quad \text{mit} \quad j = 1 \ldots n$$

und seine Ausgangsgleichung

$$\underline{v} = \underline{g}(\underline{x}, \underline{u})$$

mit den Komponenten

$$v_k = g_k(x_1, \ldots, x_n, u_1, \ldots, u_p) \quad \text{mit} \quad k = 1 \ldots q$$

An einem stationären Arbeitspunkt bzw. Ruhepunkt $R = (\underline{x}_R, \underline{u}_R)$ gilt wegen $\dot{\underline{x}}_R = \underline{0}$ die Bestimmungsgleichung

$$\underline{f}(\underline{x}_R, \underline{u}_R) = \underline{0}$$

Für kleine Änderungen $\Delta\underline{x}$ und $\Delta\underline{u}$ am Arbeitspunkt kann man dann ansetzen

$$\Delta\dot{\underline{x}} = \left.\frac{\partial \underline{f}}{\partial \underline{x}}\right|_R \Delta\underline{x} + \left.\frac{\partial \underline{f}}{\partial \underline{u}}\right|_R \Delta\underline{u} \tag{8.1}$$

$$\Delta\underline{v} = \left.\frac{\partial \underline{g}}{\partial \underline{x}}\right|_R \Delta\underline{x} + \left.\frac{\partial \underline{g}}{\partial \underline{u}}\right|_R \Delta\underline{u} \tag{8.2}$$

Dies ist die Beschreibungsform für lineare Systeme nach den Gln. (7.1) und (7.2). Bei den partiellen Ableitungen der Vektorfunktionen handelt es sich um Matrizen, z.B. für $\left.\frac{\partial \underline{f}}{\partial \underline{x}}\right|_R = \underline{A}$

$$a_{ij} = \left.\frac{\partial f_i}{\partial x_j}\right|_R \qquad \text{mit} \qquad i,j = 1 \ldots n$$

Die Elemente der anderen Matrizen werden auf entsprechende Weise ermittelt. Man wird gegebenenfalls für verschiedene Arbeitspunkte die Linearisierung durchführen, um so z.B. die Dynamik des Systems in Abhängigkeit vom Arbeitspunkt zu untersuchen oder stabile und instabile Bereiche zu bestimmen.

In diesem Kapitel werden einfache Regelkreise behandelt, die ein Übertragungsglied mit einer nichtlinearen Kennlinie haben. Die Nichtlinearität muß berücksichtigt werden, wenn entweder eine Linearisierung nicht möglich ist (z.B. bei unstetiger Kennlinie) oder die zugelassenen Änderungen zu groß sind. Bild 8.1 zeigt den zugrunde gelegten Kreis. Das nichtlineare Übertragungsglied mit der Kennlinie $u = f(x_e)$ wird als Regler betrachtet, das lineare Übertragungsglied, das mit $F(s)$ die Dynamik des Kreises bestimmt, stellt die Regelstrecke dar.

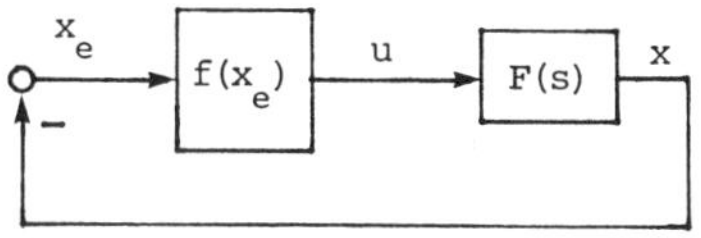

Bild 8.1: Regelkreis mit einem nichtlinearen Übertragungsglied

8.1 Untersuchung im Zeitbereich

Für Systeme zweiter Ordnung eignet sich die Darstellung von Bahnkurven in der Zustandsebene (vergl. Abschnitt 7.2). Anhand von zwei Beispielen soll die Anwendung dieser Methode unter Berücksichtigung der Nichtlinearität erläutert werden.

8.1.1 Mechanischer Schwingkreis mit nichtlinearer Federrückstellkraft

Die Eigenbewegung eines mechanischen Schwingkreises wird beschrieben durch die Differentialgleichung

$$m\,\ddot{x} + D\,\dot{x} + K\,f(x) = 0 \tag{8.3}$$

Mit x als Auslenkung des Masseelements stellt Gl. (8.3) das Kräftegleichgewicht aus Beschleunigungs-, Dämpfungs- und Federrückstellkraft dar. Durch die Festlegung der Zustandsgrößen $x_1 = x$ und $x_2 = \dot{x}$ erhält man das Differentialgleichungssystem

$$\dot{x}_1 = x_2$$

$$\dot{x}_2 = -\omega_o^2 f(x_1) - 2 d \omega_o x_2 \tag{8.4}$$

mit der Eigenkreisfrequenz $\omega_o = \sqrt{K/m}$ und dem Dämpfungsgrad $d = 0{,}5\, D/\sqrt{K\,m}$. Mögliche Federkennlinien sind in Bild 8.2 dargestellt. Kennlinie (a) beschreibt die weiche Feder, nämlich $f(x) = x - k x^3$. Für $|x| > 1/\sqrt{k}$ tritt eine Richtungsumkehr der Federkraft ein, dann ist für Gl. (8.3) die Stabilitätsbedingung nach Hurwitz nicht mehr erfüllt. In der Praxis darf diese Längenänderung der Feder nicht erreicht werden. Kennlinie (b) gilt für eine harte oder steife Feder, $f(x) = x + k x^3$. Zum Vergleich ist die Kennlinie für eine Feder mit linearer Rückstellkraft gestrichelt eingetragen.

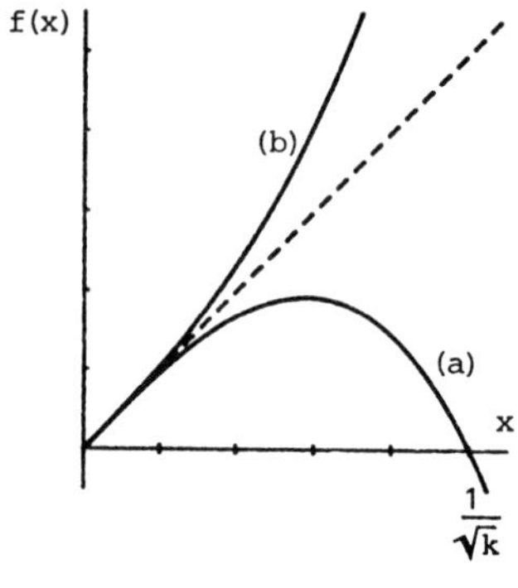

(a) $f(x) = x - k x^3$

(b) $f(x) = x + k x^3$

Bild 8.2: Kennlinien einer weichen (a) und einer harten (b) Feder

In nichtlinearen Systemen spielen die singulären Punkte eine wesentliche Rolle. Für einen singulären Punkt gilt $\dot{x}_1 = \dot{x}_2 = 0$. Während für die lineare und die steife Feder diese Bedingung nur im Ursprung erfüllt ist, liefert sie für die weiche Feder drei singuläre Punkte auf der x_1-Achse, d.h. für $x_{2S} = 0$, nämlich im Ursprung und an den Stellen $x_{1S} = \pm 1/\sqrt{k}$.

Man untersucht nun das Verhalten des Kreises in unmittelbarer Umgebung der singulären Punkte, indem man Gl. (8.4) jeweils für

$x_{1s} = 0$ bzw. $\pm 1/\sqrt{k}$ und $x_{2s} = 0$ entsprechend Gl. (8.1) linearisiert, d.h. im folgenden wird nur die weiche Feder betrachtet.

Für den Ursprung ergibt sich als linearisiertes Gleichungssystem

$$\Delta\dot{x}_1 = \Delta x_2$$

$$\Delta\dot{x}_2 = -\omega_o^2 \, \Delta x_1 - 2\, d\, \omega_o \, \Delta x_2$$

Wie man aus den ersten drei Zeilen der Tabelle 7.1 ersehen kann, ist dieser singuläre Punkt je nach dem Wert des Dämpfungsgrades d ein Wirbel ($d = 0$), ein Strudel ($d < 1$) oder ein Knoten ($d \geq 1$).

Es wird also eine abklingende Schwingung beschrieben, für $d = 0$ eine Dauerschwingung.

Für die beiden anderen singulären Punkte, $x_{1s} = \pm 1/\sqrt{k}$, erhält man als linearisiertes Gleichungssystem

$$\Delta\dot{x}_1 = \Delta x_2$$

$$\Delta\dot{x}_2 = 2\,\omega_o^2 \, \Delta x_1 - 2\, d\, \omega_o \, \Delta x_2$$

Hier handelt es sich gemäß Tabelle 7.1, letzte Zeile, um Sattelpunkte. In diesen Punkten ist das System instabil, da es einen positiven und einen negativen reellen Eigenwert hat. Für $d = 0$ und $\omega_o = 1/\text{sec}$ erhält man als Eigenwerte $s_{1,2} = \pm\sqrt{2}$. Die zugehörigen Eigenvektoren haben die Steigung $+\sqrt{2}$ und $-\sqrt{2}$. In diesem Fall ($d = 0$) lassen sich aus Gl. (8.4) durch Integration von

$$\frac{dx_2}{dx_1} = \frac{-\omega_o^2 \, f(x_1)}{x_2} \tag{8.5}$$

die Bahnkurven $x_2(x_1)$ berechnen, mit den Anfangswerten X_{10} und X_{20}. Es ergibt sich

$$x_2^2 - \frac{k}{2}\,\omega_o^2 (x_1^2 - \frac{1}{k})^2 = X_{20}^2 - \frac{k}{2}\,\omega_o^2 (X_{10}^2 - \frac{1}{k})^2$$

oder

$$x_2 = \pm\sqrt{X_{20}^2 + \omega_o^2 (\frac{k}{2}\, x_1^4 - x_1^2) - \omega_o^2 (\frac{k}{2}\, X_{10}^4 - X_{10}^2)}$$

Diese Trajektorien sind symmetrisch zu beiden Achsen, Bild 8.3. Als Zustandskurven durch die Sattelpunkte, d.h. mit $x_{10}^2 = 1/k$, $x_{20} = 0$, erhält man Parabeln symmetrisch zur x_2-Achse:

$$x_2 = \pm \omega_o \sqrt{\frac{k}{2}} (x_1^2 - \frac{1}{k})$$

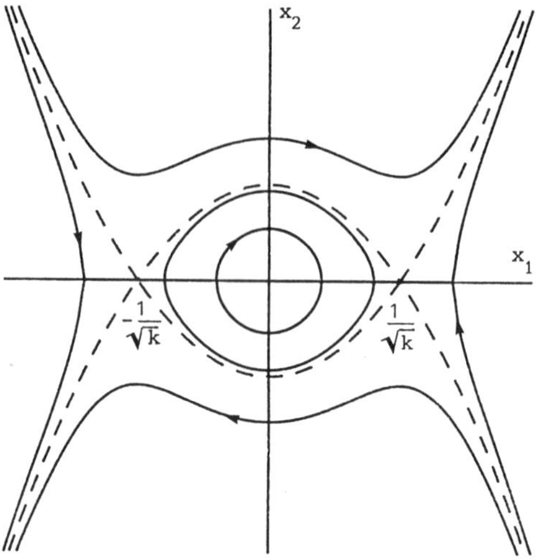

Bild 8.3: Zustandskurven des ungedämpften mechanischen Schwingkreises

Diese speziellen Zustandskurven sind in Bild 8.3 gestrichelt hervorgehoben. Sie umschließen einen Bereich mit Dauerschwingungen, während außerhalb dieses Bereichs nur instabile Eigenbewegungen existieren. Weil die Bahnkurven durch die instabilen singulären Punkte stabile und instabile Bereiche trennen, bezeichnet man sie Separatrizen (Separatrix = Trennungslinie).

Den Einfluß der Dämpfung (z.B. d = 0,2) zeigt Bild 8.4. Der stabile Bereich öffnet sich nach links oben und rechts unten. Die Trajektorien in diesem Band beschreiben abklingende Schwingungen.

Dieses Beispiel zeigt eine wesentliche Eigenschaft von nichtlinearen Systemen: Im Gegensatz zu linearen Systemen, bei denen Stabilität oder Instabilität global gilt, d.h. für $0 \le |\underline{x}| < \infty$, kann es bei nichtlinearen Systemen stabile und instabile Bereiche geben, die durch die Separatrizen abgegrenzt sind. Außerdem zeigt Gl. (8.5), daß die Isoklinen für nichtlineare Systeme keine Geraden sind.

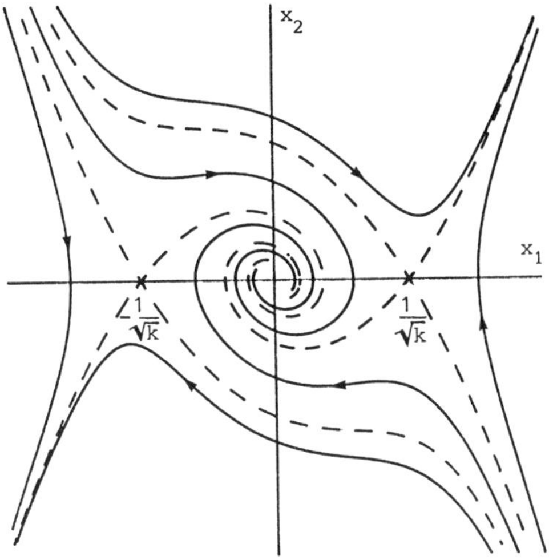

Bild 8.4: Zustandskurven des gedämpften mechanischen Schwingkreises

8.1.2 Regelstrecke zweiter Ordnung mit einem Schalter als Regler

Sehr häufig - vor allem zu Temperaturregelungen - werden Schalter als Regler eingesetzt, da sie einfach und billig sind. Zunächst werde ein idealer symmetrischer Zweipunktschalter betrachtet mit der Kennlinie $u = M \operatorname{sgn} x_e$; die Signumfunktion $\operatorname{sgn} x_e$ ist $+1$ für $x_e > 0$ und -1 für $x_e < 0$. Der Regler kann also nur die zwei Stellgrößen $+M$ und $-M$ abgeben; bei einem Vorzeichenwechsel von x_e schaltet er um. Er werde mit einer I^2-Regelstrecke zu einem Kreis geschlossen; die Strecke hat die Differentialgleichungen

$$\dot{x}_1 = x_2 \quad \text{und} \quad \dot{x}_2 = K\,u$$

Da die Stellgröße u über gewisse Zeitintervalle konstant ist, kann man die Bahnkurven angeben mit

$$x_2^2 = x_{20}^2 + 2\,K\,u(x_1 - x_{10})$$

vergl. Abschnitt 7.2.2. Es handelt sich um nach rechts geöffnete Parabeln für u = + M und nach links geöffnete für u = - M, sie sind symmetrisch zur x_1-Achse. Die Laufrichtung ergibt sich aus der ersten Differentialgleichung mit $\Delta x_1 = x_2 \Delta t$, also nach rechts in der oberen und nach links in der unteren Halbebene. Nun werden, ähnlich wie in Abschnitt 7.2.2, beide Zustandsgrößen auf den Reglereingang zurückgeführt

$$x_e = - x_1 - k_2 x_2$$

Der Vorzeichenwechsel tritt ein für $x_e = 0$, d.h. auf der sog. Schaltgeraden

$$x_2 = - \frac{1}{k_2} x_1$$

Bild 8.5 zeigt die Zustandskurven für zwei Fälle. Der gepunktete Verlauf gilt für den Fall $k_2 = 0$. Dann ist die x_2-Achse die Schaltgerade, rechts ist u = - M und links u = + M. Wegen der Symmetrie ergibt sich eine geschlossene Kurve, die eine Dauerschwingung kennzeichnet. Für $k_2 > 0$ (hier $k_2 = 0{,}5$) dreht sich die Schaltgerade (gestrichelt) nach links, es wird früher geschaltet. Damit werden Parabeln getroffen, die näher am Ursprung liegen, so daß man von einer gedämpften Schwingung reden kann. Ab einem bestimmten Punkt bleibt die Bahnkurve auf der Schaltgeraden. Dieser Punkt ist dadurch gekennzeichnet, daß die Steigung auf

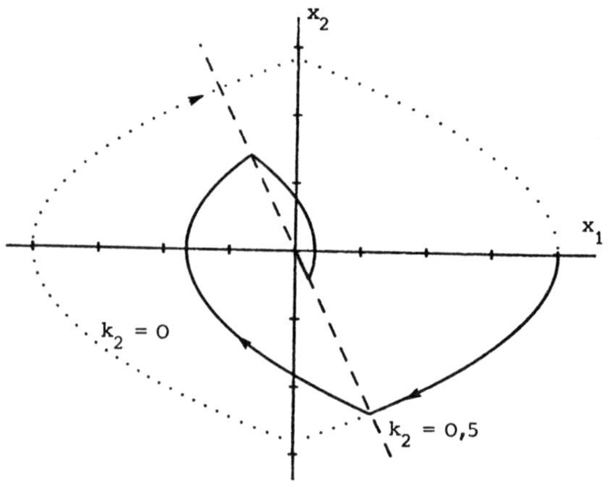

Bild 8.5: Zustandskurven des Regelkreises mit idealem Zweipunktregler und linearer Rückführung

der zugehörigen Parabel steiler als die der Schaltgeraden ist. Es würde in den "falschen" Bereich geschaltet. Während die Trajektorie auf der Schaltgeraden in den Usprung "rutscht", wird ständig zwischen + M und - M geschaltet.

Man vergleiche Bild 8.5 mit Bild 7.1 (Abschnitt 7.2.2). Die Regelstrecke ist in beiden Fällen dieselbe. Die Reglergleichung ist für Bild 7.1 $u = -(r_1 x_1 + r_2 x_2)$, für Bild 8.5 dagegen $u =$ $= - M \, \mathrm{sgn}(x_1 + k_2 x_2)$.

Um das oben erwähnte "Rutschen" entlang der Schaltgeraden zu vermeiden, bietet sich eine effektivere Lösung an. Man muß die Bahnkurve treffen, die in den Ursprung läuft; der Teil, der wieder hinausläuft, darf nicht gelten. Diese in Bild 8.6 gestrichelte Parabeläste werden analytisch beschrieben durch

$$|x_2| x_2 = - 2x_1$$

d.h. die Schaltbedingung lautet

$$x_e = -(2x_1 + |x_2| x_2) = 0$$

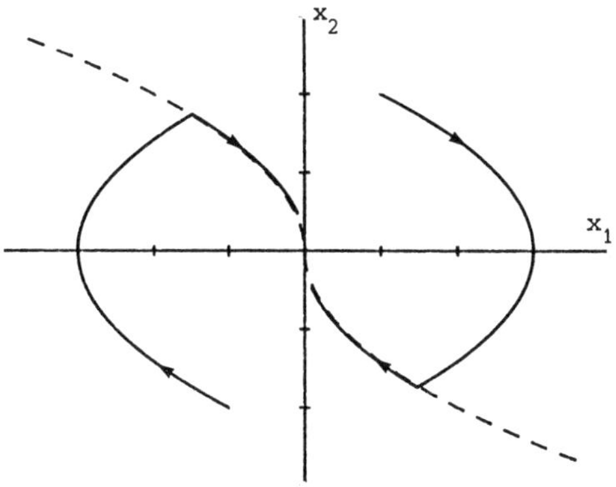

Bild 8.6: Zeitoptimale Zustandskurven des Regelkreises mit idealem Zweipunktregler und nichtlinearer Rückführung

Diese nichtlineare Schaltkurve verlangt für x_2 eine nichtlineare Rückführung. Die beiden eingezeichneten Trajektorien zeigen, daß für einen beliebigen Anfangspunkt nur einmal umgeschaltet werden muß, um den Ursprung zu erreichen. Es handelt sich hier um die zeitoptimale Lösung.

In der Praxis haben Schalter eine Kennlinie mit Hysterese, Bild 8.7. Somit hängt der Umschaltpunkt auch noch vom Vorzeichen der zeitlichen Ableitung der Eingangsgröße ab. Für die symmetrische Kennlinie des Zweipunktreglers mit Hysterese (Schaltwerte $\pm$ M, Hysterese $\pm h$) kann man folgenden analytischen Ausdruck angeben

$$u = M \operatorname{sgn}(x_e - h \operatorname{sgn} \dot{x}_e)$$

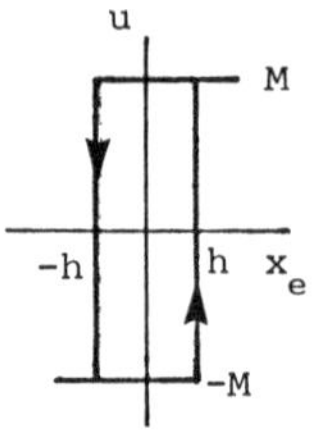

Bild 8.7: Kennlinie eines Zweipunktschalters mit Hysterese

Er gilt nur für $|x_e| > h$. Für $x_e = -(x_1 + k_2 x_2)$, $k_2 = 0{,}5$, sind die Zustandskurven in Bild 8.8 dargestellt. Die wegen der Hysterese geteilte Schaltgerade ist gestrichelt eingetragen. Besonders zu beachten ist die gepunktete Linie, die als geschlossene Kurve eine Dauerschwingung beschreibt. Für sie liegen die Schaltpunkte auf der x_2- Achse im Schnitt mit den Schaltgeraden. Dadurch wird die Zustandsebene in zwei Bereiche geteilt. Für Anfangswerte im inneren Bereich klingt die Schwingung auf, für Anfangswerte außerhalb klingt sie ab. Unabhängig vom Anfangszustand stellt sich eine Dauerschwingung ein, der sog. Grenzzyklus. Solch eine Dauerschwingung mit konstanter Amplitude und einer bestimmten Frequenz ist typisch für nichtlineare Kreise. Deswegen ist der folgende Abschnitt der Untersuchung derartiger Schwingungen gewidmet.

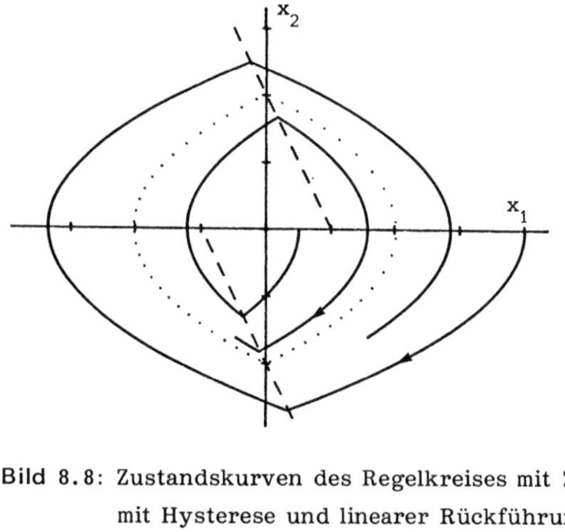

Bild 8.8: Zustandskurven des Regelkreises mit Zweipunktschalter mit Hysterese und linearer Rückführung

8.2 Untersuchung im Frequenzbereich

Die Untersuchung im Frequenzbereich dient dazu, festzustellen, ob in einem Regelkreis mit einem nichtlinearen Übertragungsglied eine stationäre Dauerschwingung, ein Grenzzyklus, existieren kann. Das lineare Übertragungsglied wird dazu durch seinen Frequenzgang $\underline{F}(j\omega)$ beschrieben. Für das nichtlineare Element wird im folgenden eine entsprechende Beschreibungsform definiert. Das Verfahren wird kaum aufwendiger für Systeme höherer Ordnung. Mit der Methode des vorigen Abschnitts dagegen wird bei Systemen höher als zweiter Ordnung der mathematische Aufwand wesentlich größer, die Anschaulichkeit geht auch verloren.

8.2.1 Definition und Herleitung der Beschreibungsfunktion

Wenn in einem nichtlinearen Regelkreis eine stationäre Schwingung existiert, dann enthält die Schwingung am Ausgang des nichtlinearen Übertragungsgliedes viele Oberwellen. Man setzt voraus, daß der lineare dynamische Teil des Kreises die Oberwellen wesentlich stärker unterdrückt als die Grundwelle, d.h. das Übertragungsglied muß Tiefpaßverhalten haben. In der Praxis wird diese Bedingung von den üblichen Regelstrecken erfüllt. Für die weitere Überlegung wird angenommen, daß am Eingang des nichtlinearen Elements eine reine Sinusschwingung anliegt, $x_e(t) = X \sin \omega t$. Für die Ausgangsschwingung gilt allgemein

$$y(t) = \sum_{k=0}^{\infty} (a_k \sin k\omega t + b_k \cos k\omega t)$$

Bei symmetrischen Kennlinien - und solche werden hier nur betrachtet - ist $b_o = 0$, d.h. $k \geq 1$. Unter Berücksichtigung der Phasenverschiebung kann man auch ansetzen

$$y(t) = \sum_{k=1}^{\infty} Y_k \sin(k\omega t + \varphi_k)$$

Wegen des Tiefpaßverhaltens des linearen Übertragungsgliedes wird nur die Grundwelle berücksichtigt, d.h. es werden nur die Werte a_1 und b_1 bzw. Y_1 und φ_1 berechnet. Gemäß der Fourier-Analyse sind folgende Integrationen durchzuführen, hier mit $\omega t = \beta$

$$a_1 = \frac{1}{\pi} \int_{-\pi}^{\pi} f(X \sin \beta) \sin \beta \, d \beta \qquad (8.6)$$

$$b_1 = \frac{1}{\pi} \int_{-\pi}^{\pi} f(X \sin \beta) \cos \beta \, d \beta \qquad (8.7)$$

Oft genügt das halbe Integrationsintervall, dann muß der Integralwert verdoppelt werden. Die Amplitude der Grundwelle ist

$$Y_1 = \sqrt{a_1^2 + b_1^2} \qquad (8.8)$$

und die Phasenverschiebung

$$\varphi_1 = \arc \tan \frac{b_1}{a_1} \qquad (8.9)$$

Man verfährt wie beim Frequenzgang $\underline{F}(j\omega)$, bei dem man die Schwingung komplex ansetzt und den Quotienten zwischen Ausgangs- und Eingangssignal bildet. Mit $x_e(t) = X\, e^{j\omega t}$ und $y(t) = Y_1 e^{j(\omega t + \varphi_1)}$ erhält man als Quotient die sog. Beschreibungsfunktion

$$\underline{N}(X) = \frac{Y_1}{X} E^{j\varphi_1} \qquad (8.10)$$

bzw.

$$\underline{N}(X) = N_R(X) + j\, N_I(X) \qquad (8.11)$$

mit

$$N_R(X) = \frac{a_1}{X} \quad \text{und} \quad N_I(X) = \frac{b_1}{X}$$

Als Parameter erscheint nicht die Kreisfrequenz ω sondern die Eingangsamplitude X, weswegen der Begriff Frequenzgang nicht zutreffend wäre.

Anhand eines Beispiels soll die Ermittlung der Beschreibungsfunktion unter Verwendung der Gln (8.6) bis (8.11) durchgeführt werden.

Bild 8.9 zeigt eine symmetrische Sättigungskennlinie mit Hysterese, sowie in geeigneter Anordnung Eingangs- und Ausgangsschwingung. Durch Spiegelung des Eingangssignals x(t) an der Kennlinie erhält man das Ausgangssignal y(t), die zugehörige Grundschwingung ist gestrichelt eingetragen. $f_+(x)$ beschreibt den Teil der Kennlinie, der für positive Steigung von x(t) durchlaufen wird; $f_-(x)$ gilt dann für negatives $\dot{x}(t)$. Wegen der Symmetrie genügt

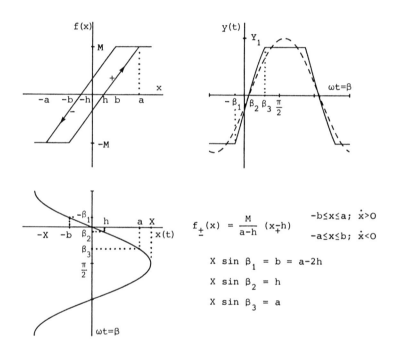

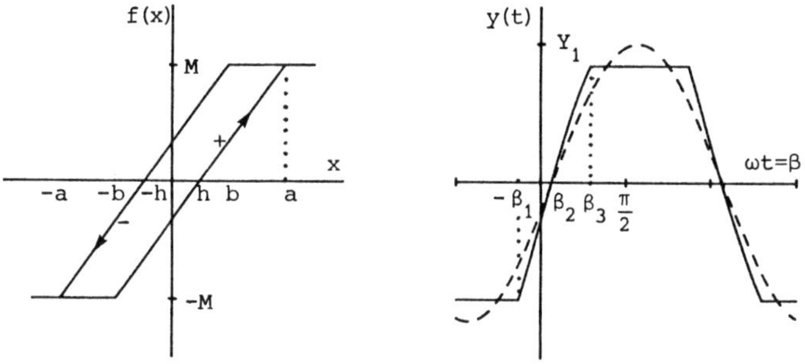

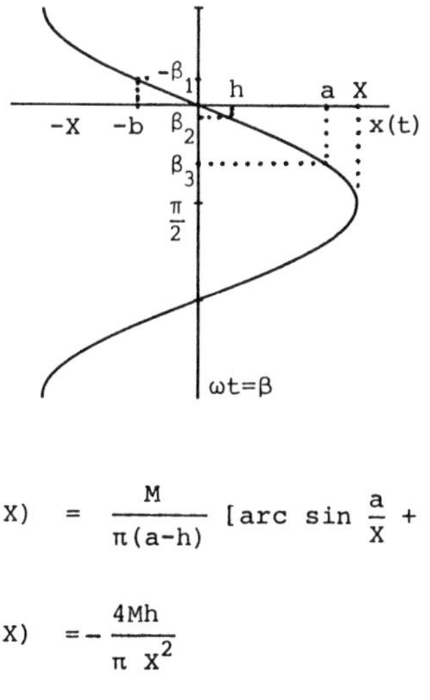

$$f_\pm(x) = \frac{M}{a-h}\,(x \mp h) \qquad \begin{matrix} -b \le x \le a;\ \dot{x} > 0 \\ -a \le x \le b;\ \dot{x} < 0 \end{matrix}$$

$$X \sin\beta_1 = b = a-2h$$

$$X \sin\beta_2 = h$$

$$X \sin\beta_3 = a$$

$$N_R(X) = \frac{M}{\pi(a-h)}\left[\arcsin\frac{a}{X} + \arcsin\frac{b}{X} + \frac{a}{X}\sqrt{1-\left(\frac{a}{X}\right)^2} + \frac{b}{X}\sqrt{1-\left(\frac{b}{X}\right)^2}\,\right]$$

$$N_I(X) = -\frac{4Mh}{\pi X^2}$$

ideale Sättigung: $h = 0$ und $b = a$

$$N_R(X) = \frac{2M}{\pi a}\left[\arcsin\frac{a}{X} + \frac{a}{X}\sqrt{1-\left(\frac{a}{X}\right)^2}\,\right]; \qquad N_I(X) = 0$$

Bild 8.9: Ermittlung der Beschreibungsfunktion für ein Übertragungsglied mit Sättigung und Hysterese

es, zur Bestimmung der Beschreibungsfunktion das Integral zwischen den Grenzen $-\frac{\pi}{2}$ und $+\frac{\pi}{2}$ zu lösen und den Integralwert zu verdoppeln. Für das erste Integrationsintervall $-\frac{\pi}{2} \leq \beta \leq -\beta_1$ ist $f_+(x) = -M$, für das zweite Intervall $-\beta_1 \leq \beta \leq \beta_3$ ist $f_+(x)$ mit dem analytischen Ausdruck in Bild 8.9 gültig, und für $\beta_3 \leq \beta \leq \frac{\pi}{2}$ ist $f_+(x) = M$. β_2 markiert etwa den Nulldurchgang von $y(t)$, so daß $\varphi_1 \approx -\beta_2$. Die Integration nach Gl. (8.6) mit den drei Intervallen liefert für den Realteil der Beschreibungsfunktion $N_R(X)$ den in Bild 8.9 angegebenen Ausdruck. Für den Imaginärteil $N_I(X)$ bzw. die Integration nach Gl. (8.7) läßt sich durch Variablensubstitution eine Vereinfachung finden: für $x = X \sin\beta$ ist

$$\sin\beta = \frac{x}{X}\,; \qquad \cos\beta = \sqrt{1-\left(\frac{x}{X}\right)^2}\,; \qquad d\beta = \frac{dx}{\sqrt{X^2-x^2}}$$

und für $\beta = \pm\frac{\pi}{2}$ ist $x = \pm X$

Damit wird aus Gl. (8.7)

$$b_1 = \frac{2}{\pi X}\int_{-X}^{X} f_+(x)\,dx \tag{8.7a}$$

Das Integral ist die von der Kennlinie umschriebene Fläche unterhalb der x-Achse. Für den Imaginärteil der Beschreibungsfunktion gilt daher

$$N_I(X) = -\frac{1}{\pi X^2}\,[\text{Fläche der Kennlinie}]$$

Somit erspart man sich die Integration von Gl. (8.7). Für eindeutige Kennlinien verschwindet $N_I(X)$ bzw. die Phasenverschiebung φ_1. Zur Ermittlung der Beschreibungsfunktion für die ideale Sättigungskennlinie braucht man in den berechneten Ausdrücken nur $h = 0$ und damit $b = a$ zu setzen, vergl. Bild 8.9.

In Tabelle 8.1 sind Beschreibungsfunktionen für häufig vorkommende Kennlinien zusammengestellt.

Tabelle 8.1: Kennlinien und Beschreibungsfunktionen für häufig vorkommende nichtlineare Übertragungsglieder

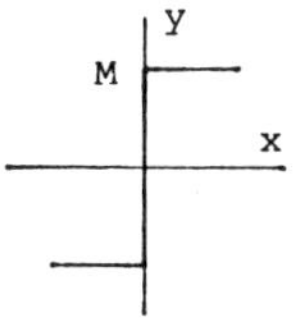

idealer Zweipunktschalter

$$N_R(X) = \frac{4M}{\pi X}$$

$$N_I(X) = 0$$

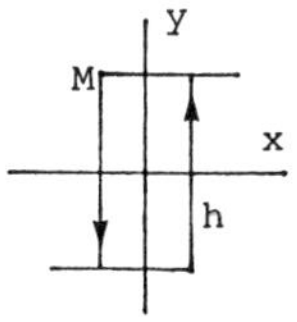

Zweipunktschalter mit Hysterese

$$N_R(X) = \frac{4M}{\pi X}\sqrt{1-\left(\frac{h}{X}\right)^2} \quad ; \quad N_I = -\frac{4Mh}{\pi X^2}$$

$$N_R^{\,2} + \left(N_I + \frac{2M}{\pi h}\right)^2 = \left(\frac{2M}{\pi h}\right)^2 \quad \text{für } N_R > 0$$

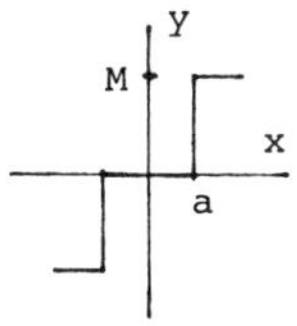

idealer Dreipunktschalter

$$N_R(X) = \frac{4M}{\pi X}\sqrt{1-\left(\frac{a}{X}\right)^2}$$

$$N_I(X) = 0 \; ; \quad N_{Rmax} = \frac{2M}{\pi a} \quad \text{für } X = \sqrt{2}\,a$$

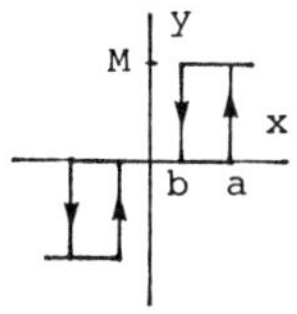

Dreipunktschalter mit Hysterese

$$N_R(X) = \frac{2M}{\pi X}\left[\sqrt{1-\left(\frac{a}{X}\right)^2} + \sqrt{1-\left(\frac{b}{X}\right)^2}\right]$$

$$N_I(X) = -\frac{2M(a-b)}{\pi X^2}$$

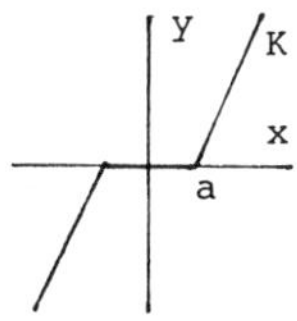

Tote Zone (Steigung K)

$$N_R(X) = \frac{2K}{\pi}\left[\frac{\pi}{2} - \arcsin\frac{a}{X} - \frac{a}{X}\sqrt{1-\left(\frac{a}{X}\right)^2}\right]$$

$$N_I(X) = 0$$

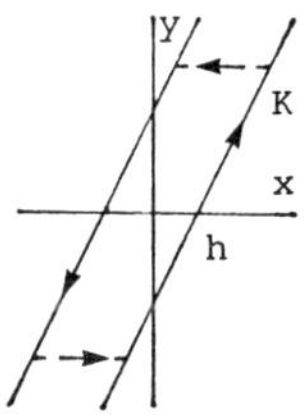

Getriebelose (Steigung K)

$$N_R(X) = \frac{K}{\pi}\left[\frac{\pi}{2} + \arcsin\frac{b}{X} + \frac{b}{X}\sqrt{1-\left(\frac{b}{X}\right)^2}\right]$$

$$N_I(X) = -\frac{4K}{\pi}\cdot\frac{h}{X}\left(1-\frac{h}{X}\right) \quad ; \quad b = X - 2h$$

8.2.2 Auswertung der Schwingungsbedingung

Für lineare Kreise wird die Schwingungsbedingung $\underline{F}_o(j\omega) + 1 = 0$ zur Bestimmung der Stabilitätsgrenze untersucht (vergl. Abschn. 5.2.4). Für den nichtlinearen Kreis nach Bild 8.10 wird der Kreisfrequenzgang $\underline{F}_o(j\omega)$ ersetzt durch das Produkt aus Beschreibungsfunktion $\underline{N}(X)$ und Frequenzgang $\underline{F}(j\omega)$ des linearen Teils, so daß Gleichung

$$\underline{N}(X)\underline{F}(j\omega) + 1 = 0 \tag{8.12}$$

zu lösen ist. Während aus der Schwingungsbedingung für lineare Kreise die Kreisfrequenz ω_K der Dauerschwingung an der Stabilitätsgrenze und die zugehörige kritische Kreisverstärkung festgestellt werden, bestimmt man aus Gl. (8.12) Kreisfrequenz ω und Amplitude X der Grundschwingung des Grenzzyklus. Als Lösungsansatz für Gl. (8.12) verwendet man entweder

$$\underline{N}(X) = -\frac{1}{\underline{F}(j\omega)} \tag{8.12a}$$

oder

$$\underline{F}(j\omega) = -\frac{1}{\underline{N}(X)} \tag{8.12b}$$

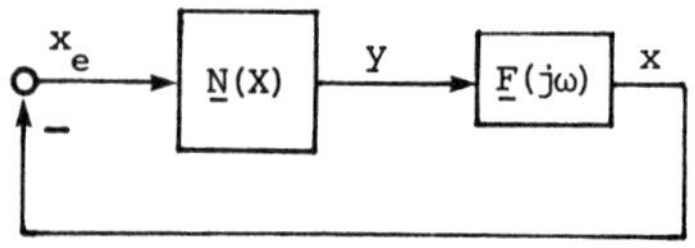

Bild 8.10: Regelkreis mit einem nichtlinearen Übertragungsglied zur Untersuchung der Schwingungsbedingung

Eine analytische Lösung ist selten möglich. Mit einem programmierbaren Rechner läßt sich durch Variation von ω und X ohne großen Aufwand eine Lösung finden, denn es handelt sich ohnehin um eine Näherung. Ansonsten wird die grafische Lösungsmethode, das sog. Zwei-Ortskurven-Verfahren, angewendet. Für Ansatz (8.12a) beispielsweise werden die Ortskurven für $\underline{N}(X)$ und $-1/\underline{F}(j\omega)$ in der komplexen Ebene gezeichnet: Die Parameterwerte ω und X des Schnittpunktes (bzw. der Schnittpunkte) beider Ortskurven sind dann die Lösung (bzw. Lösungen) von Gl. (8.12).

Im folgenden Beispiel werden ein Dreipunktregler mit Hysterese (vergl. Tabelle 8.1) und eine I-T_2-Strecke zu einem Kreis geschaltet. Die Kennwerte des Reglers sind Einschaltwert $a = 2$, Abschaltwert $b = 1$, Ausgangswert $M = 2$, die der Strecke sind Integrierbeiwert $K = 0{,}5/\text{sec}$, Dämpfungsgrad $d = 0{,}2$ und Eigenkreisfrequenz $\omega_o = 1/\text{sec}$. Bild 8.11 zeigt die Ortskurve für $\underline{N}(X)$ und gestrichelt ein Stück der Ortskurve für $-1/\underline{F}(j\omega)$. Es ergeben sich zwei Schnittpunkte für (X_1, ω_1) und (X_2, ω_2). Für den ersten Schnittpunkt entnimmt man der Zeichnung als Realteil $R_1 = 0{,}66$ und als Imaginärteil $I_1 = -0{,}31$. Mit diesen Werten berechnet man aus $I_1 = N_I(X_1) = -4/(\pi X_1^2)$ die Amplitude $X_1 = 2{,}03$ und aus $R_1 = \text{Re}[-1/F(j\omega_1)] = 0{,}8\,\omega_1^2$ die Kreisfrequenz $\omega_1 = 0{,}91/\text{sec}$. Für den zweiten Schnittpunkt mit $R_2 = 0{,}73$ und $I_2 = -0{,}15$ verfährt man ebenso und erhält $X_2 = 2{,}9$ und $\omega_2 = 0{,}96/\text{sec}$. Da der Kreis nur mit einer Amplitude und einer Frequenz schwingen kann, ist nur eine Lösung gültig. Es ist daher festzustellen, welcher Schnittpunkt die stabile Lösung liefert. Wird z.B. im ersten Schnittpunkt (X_1, ω_1) die Amplitude X geringfügig vergrößert, dann nimmt $|\underline{N}(X)|$ zu, während $|1/\underline{F}(j\omega)|$ praktisch konstant bleibt. Die Kreisverstärkung nimmt also zu, was eine weitere Vergrößerung der Amplitude zur Folge hat. Der Schnittpunkt (X_1, ω_1) ist daher die instabile Lösung. Die entsprechende Überlegung für (X_2, ω_2) zeigt, daß dieser Schnittpunkt stabil ist, denn eine Änderung von X führt wieder in den Punkt zurück. Somit liefert der zweite Schnittpunkt die Kennwerte für den Grenzzyklus.

Für den idealen Dreipunktregler mit $a = b = 1$ ist eine analytische Lösung von Gl. (8.12) möglich. Da die Beschreibungsfunktion reell ist, muß die Frequenz ω bestimmt werden, für die $\underline{F}(j\omega)$ reell ist; das trifft zu für $\omega = 1/\text{sec}$, so daß $\underline{F}(j\omega) = -1{,}25$. Aus

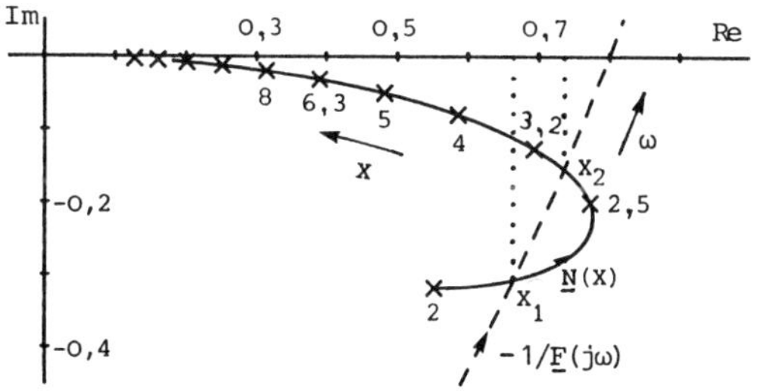

Bild 8.11: Grafische Lösung der Schwingungsbedingung mit dem Zwei-Ortskurven-Verfahren

$N_R(X) = 0{,}8$, entsprechend Gl. (8.12a), erhält man $X_1 = 1{,}06$ und $X_2 = 3{,}0$. Auch hier ist gemäß obiger Überlegung X_2 die Amplitude, mit der der Kreis schwingt.

Dieses Verfahren, Untersuchung der Schwingungsbedingung für die Grundschwingung, ist eine Vereinfachung aus der Methode der harmonischen Balance. Bei ihr wird jede Harmonische im Kreis ins Gleichgewicht gesetzt. Aber der Aufwand steigt mit jeder berücksichtigten Harmonischen um ein Vielfaches. Solch eine bessere Genauigkeit ist jedoch nicht nötig. Denn es geht meistens nur um eine möglichst schnelle Beurteilung des dynamischen Verhaltens eines nichtlinearen Regelkreises, wozu die Beschreibungsfunktion ausreicht. Der Vorteil dieses Verfahrens liegt vor allem darin, daß Kreise mit Regelstrecken höherer Ordnung untersucht werden können.

8.3 Spezielle Anwendungen

Im allgemeinen sind stationäre Schwingungen als Folge eines nichtlinearen Übertragungsgliedes im Regelkreis unerwünscht. Es gibt jedoch Fälle, in denen man aus dieser Schwingung Nutzen zieht, vor allem beim Einsatz eines Schalters als Regler. Denn der Schalter ist ein preiswertes und robustes Element und wird gerne an Stelle eines Verstärkers eingesetzt. Im folgenden sollen zwei Anwendungsbeispiele besprochen werden.

8.3.1 Vibrationslinearisierung

Regelkreise mit einem Schalter schwingen häufig, ohne daß externe Signale einwirken, in einigen Fällen erst nach Anlegen eines äußeren Signals. Bei einer Regelung greifen Stör- oder Führungsgröße von außen in den Kreis ein und überlagern sich der Schwingung. Regelungstechnisch interessiert nur die Wirkung des niederfrequenten Eingangssignals. Die "hochfrequente" Schwingung übernimmt gleichsam die Rolle des Trägersignals. Zunächst werde ein symmetrischer Zweipunktschalter mit Hysterese betrachtet, an dessen Eingang eine Sinusschwingung mit einem konstanten Signal überlagert ist. Am Ausgang entsteht ebenfalls ein Mischsignal, das sich aus einer Schwingung mit Oberwellen und einem konstanten Anteil zusammensetzt. Gesucht ist das stationäre Übertragungsverhalten des Schalters bezüglich der konstanten Signalanteile von Eingang und Ausgang bzw. der Mittelwerte. Zur Illustration diene Bild 8.12. Das Eingangssignal ist $x_e(t) = E + A \sin \omega t$ mit $A > h + E$. Der Ausgang wird auf $y = + M$ geschaltet, wenn $x_e(t_+) = h$ und $\dot{x}_e(t_+) > 0$. Die Rückschaltung auf $y = - M$ erfolgt für $x_e(t_-) = - h$ und $\dot{x}_e(t_-) < 0$. Die durchgezogene Linie gilt für $E = 0$ und beschreibt eine symmetrische Schwingung, deren Mittelwert verschwindet. Die Nulldurchgänge von $y(t)$ liegen in diesem Fall bei $\omega t_o + k\pi$ für $k = 0,1,\ldots$, wobei $A \sin \omega t_o = h$. Bei den gestrichelten Kurvenverläufen für $0 < E < A$ erkennt man die Verschiebung der Nulldurchgänge, durch die eine unsymmetrische Schwingung entsteht mit einem positiven Mittelwert y_m. Dieser Mittelwert wird bestimmt, indem man den "Flächenzuwachs" innerhalb einer Schwingung durch die Schwingungsperiode dividiert. Es sind hier die Flächen zwischen den Nulldurchgängen 1 und 2 sowie 3 und 4 an den Stellen ωt_i für $i = 1\ldots4$.

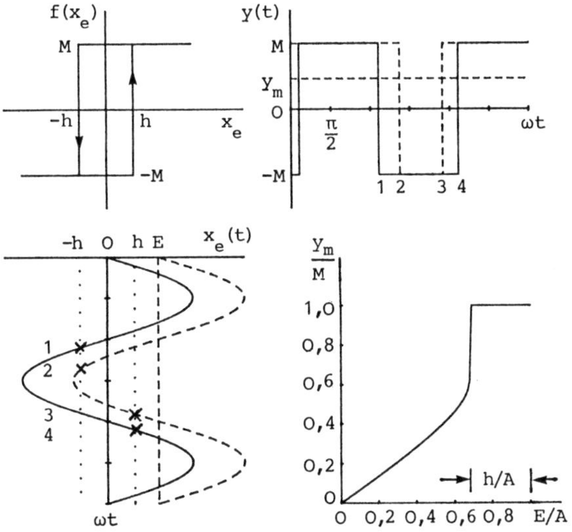

Bild 8.12: Ermittlung der statischen Kennlinie durch Vibrationslinearisierung

Dann wird

$$y_m = \frac{2M}{2\pi} [\omega\, t_2 - \omega\, t_1 + \omega\, t_4 - \omega\, t_3]$$

Durch trigonometrische Umformung erhält man

$$y_m = \frac{M}{\pi} [\arcsin \frac{E+h}{A} + \arcsin \frac{E-h}{A}] \tag{8.13}$$

Die Kennlinie $y_m = f(E)$ ist in Bild 8.12 unten rechts dargestellt für $0 \leq E \leq A$; sie ist symmetrisch, $f(E) = - f(-E)$. Für das stationäre Signal ergibt sich somit ein linearer Bereich, vergleichbar mit dem P-Bereich. Wenn $E < 0{,}6\ A$, kann Gl. (8.13) ersetzt werden durch die Näherung

$$y_m \approx \frac{2M}{\pi A} \cdot E \tag{8.13a}$$

Bei anderen nichtlinearen Elementen erhält man ähnliche Zusammenhänge bezüglich der Mittelwerte. Für den idealen Zweipunktschalter muß man in Gl. (8.13) $h = 0$ setzen. Die Näherungsgleichung (8.13a) ist ebenfalls anwendbar.

Als Beispiel zu dieser Vibrationslinearisierung diene ein Regelkreis, bestehend aus einem idealen Zweipunktregler ($M = 1$) und einer Regelstrecke dritter Ordnung mit $F(s) = (1 + Ts)^{-3}$. Aus Tabelle 8.1 entnimmt man als Beschreibungsfunktion $N(X) = 4/(\pi X)$; sie ist reell. $\underline{F}(j\omega)$ wird reell für $\omega_S T = \sqrt{3}$, so daß $\underline{F}(j\omega_S) = - 1/8$. Gl. (8.12a) mit $N(X) = - 1/\underline{F}(j\omega_S)$ liefert als Schwingungsamplitude $X = 0{,}5/\pi = 0{,}16$.

Diese Amplitude X wird in Gl. (8.13a) an die Stelle von A gesetzt und es ergibt sich $y_m \approx 4\ E$. Der durch die Schwingung linearisierte Zweipunktregler ist als P-Regler mit der Verstärkung 4 zu betrachten. Der Regelfaktor des Kreises ist dann $r = 0{,}2$.

In Bild 8.13 sind zwei Führungssprungantworten aufgenommen, für $W = 0{,}8$ und $W = 0{,}2$. Im letzten Fall ($W = 0{,}2$) liegt der eingezeichnete Mittelwert $\bar{x}_2$ genau in dem durch die Näherung bestimmten Wert $x_{m2} = 0{,}16$ (bleibende Abweichung 0,04). Die Unterschiede im ersten Fall liegen noch im Bereich der erforderlichen Genauigkeit (eingezeichnet $\bar{x}_8 = 0{,}7$; Näherung $x_{m8} = 0{,}64$).

Kommerzielle Regler enthalten oft Schalter anstelle eines Verstärkers. Mit einer entsprechenden (passiven) Rückführung kann man neben dem oben beschriebenen Effekt auch ein dynamisches Ver-

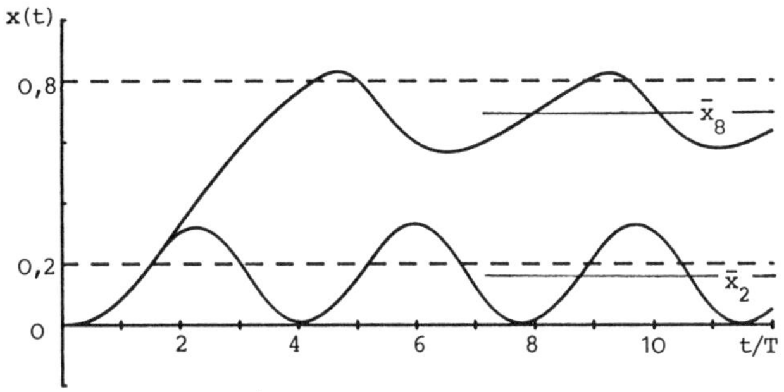

Bild 8.13: Führungssprungantworten eines Regelkreises mit idealem Zweipunktregler

halten erzeugen, das einem PD-, PI- oder PID-Regler entspricht. Bild 8.14 zeigt eine Reglerkonfiguration, bestehend aus einem Schalter mit Hysterese und einer Rückführung mit P-T_1-Verhalten. Gemäß Abschnitt 4.2.3 bekommt ein Regler mit kontinuierlichem Verstärker und P-T_1-Rückführung PD-T_1-Verhalten. Die Sprungantwort dieses schaltenden Reglers ist in Bild 8.15a dargestellt. Der aus Exponentialfunktionen zusammengesetzte Kurvenverlauf ist der Ausgang $y_r(t)$ der Rückführung. Die Impulsfolge ist der Reglerausgang y(t). Aus dem gestrichelten Mittelwert ist PD-T_1-Verhalten abzulesen. Auf die gleiche Art läßt sich mit einer D-T_2-Rückführung ein PID-T_1-ähnliches Verhalten erzeugen. So erhält man mit der Rückführung eine linearisierte Kennlinie und eine bestimmte Dynamik für den Regler.

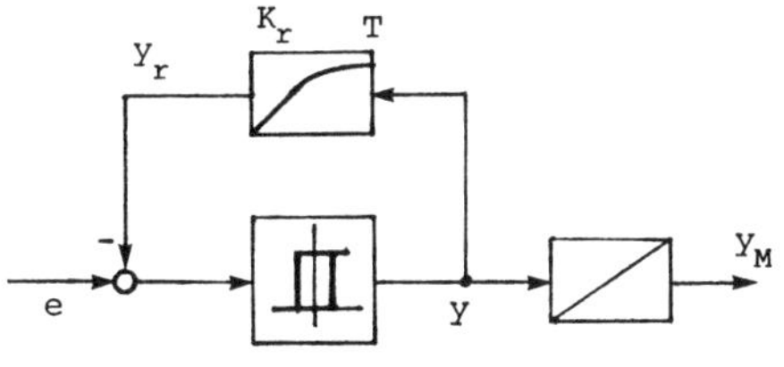

Bild 8.14: Wirkungsplan eines schaltenden Reglers mit verzögerter Rückführung und nachfolgender Integration

Im Schrittregler der Firma Siemens wird die Konfiguration von Bild 8.14 verwendet. Der Ausgang y(t) wird auf einen Stellantrieb gegeben, der im wesentlichen I-Verhalten hat. Dessen Ausgang $y_M(t)$ zeigt Bild 8.15b. Durch die Integration des PD-Ausgangs wird somit ein PI-Verhalten erzeugt. Im Funktionsplan des Schrittreglers (Siemens TELEPERM 200S), Bild 8.16, sind die Schaltelemente in den Blöcken 1 angedeutet, einer für positives

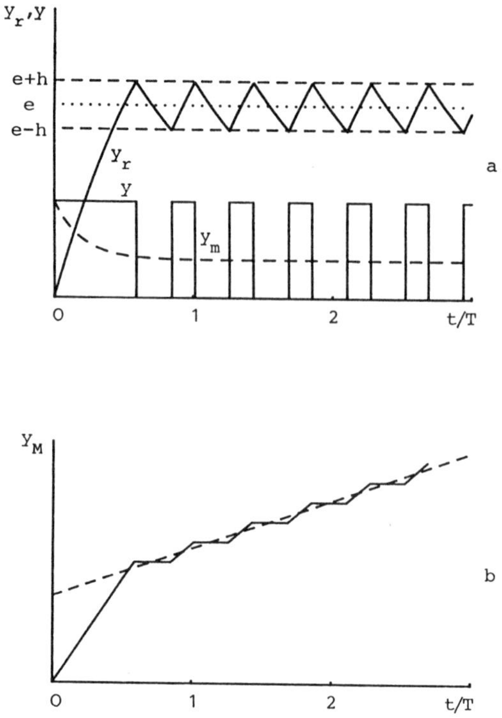

Bild 8.15: Sprungantworten des schaltenden Reglers, Bild 8.14

und einer für negatives Schalten. Die P-T_1-Rückführung ist mit Block 2 realisiert. Block 4 übernimmt die Überlagerung der Regeldifferenz mit dem zurückgeführten Signal. Die Einstellung an der Frontplatte wird genauso vorgenommen wie bei einem kontinuierlichen Regler.

8.3.2 Parameteridentifizierung mit Regleranpassung

Eine weitere Anwendungsmöglichkeit der Dauerschwingung im Kreis besteht darin, Parameteränderungen der Regelstrecke festzustellen. Die Schwingungsamplitude am Schalterausgang bzw. Streckeneingang ist konstant. Die Amplitude am Ausgang der Strecke kann sich jedoch ändern, wenn sich die Streckenverstärkung ändert. Aus der gemessenen Schwingungsamplitude läßt sich ein Signal ableiten, das den Stellbereich des Reglers (Schalter mit linearisierter Kennlinie) z.B. so verändert, daß die Kreisverstärkung konstant bleibt. Aus der Messung der Schwingungsfrequenz lassen

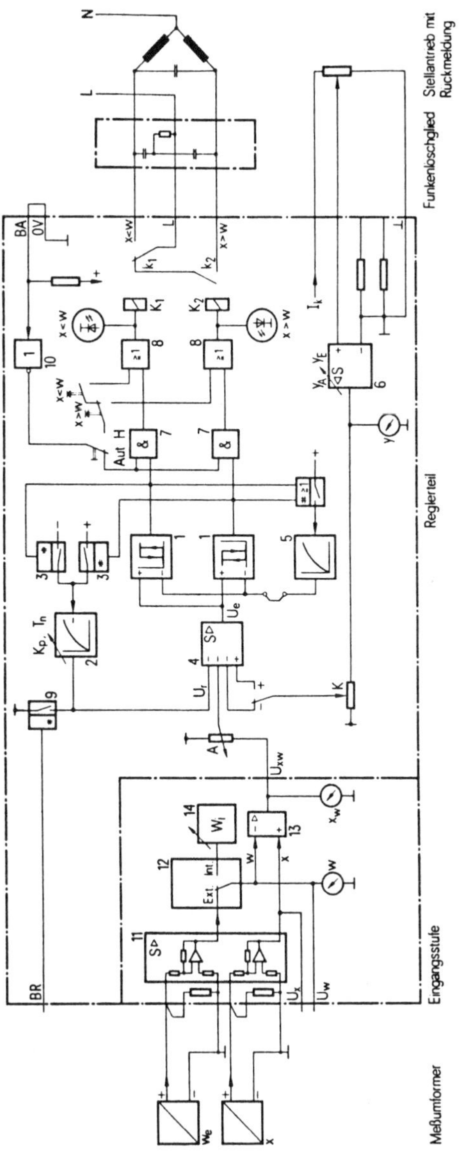

Bild 8.16: Funktionsplan eines Schrittreglers (Siemens TELEPERM 200S)

sich Rückschlüsse auf das dynamische Verhalten der Regelstrecke ziehen, so daß die Parameter der Reglerrückführung angepaßt werden können. Durch den Einsatz von Mikroprozessoren kann man die Auswertung von Messungen und die Berechnung der neu einzustellenden Reglerparameter auf engem Raum realisieren. Solche schaltenden Regler werden als adaptive oder sogar als selbstoptimierende Regler angeboten.

Literaturverzeichnis

Ergänzende Literatur (Grundlagen)

/ 1/ UNBEHAUEN, H.: Regelungstechnik I und II. Vieweg, Braunschweig, 1982/3.

/ 2/ FÖLLINGER, O.: Regelungstechnik, Einführung in ihre Methoden und ihre Anwendung. Hüthig, Heidelberg, 1985

/2A/ BECKER, C., LITZ, L. und SIFFLING, G.: Regelungstechnik-Übungsbuch. AEG-Telefunken. 1982

/ 3/ SCHMIDT, G.: Grundlagen der Regelungstechnik. Springer, Berlin, 1982.

/ 4/ LEONHARD, W.: Einführung in die Regelungstechnik. Vieweg, Braunschweig, 1981.

/4A/ LEONHARD, W. und SCHNIEDER, E.: Aufgabensammlung zur Regelungstechnik. Vieweg, Braunschweig, 1983.

/ 5/ EBEL, T.: Regelungstechnik. Teubner Studienskripten Nr. 57, 1984.

/5A/ EBEL, T. u.a.: Beispiele und Aufgaben zur Regelungstechnik. Teubner Studienskripten Nr. 70, 1986.

/ 6/ DICKMANNS, E.D.: Systemanalyse und Regelkreissynthese. Teubner, Stuttgart, 1985.

/ 7/ LEONHARD, W.: Regelung in der elektrischen Antriebstechnik. Teubner, Stuttgart, 1974.

/ 8/ PFAFF, G.: Regelung elektrischer Antriebe. Oldenbourg, München, 1982.

/ 9/ DISTEFANO, J. u.a.: Regelsysteme. Schaum's Reihe, Mc Graw-Hill, New York, 1976 (Übersetzung aus dem Amerikanischen.)

/10/ SCHÄFER, O.: Grundlagen der selbsttätigen Regelung. Technischer Verlag Resch, Gräfelfing, 1974.

/11/ OPPELT, W.: Kleines Handbuch technischer Regelvorgänge. Verlag Chemie, Weinheim, 1972.

/12/ FÖLLINGER, O.: Fourier- und Laplace-Transformation, Hüthig, Heidelberg, 1982.

/13/ FÖLLINGER, O. und FRANKE, D.: Einführung in die Zustandsbeschreibung dynamischer Systeme mit einer Anleitung zur Matrizenrechnung. Oldenbourg, München, 1982.

/14/ FÖLLINGER, O.: Nichtlineare Regelungen, Oldenbourg, München, 1982/80.

Deutsche Norm:

DIN 19 221 Formelzeichen der Regelungs- und Steuerungstechnik (1981)

DIN 19 225 Benennung und Einteilung von Reglern (1981)

DIN 19 226 Regelungs- und Steuerungstechnik (Teil 1 bis 5, Entwurf ab 1984)

VDI/VDE-Richtlinien 2189, 2190

Weiterführende Literatur

/W 1/ UNBEHAUEN, H.: Regelungstechnik III. Vieweg, Braunschweig, 1985.

/W 2/ HIPPE, P. und WURMTHALER, Ch.: Zustandsregelung. Springer, Berlin, 1985.

/W 3/ KORN, U. und WILFERT, H.-H.: Mehrgrößenregelungen. VEB Technik, Berlin, 1982.

/W 4/ SCHMIDT, G.: Simulationstechnik. Oldenbourg, München, 1980.

/W 5/ OGATA, K.: State Space Analysis of Control Systems. Prentice-Hall, 1967.

/W 6/ TAKAHASHI, Y., RABINS, M.J. und AUSLANDER, P.M.: Control and Dynamic Systems. Addison-Wesley, 1980.

/W 7/ BÖCKER, J., HARTMANN, I. und ZWANZIG, Ch.: Nichtlineare und adaptive Regelungssysteme. Springer, Berlin, 1986.

/W 8/ FÖLLINGER, O.: Lineare Abtastsysteme. Oldenbourg, München, 1986.

/W 9/ ACKERMANN, J.: Abtastregelung. Springer, Berlin, 1983.

/W10/ ISERMANN, R.: Digitale Regelsysteme. Springer, Berlin, 1987.

/W11/ FÖLLINGER, O.: Optimierung dynamischer Systeme. Oldenbourg, München, 1985.

/W12/ WEIHRICH, G.: Optimale Regelung linearer deterministischer Prozesse. Oldenbourg, München, 1973.

/W13/ HOFER, E. und LUNDERSTÄDT, R.: Numerische Methoden der Optimierung. Oldenbourg, München, 1975.

/W14/ JACOB, H.G.: Rechnergestützte Optimierung statischer und dynamischer Systeme. Springer, Berlin, 1982.

Verzeichnis der wichtigsten Formelzeichen

$\underline{A}$	Systemmatrix
$A(\omega)$	Amplitudengang
$\underline{B}$, $\underline{b}$	Eingangs- oder Steuermatrix, - vektor
$\underline{C}$, $\underline{c}$	Beobachtungs- oder Ausgangsmatrix, - vektor
$\underline{D}$, d	Durchgangsmatrix, (skalarer) Durchgriff
d	Dämpfungsgrad
e(t), E(s)	Regeldifferenz, Fehler +
F(s)	Übertragungsfunktion
$\underline{F}(j\omega)$	(komplexer) Frequenzgang
$\underline{G}(s)$	Übertragungsmatrix
g(t)	Gewichtsfunktion, Impulsantwort
h(t)	Übergangsfunktion
$\underline{I}$	Einheitsmatrix
j	$\sqrt{-1}$
K	Übertragungskonstante, -beiwert
$\underline{N}(X)$	(komplexe) Beschreibungsfunktion
p_j	Pol, Eigenwert (überwiegend vom offenen Kreis)
$\underline{p}$	Eigenvektor
r, R(s)	Regelfaktor, dynamischer Regelfaktor
s	Laplace-Operator
s_j	Pol, Eigenwert
t	variable Zeit
T	Zeit, Zeitkonstante
T_g	Ausgleichszeit
T_n	Nachstellzeit
T_t	Totzeit
T_u	Verzugszeit
T_v	Vorhaltzeit
u(t), U(s)	Eingangs-, Steuergröße +*
V	Verstärkungsfaktor
v(t), V(s)	Ausgangs-, Meßgröße +*

$w(t)$, $W(s)$	Führungsgröße $^{+*}$
$x(t)$, $X(s)$	Regelgröße, Zustandsgröße $^{+*}$
X_h	Aussteuerbereich
X_P	P-Bereich
Y_h	Stellbereich
$y(t)$, $Y(s)$	Stellgröße
$z(t)$, $Z(s)$	Störgröße
z_i	Nullstelle
$\underline{\Phi}(t)$, $\underline{\Phi}(s)$	Fundamental-, Tansitionsmatrix $^{+}$
$\varphi(\omega)$	Phasengang
φ_j	Winkel eines Eigenwertes p_j oder s_j in der komplexen s-Ebene
ψ_i	Winkel einer Nullstelle z_i in der komplexen s-Ebene
ω	Kreisfrequenz, Imaginärteil eines Eigenwertes oder Pols
σ	Realteil eines Eigenwertes oder Pols
Θ	Dämpfungswinkel, $d = \sin \Theta$

+	Zeitfunktion, Laplace-Transformierte
*	Mit Unterstreichung als Vektor

INDIZES

D	Durchtritts-, Differenzier-
e	Fehler-, Eigen-
I	Integrier-
K	kritisch
m	Maximal-
o	Kreis-, Kenn-
P	Proportional-
R	Regler-
S	Strecken-
w	Führungs-
z	Stör-

Anhang 1: Einige Korrespondenzen der Laplace-Transformation

Nr.	Bildbereich	Zeitbereich (für $t \geq 0$)
1	$s\,X(s) - x(o)$	$\frac{d\,x(t)}{dt} = \dot{x}(t)$
2	$s^2X(s) - s\,x(o) - \dot{x}(o)$	$\frac{d^2x(t)}{dt^2} = \ddot{x}(t)$
3	$e^{-Ts}X(s)$	$x(t-T)$, $T \geq 0$ (Verschiebung)
4	$X(s+a)$	$e^{-at}x(t)$
5	1	$\delta(t)$ (Impulsfunktion)
6	$\frac{1}{s}$	$\sigma(t)$ (Sprungfunktion)
7	$\frac{1}{s^2}$	$t = \int_o^t \sigma(\tau)\,d\tau$ (Anstiegsfunktion)
8	$\frac{1}{1+Ts}$	$\frac{1}{T}\,e^{-\frac{t}{T}}$
9	$\frac{1}{s(1+Ts)}$	$1 - e^{-\frac{t}{T}}$
10	$\frac{1}{s^2(1+Ts)}$	$t - T(1-e^{-\frac{t}{T}})$
11	$\frac{s}{(1+Ts)^2}$	$\frac{1}{T^2}\,(1 - \frac{t}{T})\,e^{-\frac{t}{T}}$
12	$\frac{1}{(1+Ts)^2}$	$\frac{1}{T} \cdot \frac{t}{T}\,e^{-\frac{t}{T}}$
13	$\frac{1}{s(1+Ts)^2}$	$1 - (1+\frac{t}{T})\,e^{-\frac{t}{T}}$
14	$\frac{1}{s^2(1+Ts)^2}$	$t - 2T + (2T+t)\,e^{-\frac{t}{T}}$

Nr.	Bildbereich	Zeitbereich (für $t \geq 0$)
15	$\frac{s}{(1+T_1 s)(1+T_2 s)}$	$\frac{1}{T_2-T_1}\left(\frac{1}{T_1} e^{-\frac{t}{T_1}} - \frac{1}{T_2} e^{-\frac{t}{T_2}}\right)$
16	$\frac{1}{(1+T_1 s)(1+T_2 s)}$	$\frac{1}{T_1-T_2}\left(e^{-\frac{t}{T_1}} - e^{-\frac{t}{T_2}}\right)$
17	$\frac{1}{s(1+T_1 s)(1+T_2 s)}$	$1 - \frac{1}{T_1-T_2}\left(T_1 e^{-\frac{t}{T_1}} - T_2 e^{-\frac{t}{T_2}}\right)$
18	$\frac{1}{s^2(1+T_1 s)(1+T_2 s)}$	$t - (T_1+T_2) + \frac{1}{T_1-T_2}\left(T_1^2 e^{-\frac{t}{T_1}} - T_2^2 e^{-\frac{t}{T_2}}\right)$
19	$\frac{s}{1 + 2d\frac{s}{\omega_o} + \frac{s^2}{\omega_o^2}}$	$\frac{\omega_o^3}{\omega_e} e^{-d\omega_o t} \cos(\omega_e t + \Theta)$
20	$\frac{1}{1 + 2d\frac{s}{\omega_o} + \frac{s^2}{\omega_o^2}}$	$\frac{\omega_o^2}{\omega_e} e^{-d\omega_o t} \sin \omega_e t$
21	$\frac{1}{s(1 + 2d\frac{s}{\omega_o} + \frac{s^2}{\omega_o^2})}$	$1 - \frac{\omega_o}{\omega_e} e^{-d\omega_o t} \cos(\omega_e t - \Theta) =$ $= 1 - e^{-d\omega_o t}(\cos \omega_e t + \frac{d}{\sqrt{1-d^2}} \sin \omega_e t)$
22	$\frac{1}{s^2(1 + 2d\frac{s}{\omega_o} + \frac{s^2}{\omega_o^2})}$	$t - \frac{2d}{\omega_o} + \frac{e^{-d\omega_o t}}{\omega_o}(2d \cos \omega_e t - \frac{1-2d^2}{\sqrt{1-d^2}} \sin \omega_e t)$

Anmerkungen zu Nr. 19 ... 22

$0 \leq d < 1$: $\omega_e = \omega_o \sqrt{1-d^2}$ $\quad \Theta = \arcsin d$

$d = 1$: $T = \frac{1}{\omega_o}$ ⟶ Nr. 11 ... 14

$d > 1$: $T_{1,2} = \frac{1}{\omega_o}(d \pm \sqrt{d^2-1})$ ⟶ Nr. 15 ... 18

Anhang 2: Geometrische Eigenschaften der Wurzelortskurve

Die Wurzelortskurve (WOK) ist die grafische Darstellung aller Lösungen der charakteristischen Gleichung (CG), vergl. Abschnitt 5.2.1 und 5.2.3. In diesem Abschnitt werden geometrische Eigenschaften der WOK beschrieben, die es ermöglichen, die WOK zu zeichnen, ohne die CG explizit lösen zu müssen.

Zugrunde gelegt ist der einschleifige Regelkreis mit der Kreisübertragungsfunktion

$$F_o(s) = V \frac{Z(s)}{N(s)} = V \frac{\pi(s-z_i)}{\pi(s-p_j)}$$

und dem freien Parameter $0 \leq V < \infty$. Als weitere Einschränkung wird gefordert, daß $F_o(s)$ ein Phasenminimumsystem beschreibt (Pole p_j und Nullstellen z_i müssen in der linken s-Halbebene liegen). Die WOK s(V) als Lösung der CG

$$F_o(s) + 1 = 0 \quad \text{bzw.} \quad F_o(s) = -1$$

hat dann folgende geometrische Eigenschaften:

E1| Die WOK ist symmetrisch zur reellen Achse.
Die CG in Polynomform, z.B. Gl. (5.8), hat reelle Koeffizienten, daher treten komplexe Wurzeln konjugiert auf.

E2| Die WOK beginnt für V = 0 in den Polen p_j und endet für $V \to \infty$ in den Nullstellen z_i von $F_o(s)$.
Aus der CG in der Form

$$N(s) + V\,Z(s) = 0 \qquad (5.11)$$

erhält man für V = 0 mit N(s) = 0 die n Lösungen

$$s_j = p_j \quad \text{für} \quad j = 1 \ldots n$$

und für $V \to \infty$ mit Z(s) = 0 m endliche Lösungen

$s_i = z_i$ für $i = 1 \ldots m$

weitere n-m Lösungen liegen im Unendlichen.

Daraus ergibt sich folgende Aussage:

Die WOK hat n Äste und n-m Asymptoten für die Endpunkte, die im Unendlichen liegen.

E3 Jeder Teil der reellen Achse, auf dessen rechter Seite die Anzahl der Pole p_j und Nullstellen z_i ungerade ist, gehört zur WOK.

Wähle einen Pol s_k auf der reellen Achse und überprüfe die Winkelbedingung

$$\sum\psi_i - \sum\varphi_j = \pi \qquad (5.13b)$$

E4 Die WOK verläßt den Pol p_ν unter dem Austrittswinkel

$$\varphi_\nu = -\pi + \sum_i \psi_i - \sum_j \varphi_j \qquad j \neq \nu \qquad (E\ 4a)$$

und mündet in eine Nullstelle z_μ unter dem Eintrittswinkel

$$\psi_\mu = -\pi - \sum_i \psi_i + \sum_j \varphi_j \qquad i \neq \mu \qquad (E\ 4b)$$

Beide Gln. ergeben sich aus der Winkelbedingung (5.13b). Ihre Anwendung ist jedoch nur für komplexe Pole oder Nullstellen von Bedeutung. Als Beispiel diene die Pol-Nullstellen-Konfiguration in Bild A2.1. Der Austrittswinkel φ_1 bei p_1 ergibt sich nach (5.13b)

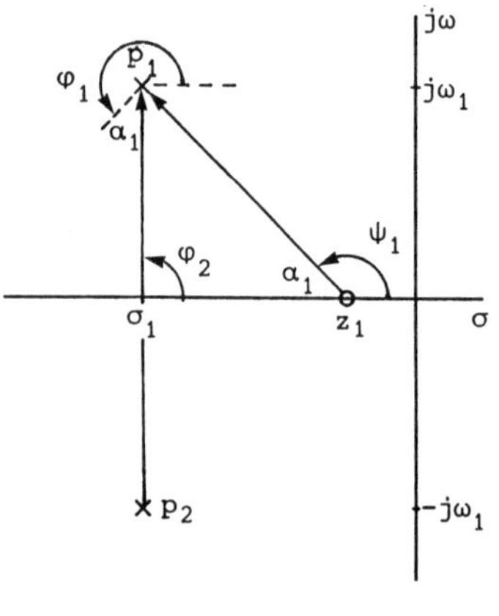

Bild A2.1: Skizze zur Bestimmung des Austrittswinkels φ_1 bei p_1 nach (E 4a)

$$-\varphi_1 - \varphi_2 + \psi_1 = \pi$$

so daß

$$\varphi_1 = -\frac{\pi}{2} - \alpha_1$$

E5 Ein Verzweigungspunkt c auf der reellen Achse, an dem ein Doppelpol (u.U. Mehrfachpol) des Regelkreises liegt, berechnet sich entweder aus

$$\sum_{i=1}^{m} \frac{1}{c-z_i} = \sum_{j=1}^{n} \frac{1}{c-p_j} \qquad \text{(E 5a)}$$

oder aus

$$\left.\frac{d\,F_o(s)}{ds}\right|_{s=c} = 0 \qquad \text{(E 5b)}$$

Zum Nachweis von Gl. (E 5a) wähle man einen Pol s_v sehr nahe am möglichen Verzweigungspunkt, so daß $s_v = c + j\varepsilon$ und $\varepsilon \ll c$. Entsprechend dem Beispiel in Bild A2.2 berechnen sich die eingetragenen Winkel, wie folgt

$$\psi_1 = \pi - \arctan \frac{\varepsilon}{c-z_1}$$

$$\varphi_1 = \pi + \arctan \frac{\omega_1-\varepsilon}{c-\sigma_1}$$

$$\varphi_2 = \pi - \arctan \frac{\omega_1+\varepsilon}{c-\sigma_1}$$

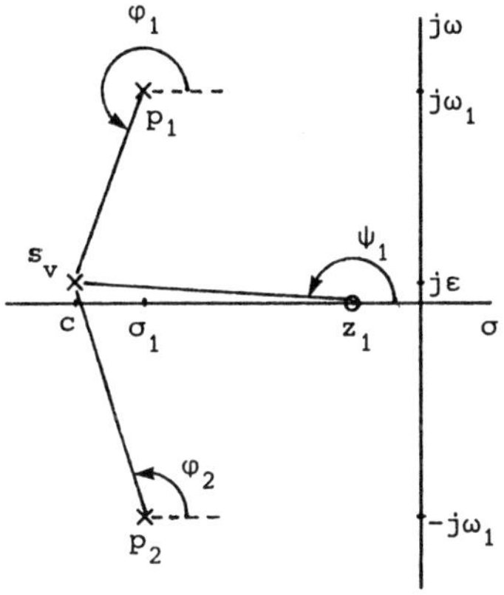

Bild A2.2: Skizze zur Ermittlung des Verzweigungspunktes c nach (E 5a)

In der Winkelbedingung $\psi_1 - \varphi_1 - \varphi_2 = \pi$ werden nach trigonometrischer Umformung und wegen $\varepsilon \to 0$ die Winkel durch die Argumente der Funktionen ersetzt, dann ergibt sich

$$\frac{1}{c-z_1} = \frac{2(c-\sigma_1)}{(c-\sigma_1)^2 + \omega_1^2}$$

Diesen Ausdruck erhält man auch direkt aus dem Ansatz nach (E 5a) für die gewählte Konfiguration. (Für reelle Pole p_j ist der Nachweis wesentlich einfacher.)

Zum Nachweis von Gl. (E 5b) geht man von der CG aus unter der Annahme, daß bei c ein Doppelpol existiert

$$F_o(s) + 1 = (s-c)^2 \sum_{k=1}^{n-2} (s-s_k) = 0$$

Die Ableitung nach s ergibt

$$\frac{d\,F_o(s)}{ds} = (s-c)\ \{......\}$$

d.h. für s = c verschwindet der Ausdruck $\frac{d\,F_o(s)}{ds}$.

Anmerkung: Für das Beispiel in Bild A2.1 und A2.2 läßt sich die WOK analytisch berechnen. Sie ist ein Kreisbogen um die Nullstelle z_1 von p_1 und p_2 zur reellen Achse hin mit $c = z_1 - \sqrt{(\sigma_1 - z_1)^2 + \omega_1^2}$, sie verläuft dann auf der reellen Achse bis z_1 und $-\infty$.

E6 Die <u>Asymptoten</u> der WOK für $V \to \infty$ schneiden die reelle Achse im Schwerpunkt aus Polen und Nullstellen

$$c_A = \frac{1}{n-m} \left(\sum_{j=1}^{n} p_j - \sum_{i=1}^{m} z_i \right) \qquad \text{(E 6a)}$$

und haben die Winkel zur reellen Achse

$$\varphi_A = \frac{2r-1}{|n-m|}\,\pi \qquad r = 1, 2, \ldots |n-m| \qquad \text{(E 6b)}$$

Man schreibt die CG als $F_o(s) = -1$ in der Form

$$\frac{N(s)}{Z(s)} = -V = V e^{j\pi}$$

Die Division Nennerpolynom N(s) durch Zählerpolynom Z(s) wird bis zum zweiten Element durchgeführt und ergibt

$$s^{n-m} - \left(\sum_{j=1}^{n} p_j - \sum_{i=1}^{m} z_i\right) s^{n-m-1} \pm \ldots = V e^{j\pi}$$

s^{n-m} wird herausgezogen, und anschließend wird auf beiden Seiten die n-m-te Wurzel gebildet

$$s \sqrt[n-m]{1 - \left(\sum p_j - \sum z_i\right) \frac{1}{s} \pm (\ldots) \frac{1}{s^2} \pm \ldots} = \sqrt[n-m]{V} \; e^{j\varphi_A}$$

Wegen $|s| \to \infty$ kann die Reihenentwicklung der Wurzel nach dem zweiten Element abgebrochen werden. Man erhält dann die Geradengleichungen für die Asymptoten

$$s - c_A = \sqrt[n-m]{V} \; e^{j\varphi_A}$$

mit dem Schnittpunkt c_A auf der reellen Achse nach Gl. (E 6a) und den Winkeln φ_A gemäß Gl. (E 6b).

E7 Die <u>Schnittpunkte</u> $s_k = \pm j\omega_k$ der WOK <u>mit der Imaginär-Achse</u> beschreiben die Stabilitätsgrenze, d.h. Dauerschwingungen mit der Kreisfrequenz ω_k.

Die Lösung der CG für rein imaginäre Wurzeln $s_k = \pm j\omega_k$, d.h. $\underline{F}_o(j\omega_k) = -1$, liefert aus Real- und Imaginärteil die kritische Kreisfrequenz ω_k und die kritische Kreisverstärkung V_k.

E8 Für <u>$n-m \geq 2$</u> gilt: "die Summe aller Wurzelorte ist konstant". D.h. alle Eigenwerte s_j, j=1 ... n, des Regelkreises, die zu einer bestimmten Verstärkung V gehören, erfüllen die Bedingung.

$$\sum_{j=1}^{n} s_j = \sum_{j=1}^{n} p_j \qquad \text{(E 8)}$$

Dieser Zusammenhang geht aus der CG hervor

$$N(s) + V\,Z(s) = \prod_{j=1}^{n} (s-s_j) = 0$$

In Polynomform geschrieben

$$s^n - \sum_{j=1}^{n} p_j\, s^{n-1} \pm \ldots + V(s^m - \ldots) = s^n - \sum_{j=1}^{n} s_j\, s^{n-1} \pm \ldots$$

Da $m \leq n-2$ müssen die Koeffizienten von s^{n-1} links und rechts gleich sein, so daß Gl. (E 8) erfüllt ist. Wegen E1 genügt es, ihre Realteile zu berücksichtigen.

Die Eigenschaft E8 kann die V-Parametrierung der WOK erleichtern oder dazu benützt werden, alle zu einer Verstärkung V gehörenden Eigenwerte zu bestimmen.

Allgemein läßt sich die V-Parametrierung mittels der Betragsbedingung (5.13a)

$$V = \frac{\prod_{j=1}^{n} |s-p_j|}{\prod_{i=1}^{m} |s-z_i|}$$

durchführen, indem man für jeden auf der skizzierten WOK gewählten Eigenwert s die obige Bedingung auswertet.

Zusammenfassend sei darauf hingewiesen, daß nicht immer alle Eigenschaften zutreffen. So gibt es z.B. für stabile Systeme keinen Schnittpunkt mit der Imaginärachse, oder nicht bei jedem System hat die WOK einen Verzweigungspunkt c. Die hier beschriebenen Eigenschaften gelten für die WOK in Abhängigkeit der Kreisverstärkung V. Es wurden schon Vorschläge gemacht, durch Umformung der CG die Abhängigkeit einer Nullstelle z_i oder eines Pols p_j von $F_o(s)$ in gleicher Weise zu beurteilen. Jedoch erfordert solch eine Umformung die Bestimmung der Wurzeln eines Polynoms n-ten Grades. Dann empfiehlt es sich, die CG in ihrer ursprünglichen Form per Rechenprogramm zu lösen und ihre Wurzeln direkt zu bestimmen. Die Anwendung dieser geometrischen Eigenschaften zum Zeichnen der WOK ist nur sinnvoll, wenn man auf diese Weise schnell das dynamische Verhalten des Regelkreises abschätzen kann.

Anhang 3: Übungsaufgaben

1. Nachlaufregelung eines Folgeradars

Die Positionierungseinheit eines Folgeradars habe I-T_1-Verhalten. Sie wird durch die Ankerspannung y angesteuert; die Regelgröße x ist der Azimutwinkel. Die Kenngrößen der Regelstrecke sind der Übertragungsfaktor $K_F = 5^\circ/\text{Vsec}$ und die Zeitkonstante $T_F =$ $= 0{,}1$ sec. Die Nachführgenauigkeit des Radarsystems soll $0{,}8^\circ$ betragen.

1) Ein P-Regler soll so ausgelegt werden, daß der Kreis mit d = = 0,5 gedämpft ist. Welche Kennkreisfrequenz ergibt sich dann? Welche maximale Winkelgeschwindigkeit V_{max} kann mit der geforderten Genauigkeit nachgeführt werden?

2) Der oben ausgelegte Regelkreis soll durch eine nachgebende Vorsteuerung (Aufschaltung am Reglerausgang) ergänzt werden. Übertragungs- und Zeitkonstante der Vorsteuerung sind so festzulegen, daß der Geschwindigkeitsfehler $e_V = 0$ wird, eine konstante Winkelbeschleunigung $A = 10^\circ/\text{sec}^2$ aber mit dem Schleppfehler $0{,}8^\circ$ nachgeführt wird.

3) Statt des P-Reglers mit Vorsteuerung soll nun ein PI-Regler nach dem symmetrischen Optimum entworfen werden, so daß der Regelkreis die unter 2) genannten Bedingungen erfüllt. Phasen- und Amplitudenrand sowie die Kennwerte der Eigenbewegung (Dämpfungsgrad, Kennnkreisfrequenz, Zeitkonstante, ...) sind anzugeben.

2. Reglerentwurf nach Einstellregeln und anhand des Bodediagramms

Der Amplitudengang einer Regelstrecke ist in Bild A3.1 gegeben. Es handelt sich um ein reguläres Übertragungsglied.

1) Die Übertragungsfunktion der Regelstrecke ist aufzustellen. Der zugehörige Phasengang ist zu zeichnen.

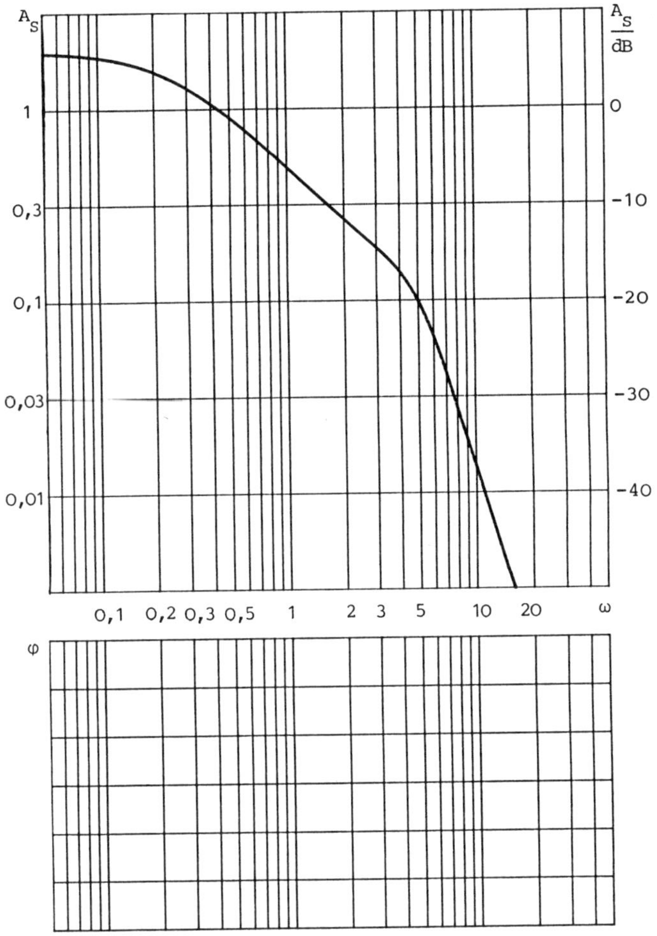

Bild A3.1: Amplitudengang einer regulären Regelstrecke

2) Aus der kritischen Verstärkung und der kritischen Kreisfrequenz des Regelkreises mit P-Regler an der Stabilitätsgrenze sind die Regler-Kennwerte nach den Einstellregeln zu bestimmen: a) für einen P-Regler und b) für einen PI-Regler. Für beide Einstellungen sind jeweils Amplituden- und Phasenrand zu ermitteln.

3) Die Kennwerte eines PI-Reglers sollen nun so festgelegt werden, daß der Regelkreis mit dem Amplitudenrand 3 (entspricht 10 dB) und dem Phasenrand 60° arbeitet.

4) Da die zeitliche Ableitung der Regelgröße meßbar ist, kann ein idealer PID-Regler vorgesehen werden. Seine Kennwerte sind

so einzustellen, daß die Zeitkonstante der Regelstrecke kompensiert wird, die Vorhaltzeit $T_v = T_n/4$ und der Phasenrand 60° betragen. Der zugehörige Amplitudenrand ist anzugeben.

3. Regelung einer instabilen Regelstrecke

Für einen Tragemagneten eines Modells der Magnetschwebebahn wurde die Differentialgleichung in einem Arbeitspunkt (Schienenabstand 2 mm, Magnetsteuerspannung 1,95 V) linearisiert. Diese Differentialgleichung lautet

$$x + a_2\ddot{x} + a_3\dddot{x} = b\,y$$

mit $a_2 = -30{,}71\cdot 10^{-6}\ \text{sec}^2$; $a_3 = -2{,}03\cdot 10^{-6}\ \text{sec}^3$, $b = 1{,}03$ mm/V; x ist die Abweichung vom Sollabstand, y die Änderung der Steuerspannung. Diese Regelstrecke ist instabil (vergl. Hurwitz-Kriterium). Sie hat einen positiven Pol oder Eigenwert $p_1 = 74{,}25/\text{sec}$, zu dem eine aufklingende Bewegung gehört. Es wird eine Zustandsregelung vorgesehen

$$y = r_o x + r_1\dot{x} + r_2\ddot{x}$$

1) Für die Regelstrecke bestimme man die Kennwerte der verbleibenden Eigenbewegung (Kennkreisfrequenz, Dämpfungsgrad).

2) Welche Größen müssen mindestens zurückgeführt werden, um den Kreis zu stabilisieren? Wie lautet die Bedingung, daß ein Pol des Kreises im Ursprung liegt?

3) Die Reglerkennwerte r_o, r_1, r_2 sind zu berechnen, so daß die Eigenbewegung des Regelkreises die Form hat

$$x(t) = k_1\, e^{-\omega_o t} + e^{-\omega_o t/\sqrt{2}}\left[k_2 \cos\frac{\omega_o t}{\sqrt{2}} + k_3 \sin\frac{\omega_o t}{\sqrt{2}}\right]$$

Die Kennkreisfrequenz ω_o ist so zu wählen, daß der Regelfaktor nicht größer als 0,2 wird.

4. Auswertung von Wurzelortskurve und charakteristischer Gleichung

Bild A3.2 zeigt die Wurzelortskurve (WOK) eines Regelkreises mit P-Regler in Abhängigkeit der Kreisverstärkung. Somit sind p_1, p_2, p_3 die Pole der Regelstrecke; ihre Übertragungskonstante ist K = 10/sec.

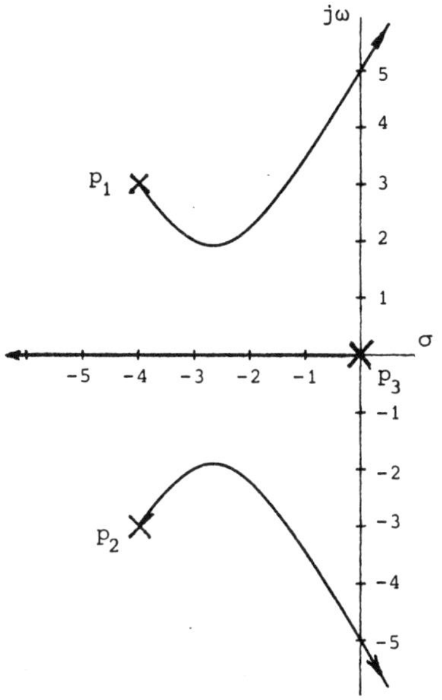

Bild A3.2: Wurzelortskurve eines Regelkreises dritter Ordnung

1) Für einen P-Regler mit $y = r_1(w-x)$ ist $r_1 = r_{1m}$ zu bestimmen, so daß der Regelkreis größtmögliche Dämpfung (d_m = ?) hat. Alle drei Eigenwerte s_{1m}, s_{2m}, s_{3m} sind anzugeben. Der analytische Ausdruck für die Eigenbewegung (mit freien Konstanten) ist aufzustellen.

2) Die Stabilitätsbedingung für r_1 ist aufzustellen. Die Eigenwerte s_{1k}, s_{2k}, s_{3k} für die Stabilitätsgrenze sind zu bestimmen.

3) Es ist möglich, eine Hilfsregelgröße $x_H = \dot{x}$ zu messen und über einen Hilfsregler zurückzuführen, so daß die Regelung mit $y = r_1(w-x) - r_2 x_H$ beschrieben werden kann. Mit $r_1 = 1$ ist die Stabilitätsbedingung für r_2 aufzustellen. Die kritische Kreisfrequenz an der Stabilitätsgrenze ist zu berechnen.

4) r_2 ist so einzustellen, daß für $r_1 = 1$ ein Pol $s_3 = -4$ wird. Die zugehörigen Eigenwerte s_1 und s_2 sind zu berechnen. Aus den

letzten beiden Ergebnissen kann man den Verlauf der WOK in Abhängigkeit von r_2 für $r_1 = 1$ abschätzen. Wohin strebt die WOK für $r_2 \to \infty$? (Skizze)

5) Am Eingang der Regelstrecke wirkt ein Störsprung $z(t) = \sigma(t)$, wobei $w = 0$. Das Störverhalten mit den Einstellungen nach 1) und 4) ist zu vergleichen.

5. Entwurf einer Kaskadenregelung

Eine Kaskadenregelung ist nach Bild A3.3 zu entwerfen.

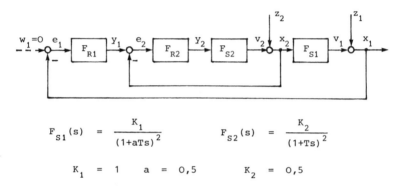

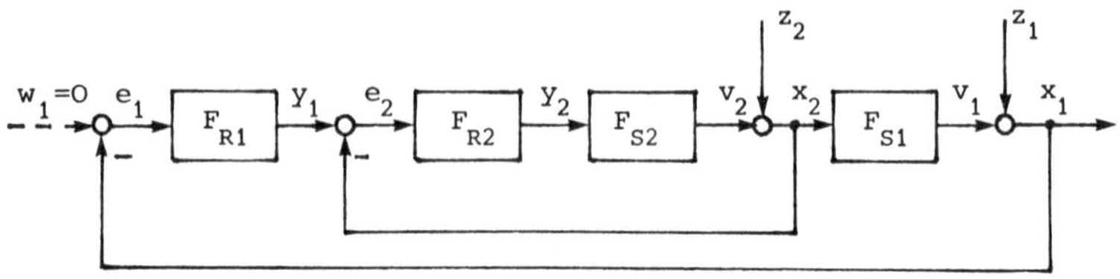

$$F_{S1}(s) = \frac{K_1}{(1+aTs)^2} \qquad F_{S2}(s) = \frac{K_2}{(1+Ts)^2}$$

$$K_1 = 1 \quad a = 0{,}5 \qquad K_2 = 0{,}5$$

Bild A3.3: Wirkungsplan einer Kaskadenregelung

1) Auslegung des inneren Regelkreises:
Die Kennwerte eines PI-Reglers für $F_{R2}(s)$ sind zu berechnen, so daß eine Zeitkonstante kompensiert wird und der innere Kreis aperiodisch gedämpft ist. Die Zeitkonstante T kann als Maßstabsfaktor frei bleiben oder gleich 1 sec gesetzt werden.

2) Auslegung des gesamten Regelkreises:
Für $F_{R1}(s)$ soll ein PID-T_1-Regler eingesetzt werden. Seine Kennwerte sind so festzulegen, daß die zwei größten Zeitkonstanten der Ersatzregelstrecke $X_1(s)/Y_1(s)$ kompensiert werden. Die Zeitkonstante des Reglers soll den fünften Teil der Vorhaltzeit betragen. Dabei soll ein Amplitudenrand von 2,5 (bzw. 8 dB) eingehalten werden.

3) Stationäres Störverhalten:
An beiden Störstellen liegen konstante Störungen an: $z_1(t\to\infty) = z_2(t\to\infty) = 1$. Die stationären Werte aller im Regelungssystem auftretenden Größen sind zu bestimmen.

6. Ungedämpfter Schwingkreis mit nichtlinearer Rückstellkraft

Das System wird beschrieben durch die Differentialgleichung

$$\ddot{x} + x + f(x) = 0$$

Die Anregung erfolgt durch eine Anfangsauslenkung $x(t=0) = X_o$, wobei $\dot{x}(t=0) = 0$.

Es ist zu untersuchen, unter welchen Bedingungen eine Dauerschwingung existiert. Der Zusammenhang zwischen Schwingungsdauer und Anfangsauslenkung ist aufzustellen. Dabei soll a) die Näherungslösung mit der Beschreibungsfunktion und b) die exakte Lösung mit Hilfe der Darstellung durch Zustandsgrößen, $x_1 = x$ und $x_2 = \dot{x}$, bestimmt werden.

1) Für $f(x) = -x^3/3$ ist die exakte Lösung nur als Ansatz anzuschreiben. Die Grenzbedingung für maximal zulässige Anfangsanregung ist für angenäherte und exakte Lösung zu vergleichen.

2) Für $f(x) = \operatorname{sgn} x$ läßt sich die Schwingungsdauer nach beiden Methoden berechnen. Für $X_o = 4$ sind die Ergebnisse zu vergleichen: die Werte für die Schwingungsdauer und die Amplituden von x_2.

7. Stabilisierung einer instabilen Regelstrecke mit P-Regler und Zweipunktregler

Die Übertragungsfunktion $F_S(s) = X(s)/Y(s)$ ist

$$F_S(s) = \frac{1}{s^2 + s - 2}$$

1) Ein P-Regler ist so einzustellen, daß der Kreis mit $d = 1/\sqrt{2}$ gedämpft wird. Welche Kennkreisfrequenz hat der Kreis dann? Wie ändert sich die Kreisdynamik mit zunehmender Reglerverstärkung?

2) Statt des P-Reglers ist ein idealer Zweipunktregler, $y = \operatorname{sgn}(-x)$, einzusetzen. Das Einschwingverhalten des Kreises ist

zu untersuchen: in der Zustandsebene ($x_1 = x$, $x_2 = \dot{x}$) ist der stabile Bereich für alle Anfangswerte, die in den Ursprung geführt werden können, zu beschreiben.

3) Wie ändert sich dieser Bereich, wenn auch x_2 zurückgeführt wird, so daß $y = \mathrm{sgn}(- x_1 - k_2 x_2)$. Der Einfluß von $k_2 > 0$ ist zu diskutieren.

Anhang 4: Lösungen zu den Übungsaufgaben

Aufgabe 1

1) Mit einem P-Regler, $F_R(s) = K_P$, ist die Kreisübertragungsfunktion

$$F_o(s) = \frac{K_o}{s(1+T_F s)} \qquad \text{wobei} \qquad K_o = K_P K_F$$

Nach Gl. (5.5) erhält man als Regeldifferenz

$$E(s) = \frac{s(1+T_F s)W(s)}{K_o[1 + s/K_o + s^2 T_F/K_o]}$$

Der Regelkreis ist zweiter Ordnung. Aus dem Vergleich des Nenners mit dem eines P-T_2-Gliedes, Gl. (3.15), ergibt sich

$$\omega_o = \sqrt{K_o/T_F} \qquad \text{und} \qquad d = 0{,}5/\sqrt{K_o T_F}$$

Für $d = 0{,}5$ werden $K_o = 10/\text{sec}$ bzw. $K_P = 2V/^\circ$ und $\omega_o = 10/\text{sec}$.

Für eine konstante Winkelgeschwindigkeit V, d.h. für $W(s) = V/s^2$, berechnet man nach Gl. (5.6) den Geschwindigkeitsfehler $e_V = V/K_o$. Er beträgt $0{,}8^\circ$ für $V_{max} = 8^\circ/\text{sec}$.

2) Die nachgebende Vorsteuerung (vergl. Bild 6.3) hat als Übertragungsfunktion

$$F_V(s) = \frac{K_V s}{1 + T_1 s}$$

Mit Gl. (6.3) wird die Regeldifferenz

$$E(s) = \frac{(1-K_V K_F)s + (T_F+T_1)s^2 + T_F T_1 s^3}{K_o[1 + s/K_o + s^2 T_F/K_o]} W(s)$$

Der Geschwindigkeitsfehler e_V verschwindet für $K_v = 1/K_F = 0{,}2$ V/sec. Dann wird mit $W(s) = A/s^3$ der Beschleunigungsfehler $e_A = A(T_F+T_1)/K_o$, der für $T_1 = 0{,}7$ sec innerhalb der geforderten Genauigkeit bleibt.

3) Mit einem PI-Regler, $F_R(s) = K_R(1 + \frac{1}{T_n s})$, ist die Kreisübertragungsfunktion

$$F_o(s) = \frac{K_o(1+T_n s)}{T_n s^2(1+T_F s)} \qquad \text{hier} \qquad K_o = K_R K_F$$

und der Beschleunigungsfehler wird $e_A = \frac{T_n}{K_o} A$.

Das symmetrische Optimum (Abschnitt 5.3.3c) verlangt $K_o = 1/\sqrt{T_n T_F}$. Für die gegebene Winkelbeschleunigung A und Nachführgenauigkeit $e_A = 0{,}8^\circ$ erhält man $T_n = 0{,}4$ sec und $K_o = 5$/sec bzw. $K_R = 1$ V/°.

Aus Gl. (5.21) bzw. Bild 5.22 ergibt sich als Phasenrand $\varphi_R = 37^\circ$. Der Amplitudenrand ist beliebig groß, da der Phasenwinkel $\varphi_o \to -180^\circ$ erst für $\omega \to \infty$ erreicht wird, vergl. Bild 5.21.

Aus den gegebenen Ansätzen für s_1, s_2, s_3 errechnet man mit $a = T_n/T_F = 4$:

$$s_{1,2} = 2{,}5(-1 \pm j\sqrt{3})/\text{sec}, \text{ d.h. } \omega_o = 5/\text{sec} \quad d = 0{,}5$$

$$s_3 = -5/\text{sec} \quad \text{d.h.} \quad \text{Zeitkonstante } T_3 = 0{,}2 \text{ sec.}$$

Aufgabe 2

1) Zur Bestimmung der Übertragungsfunktion trägt man zunächst die Grenzlinien ein, vergl. Bild A4.1. Für $\omega \to 0$ ergibt sich eine Waagerechte mit $K_S = 2$ (entspricht 6 dB) als Übertragungskonstante der Regelstrecke. Für $\omega \to \infty$ hat der Amplitudengang eine Steigung von -3 bzw. -60 dB/Dekade. Die zugehörige Grenzgerade schneidet die Kurve in der Frequenz $\omega_o = 5$/sec und im Wert $A_S(\omega_o) = 0{,}1$ (entspricht -20 dB). Im Bereich $\omega = 1$/sec beträgt die Steigung der Kurve -1 bzw. -20 dB/Dekade. Trägt man die zugehörige Gerade so ein, daß sie durch den Schnitt-

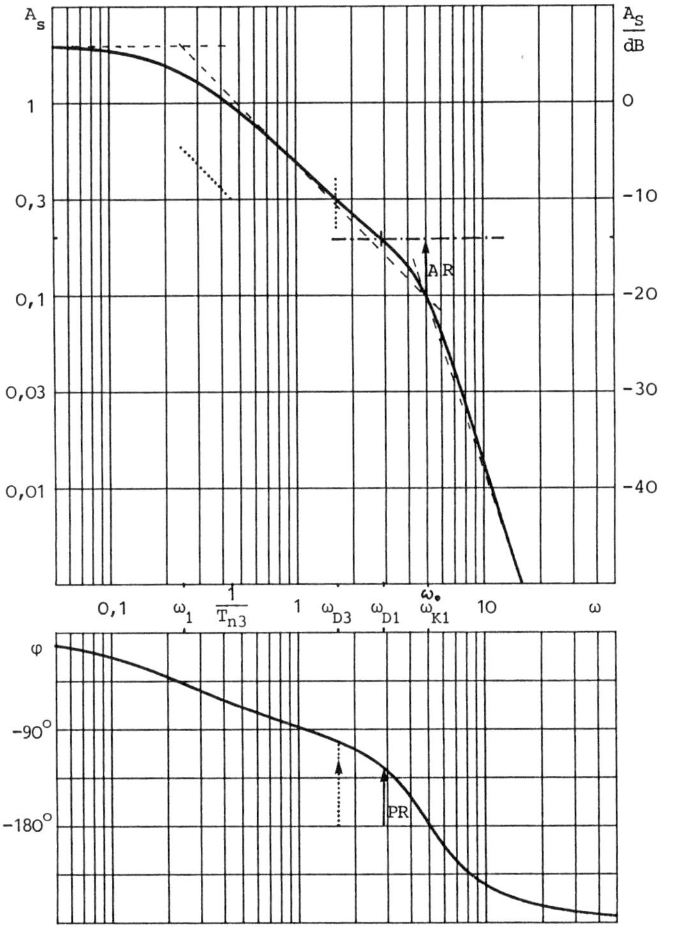

Bild A4.1: Amplituden- und Phasengang zum Reglerentwurf für Aufgabe 2

punkt bei ω_o läuft, dann schneidet sie die Waagerechte bei $\omega_1 \approx \approx 0{,}25$. Nun kann man ohne Mühe erkennen, daß die Regelstrecke eine Kettenschaltung aus einem P-T_1-Glied mit der Zeitkonstante T_1 = 4 sec und einem P-T_2-Glied mit der Kennkreisfrequenz ω_o = = 5/sec ist. Da der Amplitudengang bei ω_o genau durch den Schnittpunkt der Asymptoten läuft, ist der Dämpfungsgrad d = 0,5 (vergl. Abschnitt 3.2.1). Somit ist die Übertragungsfunktion der Regelstrecke

$$F_S(s) = \frac{2}{(1 + 4s)(1 + s/5 + s^2/25)}$$

Der Phasengang läuft demnach von 0° bis - 270°, vergl. Bild A4.1.

2) Die Werte für die Stabilitätsgrenze kann man berechnen oder dem Bodediagramm entnehmen. Zur Berechnung setzt man den komplexen Kreisfrequenzgang $\underline{F}_o(j\omega) = -1$:

$$\underline{F}_o(j\omega) = \frac{50K}{25 - 21\omega^2 + j\omega(105 - 4\omega^2)}$$

Der Nenner wird reell für $\omega_{K1} = \sqrt{105/4} = 5{,}12/\text{sec}$, und $\underline{F}_o(j\omega_{K1}) = -1$ für $K_K = 10{,}53$.

Dem Phasengang entnimmt man die kritische Frequenz an der Stelle $\varphi(\omega) = -180°$ mit $\omega_{K1} \approx 5/\text{sec}$. Da der Amplitudengang an dieser Stelle den Wert $A_S(\omega_{K1}) = 0{,}1$ hat, ergibt sich als kritische Verstärkung $K_K = 10$. Die Übereinstimmung ist sehr gut. Zur Reglereinstellung benötigt man die kritische Schwingungsdauer $T_K = 2\pi/\omega_{K1} = 1{,}23$ sec.

Damit erhält man als Reglereinstellungen

a) P-Regler $K_P = 0{,}5\ K_K = 5$

b) PI-Regler $K_R = 0{,}45\ K_K = 4{,}5$ $T_n = 0{,}85\ T_K = 1{,}05$ sec

Für den P-Regler ist dann der Amplitudenrand AR = 2, da $K_P\ A_S(\omega_{K1}) = 1/\text{AR}$. Zur Bestimmung der Durchtrittsfrequenz muß die 0 dB-Linie um 14 dB nach unten verschoben werden (entspricht dem Faktor 1/5), vergl. strichpunktierte Waagerechte in Bild A4.1. Sie schneidet den Amplitudengang bei $\omega_{D1} \approx 3/\text{sec}$. Im Phasengang liest man an dieser Stelle den Phasenrand ab mit PR $\approx 50°$ (die Berechnung ergibt 53°).

Beim PI-Regler wird mit $K_P = 4{,}5$ die 0 dB-Linie um 13 dB abgesenkt, Bild A4.2. (Für $\omega > 2/\text{sec}$ kann der Einfluß des I-Anteils im Amplitudengang vernachlässigt werden.) Sie schneidet die Kurve bei der Durchtrittsfrequenz $\omega_{D2} \approx 2{,}5/\text{sec}$. Zur Bestimmung der Frequenz ω_{K2} muß der Phasengang des Reglers mit der Eckfrequenz $1/T_n = 1/\text{sec}$ (gestrichelt) berücksichtigt werden. Man findet $\omega_{K2} \approx 4{,}5/\text{sec}$ an der Stelle, wo $\varphi_S(\omega) + \varphi_{PI}(\omega) = -180°$ ist. Für diese Frequenz liest man im Amplitudengang AR $\approx 1{,}6$ (entspricht 4 dB) ab. Bei ω_{D2} findet man $\varphi_o(\omega_{D2}) = \varphi_S(\omega_{D2}) + \varphi_{PI}(\omega_{D2}) \approx -140°$ (gepunktete Linie). Dann ist der Phasenrand PR $\approx 40°$.

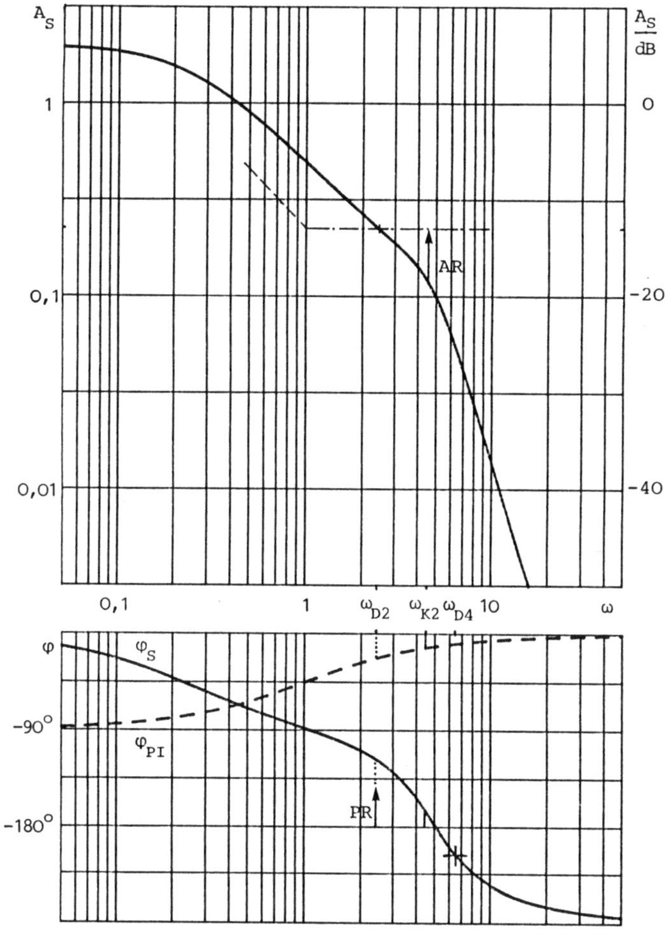

Bild A4.2: Amplituden- und Phasengang zum Reglerentwurf für Aufgabe 2

3) Bei den relativ großen Werten, AR = 3 und PR = 60°, kann man annehmen, daß im Bereich der kritischen Frequenz kein Einfluß des I-Anteils vom Regler mehr auftritt. Dann ist $\omega_{K3} = \omega_{K1} = 5/\text{sec}$. Mit AR = 3 gilt die 0,3-Linie bzw. die -10 dB-Linie als 0 dB-Linie für $A_o(\omega) = A_S(\omega)K_R$. Dann ist $K_R = 3$ bzw. 10 dB. $A_S(\omega)$ schneidet diese Bezugslinie in $\omega_{D3} \approx 1{,}6/\text{sec}$. Nun wird die Nachstellzeit T_{n3} so bestimmt, daß $\varphi_S(\omega_{D3}) + \varphi_{PI}(\omega_{D3}) = -120°$ wird, vergl. gepunktete Linie in Bild A4.1. Da $\varphi_S(\omega_{D3}) = -105°$ ist, muß $\varphi_{PI}(\omega_{D3}) = \arctan \omega_{D3} T_{n3} - 90° = -15°$ sein, so daß $T_{n3} = 2{,}3$ sec.

4) Der ideale PID-Regler hat die Übertragungsfunktion

$$F_R(s) = K_R(1 + \frac{1}{T_n s} + T_v s)$$

$$= K_R(1 + T_a s)(1 + T_b s)/T_n s$$

mit $T_n = T_a + T_b$ und $T_n T_v = T_a T_b$

Um die Zeitkonstante der Regelstrecke zu kompensieren, muß $T_a =$ $= T_1 = 4$ sec sein. Mit der Vorgabe $T_v = T_n/4$ wird $T_a = T_b$, und es ergibt sich $T_n = 8$ sec, $T_v = 2$ sec. Die Kreisübertragungsfunktion ist dann

$$F_o(s) = \frac{50K_R(1 + 4s)}{8s(25 + 5s + s^2)}$$

Die Eckfrequenz des Zählers liegt bei 0,25/sec, d.h. für $\omega \geq$ ≥ 5/sec ist der Einfluß von (1+4s)/8s im Phasengang vernachlässigbar. Somit kann die Durchtrittsfrequenz ω_{D4} als die Frequenz berechnet werden, für die der P-T_2-Anteil den Phasenwinkel -120° liefert, damit der Phasenrand 60° wird. Aus

$$\arctan \frac{5\omega}{25 - \omega^2} = 120^\circ$$

errechnet man $\omega_{D4} = 6{,}65$/sec. Im Phasengang $\varphi_S(\omega)$ wird dieser Wert bei $\varphi_S = -210^\circ$ abgelesen, vergl. +-Markierung in Bild A4.2. Für diese Frequenz muß der Betrag des Frequenzgangs den Wert 1 annehmen: $A_o(\omega_{D4}) = |\underline{F}_o(j\omega_{D4})| = 1$. Daraus ergibt sich die Reglerkonstante $K_R = 1{,}54$.

Aus den angestellten Überlegungen und aus der Betrachtung von $\underline{F}_o(j\omega)$ geht hervor, daß der Phasengang $\varphi_o(\omega)$ den Winkel -180° erst für $\omega \to \infty$ erreicht. So gilt auch (theoretisch) AR $\to \infty$.

Anmerkung: Im Allgemeinen genügt es, mit den geradlinigen Näherungen zu arbeiten. Die Ergebnisse weichen zwar von den hier ermittelten ab, sind aber gut genug zur Einstellung des Reglers und zur Beurteilung des Regelkreises.

Aufgabe 3

1) Um den zweiten und dritten Pol der Regelstrecke zu bestimmen, muß die zugehörige charakteristische Gleichung durch den Ausdruck $(s-p_1)$ dividiert werden.

$$\left(s^3 + \frac{a_2}{a_3} s^2 + \frac{1}{a_3}\right) : (s - p_1) =$$

$$= s^2 + \left(\frac{a_2}{a_3} + p_1\right)s + \left(\frac{a_2}{a_3} + p_1\right)p_1$$

Diesem quadratischen Ausdruck entnimmt man die dynamischen Kennwerte der verbleibenden Eigenbewegung

$$\omega_{os} = \sqrt{(p_1 + a_2/a_3)p_1} = 81{,}46/\text{sec}$$

$$d_s = \frac{1}{2}(p_1 + a_2/a_3)/\omega_{os} = 0{,}55$$

2) Mit der Zustandsregelung lautet die homogene Differentialgleichung für den Regelkreis

$$(1 - br_o)x - br_1\dot{x} + (a_2 - br_2)\ddot{x} + a_3\dddot{x} = 0$$

dazu die charakteristische Gleichung

$$s^3 + \frac{a_2 - br_2}{a_3} s^2 - \frac{br_1}{a_3} s + \frac{1 - br_o}{a_3} = 0$$

Man beachte, daß die Konstanten a_2 und a_3 negativ sind. Nach dem Hurwitz-Kriterium müssen alle Koeffizienten positiv sein. Dies trifft zu für $r_o > 1/b$ und $r_1 > 0$, d.h. x und $\dot{x}$ müssen zurückgeführt werden, damit der Kreis stabilisiert werden kann. Als zweite Bedingung muß das Produkt der inneren Koeffizienten größer als das der äußeren Koeffizienten sein. Ein Pol liegt im Ursprung für $r_o = 1/b = 0{,}97$ V/mm. Die verbleibende Eigenbewegung hat dann die Kennkreisfrequenz $\sqrt{-br_1/a_3}$ und den Dämpfungsgrad $\frac{1}{2}(a_2 - br_2)/\sqrt{-a_3br_1}$.

3) Der gegebenen Eigenbewegung entnimmt man für die Eigenwerte des geschlossenen Kreises

$$s_1 = -\omega_o \qquad s_{2,3} = (-1 \pm j)\omega_o/\sqrt{2}$$

Mit ihnen erstellt man die charakteristische Gleichung

$$s^3 + (1 + \sqrt{2})\omega_o s^2 + (1 + \sqrt{2})\omega_o{}^2 s + \omega_o{}^3 = 0$$

Der Regelfaktor ist durch die stationäre Kreisverstärkung br_o bestimmt, so daß

$$\frac{1}{1 + br_o} = 0{,}2 \qquad \text{bzw.} \qquad r_o = 4/b = 3{,}88 \text{ V/mm}$$

Durch Koeffizientenvergleich der beiden Ausdrücke für die charakteristische Gleichung ergibt sich zunächst für die Kennkreisfrequenz

$$\omega_o = \sqrt[3]{(1 - br_o)/a_3} = 113{,}9/\text{sec}$$

und daraus für die beiden Einstellwerte

$$r_1 = -(1 + \sqrt{2})\omega_o{}^2 a_3/b = 61{,}73 \text{ Vsec/m}$$

$$r_2 = [a_2 - (1 + \sqrt{2})\omega_o a_3]/b = 0{,}51 \text{ Vsec}^2/\text{m}$$

Aufgabe 4

Die Eigenwerte der Regelstrecke nach Bild A3.2 sind $p_{1,2} = -4 \pm$ $\pm j3$ (d.h. Kennkreisfrequenz 5/sec, Dämpfungsgrad 0,8) und $p_3 =$ $= 0$. Der Produktansatz, siehe Gl. (2.14a bzw. b), liefert die Übertragungsfunktion der Regelstrecke ohne Ausgleich

$$F_S(s) = \frac{K}{s(1 + 8s/25 + s^2/25)}$$

Mit P-Regler, $y = r_1(w-x)$, ergibt sich als charakteristische Gleichung für den Kreis

$$s^3 + 8s^2 + 25s + 25Kr_1 = 0 \qquad \text{(A4.1)}$$

Die WOK in Bild A3.2 zeigt den Verlauf der Eigenwerte des geschlossenen Kreises in Abhängigkeit von r_1.

1) Maximale Dämpfung ist dann erreicht, wenn $\Theta = \Theta_m$ ist, vergl. Bild 5.15. Man legt vom Ursprung die Tangente an die WOK, in Bild A4.3 gestrichelt. Sie bildet mit der Imaginärachse den Winkel $\Theta = 56^\circ$; dann ist $d_m = \sin 56^\circ = 0{,}83$. Der zugehörige Eigenwert s_{1m} liegt im Berührungspunkt. s_{2m} liegt symmetrisch zur reellen Achse (siehe Eigenschaft E1, Anhang 2), so daß $s_{1,2m} = - 3{,}1 \pm j2{,}1$. Der dritte Eigenwert ergibt sich aus der Eigenschaft E8: $s_{3m} = - 1{,}8$, da $s_{1m} + s_{2m} + s_{3m} = p_1 + p_2 + p_3$. Die zugehörige Reglereinstellung r_{1m} ermittelt man entweder grafisch aus der Betragsbedingung oder durch Einsetzen eines Eigenwertes, z.B. s_{3m}, in Gl. (A4.1), und erhält so $r_{1m} = 0{,}1$. Der analytische Ausdruck für die Eigenbewegung lautet

$$x(t) = e^{-3,1t}(k_1 \cos 2{,}1t + k_2 \sin 2{,}1t) + k_3\, e^{-1,8t}$$

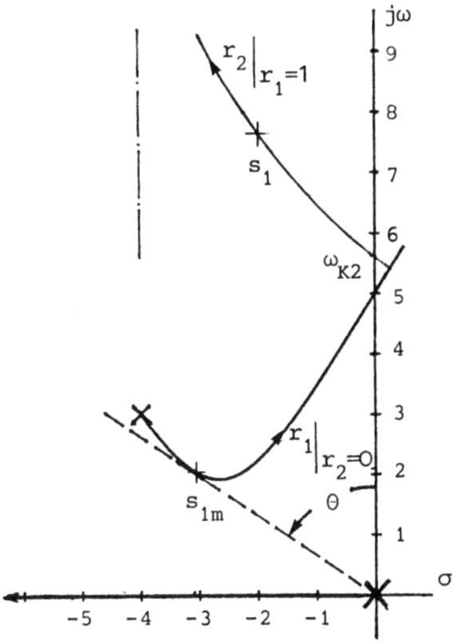

Bild A4.3: Auswertung der Wurzelortskurve für Aufgabe 4

2) Das Hurwitz-Kriterium, Gl. (5.12), auf Gl. (A4.1) angewendet, liefert die Bedingung $r_1 < 8/K$. An der Stabilitätsgrenze ist $r_{1k} = 0{,}8$. Die Eigenwerte entnimmt man der WOK, sie liegen auf dem Schnittpunkt mit der Imaginärachse. So ist $s_{1,2k} = \pm j\, \omega_{K1}$ mit $\omega_{K1} = 5/\mathrm{sec}$. Mit E8 ist $s_{3k} = - 8$.

3) Mit Einsatz der Hilfsregelgröße $x_H = \dot{x}$ zur Regelung erhält man als charakteristische Gleichung

$$s^3 + 8s^2 + 25(1 + Kr_2)s + 25Kr_1 = 0 \qquad \text{(A4.2)}$$

Aus dieser Gleichung liefert das Hurwitz-Kriterium die Bedingung $r_2 > r_1/8 - 1/K$. Für $r_1 = 1$ ist $r_{2k} = 0{,}025$. An der Stabilitätsgrenze muß Gl. (A4.2) eine imaginäre Lösung $s = j\,\omega_{K2}$ haben. Diese kritische Kreisfrequenz ergibt sich zu $\omega_{K2} = \sqrt{25Kr_1/8} = 5{,}6/\mathrm{sec}$.

4) Für $s_3 = -4$ muß die Division von Gl. (A4.2) durch den Ausdruck $(s+4)$ aufgehen. Man erhält als Restpolynom $s^2 + 4s + 9 + 250r_2$ mit der Bedingung $214 - 1000r_2 = 0$, so daß $r_2 = 0{,}214$. Das Restpolynom zu Null gesetzt, liefert dann die Eigenwerte $s_{1,2} = -2 \pm j\,7{,}65$ ($\omega_o = 7{,}91/\mathrm{sec}$, $d = 0{,}25$). Die Eigenschaft E8: $s_1 + s_2 + s_3 = -8$ bestätigt das Ergebnis. Mit wachsendem r_2 läuft der komplexe Ast des dritten Quadranten in die Richtung $j\omega \to j\infty$. Von Gl. (A4.2) bleibt für $|s| \to \infty$ und $r_2 \to \infty$ nur die quadratische Gleichung $s^2 + 8s + 25Kr_2 = 0$ zu berücksichtigen, so daß $s_{1,2\infty} = -4 \pm j\sqrt{250r_2 - 16}$.

Die Grenzlinie für $r_2 \to \infty$, in Bild A4.3 strichpunktiert, läuft parallel zur Imaginärachse durch $\sigma = -4$. Wegen E8 muß der dritte Pol auf der reellen Achse in den Ursprung wandern.

5) Mit einer Störung am Eingang der Regelstrecke setzt sich das Eingangssignal wie folgt zusammen: $y_S = z - r_1 x - r_2 x_H$. Stationär ist $x_H(t \to \infty) = \dot{x}(t \to \infty) = 0$. Wegen des I-Anteils der Strecke muß $y_S(t \to \infty) = 0$ werden, so daß $\Delta x(t \to \infty) = 1/r_1$. Während der Regelkreis mit P-Regler (Auslegung nach Punkt 1) ein gutes dynamisches Verhalten hat, ist die bleibende Abweichung bei konstanter Störung sehr groß, $1/r_{1m} = 10$. Der Kreis mit PD-Regler (Einstellung nach Punkt 4) ist etwas schneller, wenn auch schlechter gedämpft, die bleibende Abweichung ist jedoch wesentlich geringer: $\Delta x(t \to \infty) = 1$. Mit größeren Werten für r_1 ließe sich diese Abweichung noch mehr herabdrücken. Doch das dynamische Verhalten des Kreises würde sich wesentlich verschlechtern. Denn der WOK-Ast für $r_1 > 1$ liegt in Bild A4.3 oberhalb des für $r_1 = 1$ skizzierten.

Aufgabe 5

1) Für den inneren Regelkreis, Bild A3.3, ist die Reglerübertragungsfunktion

$$F_{R2}(s) = K_{R2}\left(1 + \frac{1}{T_{n2}s}\right)$$

Eine Zeitkonstante von $F_{S2}(s)$ wird kompensiert durch $T_{n2} = T$. Dann ergibt sich als Übertragungsfunktion für den inneren Kreis $(z_2 = 0)$:

$$\frac{X_2(s)}{Y_1(s)} = \frac{1}{1 + Ts/K_{20} + (Ts)^2/K_{20}} \qquad \text{mit} \qquad K_{20} = K_{R2}\,K_2$$

Er wird aperiodisch gedämpft (d = 1), wenn $K_{20} = 0{,}25$ bzw. $K_{R2} =$ $= 0{,}5$ ist. Dann vereinfacht sich die Übertragungsfunktion zu

$$\frac{X_2(s)}{Y_1(s)} = \frac{1}{(1 + 2Ts)^2}$$

2) Die Reglerübertragungsfunktion für den ganzen Regelkreis ist

$$F_{R1}(s) = K_{R1}\left(1 + \frac{1}{T_{n1}s} + T_{v1}s\right)/(1 + T_1 s)$$

$$= \frac{K_{R1}}{T_{n1}s(1 + T_1 s)}\,(1 + T_{n1}s + T_{v1}\,T_{n1}\,s^2)$$

Die Übertragungsfunktion der Ersatzregelstrecke ist

$$\frac{X_1(s)}{Y_1(s)} = \frac{K_1}{(1 + 2Ts)^2(1 + aTs)^2}$$

Die zwei größten Zeitkonstanten sind 2T, so daß $T_{n1} = 4T$, $T_{v1} = T$ und $T_1 = 0{,}2T$ gesetzt werden müssen. Dieses Ergebnis erhält man durch Produktzerlegung des Zählers von $F_{R1}(s)$, vergl. Aufgabe 2. Dann ist die Kreisübertragungsfunktion

$$F_{10}(s) = \frac{K_{10}}{4Ts(1 + aTs)^2(1 + bTs)} \;;\quad K_{10} = K_{R1}K_1 \;; \qquad b = 0{,}2$$

Zur Festlegung des Amplitudenrandes muß die kritische Kreisfrequenz ω_K berechnet werden, für die $\underline{F}_{10}(j\omega)$ eine Phasenverschiebung von -180° hat bzw. der Nenner reell wird. Dann muß $\underline{F}_{10}(j\omega_K)$ den Kehrwert des Amplitudenrandes annehmen.

$$\underline{F}_{10}(j\omega) = \frac{K_{10}}{4j\omega T[1 + (2a+b)j\omega T - (a^2+2ab)(\omega T)^2 - a^2bj(\omega T)^3]}$$

Der Nenner ist reell für

$$(\omega_K T)^2 = \frac{1}{a^2 + 2ab} = \frac{1}{0,45} \quad \text{bzw.} \quad \omega_K T = 1,49$$

Aus $\underline{F}_{10}(j\omega_K) = 1/2,5$ errechnet man $K_{R1} = K_{10} = 3,87$.

3) Im stationären Zustand müssen wegen der I-Anteile die Reglereingänge e_1 und e_2 verschwinden, vergl. Bild A3.3. Da $w_1 = 0$ ist, muß auch $x_1 = 0$ sein. Deshalb ist $v_1 = x_2 = -1$, das bedingt $v_2 = -2$ und $y_2 = -4$ sowie $y_1 = x_2 = -1$.

Aufgabe 6

Das nichtlineare Übertragungsglied ist durch seine Kennlinie $y = f(x)$ gegeben. Das lineare Übertragungsglied enthält die Dynamik, als Übertragungsfunktion $X(s)/Y(s) = F(s) = 1/(1+s^2)$ oder zur Aufstellung der Schwingungsbedingung als negativer, reziproker Frequenzgang $-1/\underline{F}(j\omega) = \omega^2-1$.

Für die Darstellung mit Zustandsgrößen erhält man

$$\dot{x}_1 = x_2$$

$$\dot{x}_2 = -x_1 - f(x_1)$$

und integriert als Trajektorien

$$x_2^2 = X_o^2 - x_1^2 - 2\int_{X_o}^{x_1} f(x)\,dx \tag{A4.3}$$

Aus $\dot{x}_1 = x_2$ wird der Ansatz für die Zeit, die ein Punkt auf der Trajektorie von $(X_o, 0)$ nach (x_1, x_2) benötigt, aufgestellt

$$\Delta t = \int_{X_o}^{x_1} \frac{dx}{x_2(x)} \tag{A4.4}$$

1\. a) Für $y = f(x) = -x^3/3$ kann die Beschreibungsfunktion direkt hergeleitet werden: wenn $x(t) = X_o \cos \omega t$, dann ist $x^3(t) =$

$= X_o^3\cos^3\omega t = X_o^3(3\cos\omega t + \cos 3\omega t)/4$. Da nur die Grundschwingung berücksichtigt wird, ist die Amplitude am Ausgang des nichtlinearen Übertragungsgliedes $Y = X_o^3/4$, und die zugehörige reelle Beschreibungsfunktion ist $N(X_o) = Y/X_o = -X_o^2/4$. Aus der Schwingungsbedingung $N(X_o) = -1/\underline{F}(j\omega)$ erhält man den Zusammenhang zwischen Schwingungsdauer $T_s = 2\pi/\omega$ und Amplitude X_o der Grundwelle von x

$$T_s = \frac{2\pi}{\sqrt{1 - X_o^2/4}}$$

b) Der Ansatz mit Zustandsgrößen wurde in Abschnitt 8.1.1 vorgestellt, die zugehörigen Trajektorien zeigt Bild 8.3. Hier ist $k = 1/3$. Mit dem analytischen Ausdruck für die Trajektorie lautet nach Gl. (A4.4) das Integral für die Schwingungsdauer

$$T_s = -4\int_{X_o}^{0} \frac{dx_1}{\sqrt{(x_1^4/6 - x_1^2) - (X_o^4/6 - X_o^2)}}$$

Denn die Trajektorie vom Schnittpunkt mit der x_1-Achse ($x_1 = X_o$) bis zum Schnittpunkt mit der x_2-Achse ($x_1 = 0$) stellt gerade ein Viertel der Schwingung dar. (Das Integral läßt sich in ein vollständiges elliptisches Integral erster Art umformen, das mit Hilfe von Tabellen gelöst werden kann. Für $X_o = 1$ erhält man beispielsweise für die Schwingungsdauer $T_s = 7{,}27$ sec. Die Näherung mit der Beschreibungsfunktion ergibt 7,26 sec.)

Die maximal zulässige Anfangsauslenkung ist nach Bild 8.3 durch die Separatrix begrenzt. Demnach muß $X_o < 1/\sqrt{k} = \sqrt{3}$ sein, um eine Dauerschwingung anzuregen. Dagegen würde die Näherung aus der Beschreibungsfunktion $X_o < 2$ zulassen.

2a) Für den idealen Zweipunktregler ist die Beschreibungsfunktion in Abschnitt 8.2.1 gegeben. Man kann sie auch direkt herleiten: wenn der Kreis eine Dauerschwingung ausführt, steht am Ausgang des Schalters eine symmetrische Rechteckschwingung der Höhe 1; die Fourierzerlegung liefert für die Amplitude der Grundwelle $Y = 4/\pi$ (siehe mathematische Formelsammlung). Die Beschreibungsfunktion ist dann $N(X_o) = 4/(\pi X_o)$, und die Schwingungsbedingung liefert für die Schwingungsdauer

$$T_S = \frac{2\pi}{\sqrt{1 + \frac{4}{\pi X_o}}}$$

b) In der Zustandsgrößen-Darstellung kann das Integral Gl. (A4.3) gelöst werden, da f(x) = sgn x stückweise konstant ist. Durch Umformung erhält man für die Trajektorie

$$(x_1 + \text{sgn}\, x_1)^2 + x_2^{\,2} = (X_o + \text{sgn}\, x_1)^2$$

Diese Gleichung beschreibt Kreise um den Mittelpunkt $(-\text{sgn}\, x_1, 0)$. Somit ist die Trajektorie in der rechten Hälfte der Zustandsebene ein Kreisbogen um (-1,0). Die Trajektorie in der linken Halbebene liegt symmetrisch zur x_2-Achse; sie hat den Mittelpunkt (1,0), vergl. in Bild A4.4 die ausgezogene Linie. Zur Bestimmung der Schwingungsdauer läßt sich zwar das Integral nach Gl. (A4.4) lösen, durch Überlegung kann man sich jedoch die Rechnung ersparen. Die schrittweise konstante Stellgröße y regt die Eigenbewegung des linearen Übertragungsgliedes an, nämlich eine Schwingung der Kreisfrequenz ω_o = 1/sec. Der Winkel des Kreisbogens von $x_1 = X_o$, $x_2 = 0$ bis $x_1 = 0$, $x_2 = -\sqrt{(1+X_o)^2-1}$ beschreibt ein Viertel der nichtlinearen Schwingung, so daß $\alpha = \omega_o T_S/4$. Nach Bild A4.4 ist $\cos\alpha = 1/(1+X_o)$ und damit

$$T_S = 4 \text{ arc cos } \frac{1}{1 + X_o}$$

Für $X_o = 4$ liefert die Näherung T_{Sa} = 5,47 sec und die exakte Lösung T_{Sb} = 5,48 sec. Der Unterschied ist vernachlässigbar, mit größerer Anregung X_o wird er noch geringer.

Mit der Beschreibungsfunktion erhält man für die Amplitude von x_2 wegen $x_2 = \dot{x}_1$ den Wert $\hat{x}_2 = \omega_a X_o = 4{,}59$. In der Zustandsdarstellung ist der Maximalwert von x_2 gegeben durch den Schnittpunkt der Bahnkurve mit der x_2-Achse, $x_{2m} = \sqrt{(1+X_o)^2-1} = 4{,}90$. Hier ist der Unterschied noch meßbar. In Bild A4.4 ist die zur Näherungslösung gehörende Ellipse gestrichelt eingetragen. Ein Unterschied zwischen Näherung und exakter Lösung ist nur in der Nähe der x_2-Achse festzustellen.

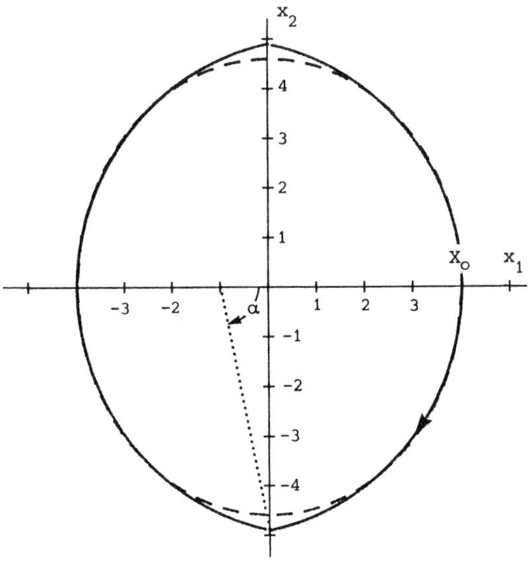

Bild A4.4: Trajektorien der Dauerschwingung eines ungedämpften Systems mit Schalter; Aufgabe 6

Aufgabe 7

1) Mit einem P-Regler, $F_R(s) = K$, ist die charakteristische Gleichung des Regelkreises

$$s^2 + s + (K-2) = 0$$

Der Kreis kann stabil werden für $K > 2$. Mit den Koeffizienten $2d\omega_o = 1$ und $\omega_o^2 = K-2$ ergibt sich aus der Forderung $d = 1/\sqrt{2}$ die Reglereinstellung $K = 2{,}5$. Zur Betrachtung der Kreisdynamik bestimmt man die Eigenwerte

$$s_{1,2} = -0{,}5 \pm \sqrt{2{,}25 - K} \qquad \text{für } K \leq 2{,}25$$

$$s_{1,2} = -0{,}5 \pm j\sqrt{K - 2{,}25} \qquad \text{für } K > 2{,}25$$

Für $K > 2{,}25$ bleibt die Abklingkonstante, das ist der negative Realteil der Eigenwerte, konstant. Die Schwingungsfrequenz nimmt mit der Reglerverstärkung zu, d.h. der Kreis schwingt schneller, aber er wird schlechter gedämpft.

2) Die Zustandsdifferentialgleichungen lauten

$$\dot{x}_1 = x_2$$

$$\dot{x}_2 = 2x_1 - x_2 + y \qquad \text{mit} \qquad y = \text{sgn}(-x_1)$$

In Tabelle 7.1, Zeile 5, ist die instabile Eigenbewegung für dieses System dargestellt. Der singuläre Punkt im Ursprung ist ein Sattel. Bei konstanter Stellgröße verschieben sich der singuläre Punkt und mit ihm auch die Trajektorien: für $x_1 > 0$ bzw. $y = -1$ liegt der singuläre Punkt in (+ 1/2, 0); für $x_1 < 0$ bzw. $y = +1$ liegt er in (- 1/2, 0). Die Schaltgerade, die x_2-Achse, trennt beide Systeme, vergl. Bild A4.5. Zu den beiden Eigenwerten des Systems (y = 0), $s_1 = +1$, $s_2 = -2$, gehören je ein "instabiler" und ein "stabiler" Eigenvektor (gestrichelte Geraden in Bild A4.5):

$$\underline{p}_1 = \begin{bmatrix} 1 \\ 1 \end{bmatrix} \qquad \underline{p}_2 = \begin{bmatrix} 1 \\ -2 \end{bmatrix}$$

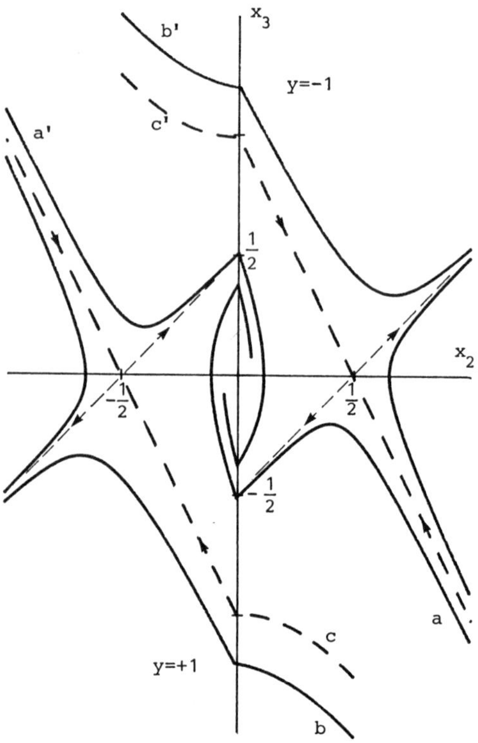

Bild A4.5: Trajektorien der instabilen Regelstrecke mit Schalter, $y = -\text{sgn}(x_1)$; Aufgabe 7

Die Pfeile geben die Laufrichtung eines Punktes auf diesen Vektoren an. Ein Anfangspunkt auf Trajektorie a läuft zunächst in Richtung des singulären Punktes für $y = -1$. Er biegt dann ab und würde in Richtung des instabilen Eigenvektors beliebig weit wegwandern. Durch die Vorzeichenumkehr von x_1 wird auf das andere System für $y = +1$ umgeschaltet; der Punkt wird eingefangen und läuft nach vielen Umschaltungen in den Ursprung. Ein Anfangspunkt auf Trajektorie b kann nicht eingefangen werden, da er nach Umschaltung auf einer instabilen Trajektorie läuft. (Die Trajektorien a' und b' liegen symmetrisch und verhalten sich entsprechend.) Die gestrichelten Trajektorien c und c' treffen die Schaltgerade in den Schnittpunkten mit den stabilen Eigenvektoren. Sie begrenzen zusammen mit den stabilen Eigenvektoren den sog. Einzugsbereich ab. Alle Punkte, die in diesem Bereich liegen, können durch die Zweipunktregelung in den Ursprung gebracht werden.

3) Mit der zusätzlichen Rückführung von x_2, so daß $y = \mathrm{sgn}(-x_1 - k_2x_2)$ mit $k_2 > 0$, neigt sich die Schaltgerade, sie hat die Steigung $-1/k_2$. Bild A4.6 zeigt ein Beispiel mit $k_2 = 1/4$. Die Schnittpunkte der Schaltgeraden (gepunktet) mit den stabilen Eigenvektoren verschieben sich nach unten bzw. oben $(\pm 1/2, \mp 2)$. Der Einzugsbereich ist daher größer als der in Bild A4.5. Er ist am größten, wenn die Schaltgerade parallel zu den stabilen Eigenvektoren verläuft, d.h. für $k_2 = 1/2$. Dann werden alle Punkte, die zwischen diesen beiden Vektoren liegen, in den Ursprung gesteuert. Ein Punkt auf dem ausgezogenen Stück der Schaltgeraden "rutscht" auf ihr bei ständigem Hin- und Herschalten in den Ursprung. Die Endpunkte dieses Stücks sind dadurch gekennzeichnet, daß Schaltgerade und auslaufende Trajektorie gleiche Steigung haben. Es dauert sehr lange, bis der Ursprung erreicht ist. (Die beste Lösung wäre, ein nichtlineares Schaltgesetz zu wählen und zwar so, daß die Trajektorien, die in den Ursprung laufen (Kurve s und s'), getroffen werden. Dann werden alle Punkte im Streifen zwischen den stabilen Eigenvektoren mit einer Umschaltung in den Ursprung gesteuert. Es handelt sich dabei um eine zeitoptimale Regelung.)

Bild A4.7 zeigt den Fall $k_2 = 2$. Der Einzugsbereich wird nun von der anderen Seite begrenzt: durch die gestrichelten Trajektorien c und c', die in den Schnittpunkt von Schaltgerade (gepunktet) und stabilem Eigenvektor einlaufen.

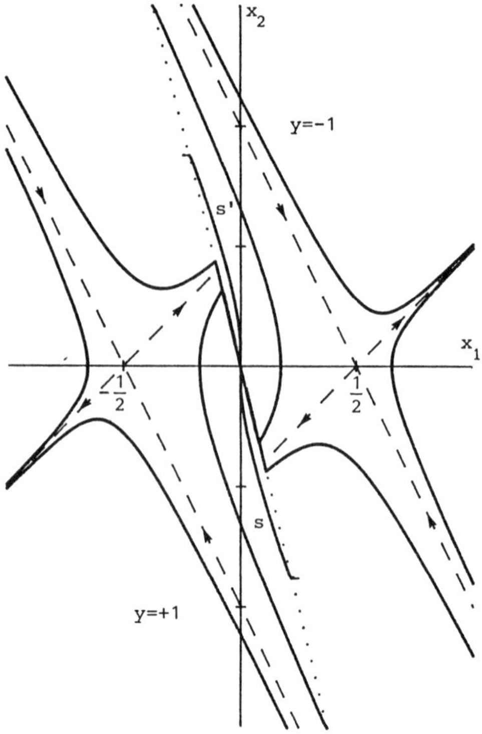

Bild A4.6: Trajektorien der instabilen Regelstrecke mit Schalter, $y = -\operatorname{sgn}(x_1 + x_2/4)$; Aufgabe 7

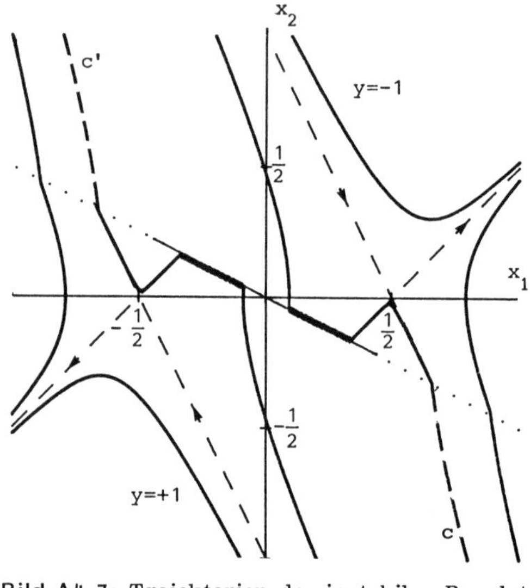

Bild A4.7: Trajektorien der instabilen Regelstrecke mit Schalter, $y = -\operatorname{sgn}(x_1 + 2x_2)$; Aufgabe 7

Anhang 5: Wichtige Übertragungsglieder

Auf den folgenden Seiten sind die Tafeln aus Kapitel 3 zusammengefaßt, um das Nachschlagen zu erleichtern.

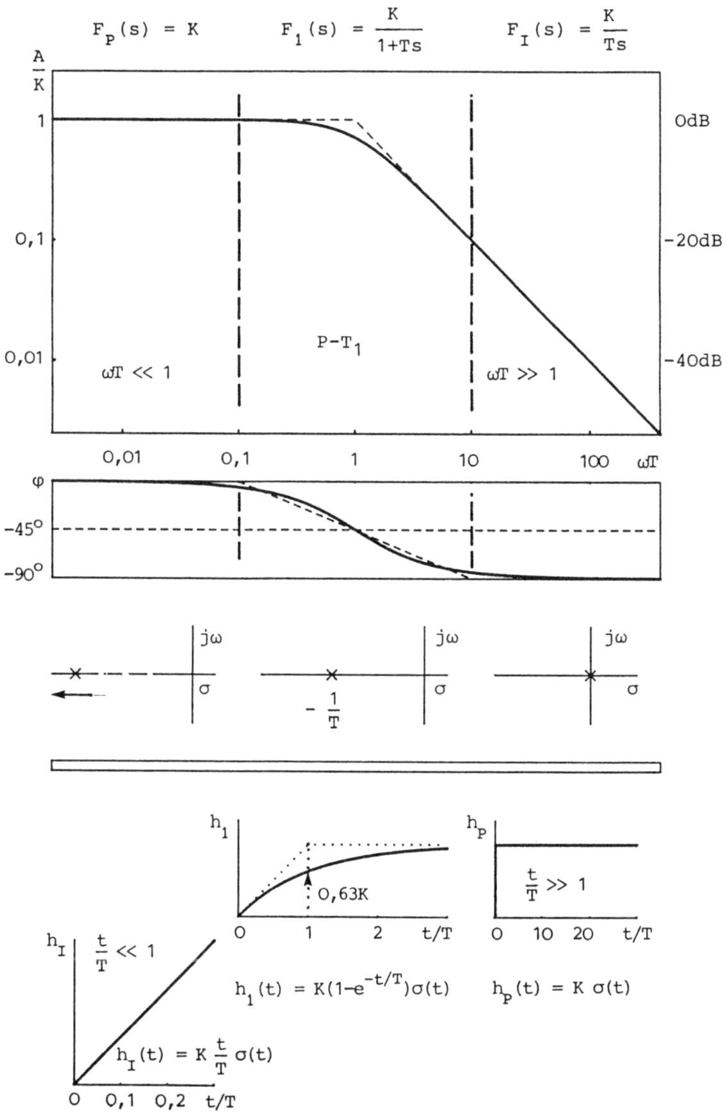

Tafel 3.1.1: Elementare Übertragungsglieder

$$F_{D1}(s) = \frac{K_D s}{1+Ts} \qquad F_{PI}(s) = K(1 + \frac{1}{T_n s})$$

$$h_{D1}(t) = \frac{K_D}{T} e^{-t/T} \sigma(t) \qquad h_{PI}(t) = K(1 + \frac{t}{T_n}) \sigma(t)$$

Tafel 3.1.2:   D-T_1-Glied   PI-Glied

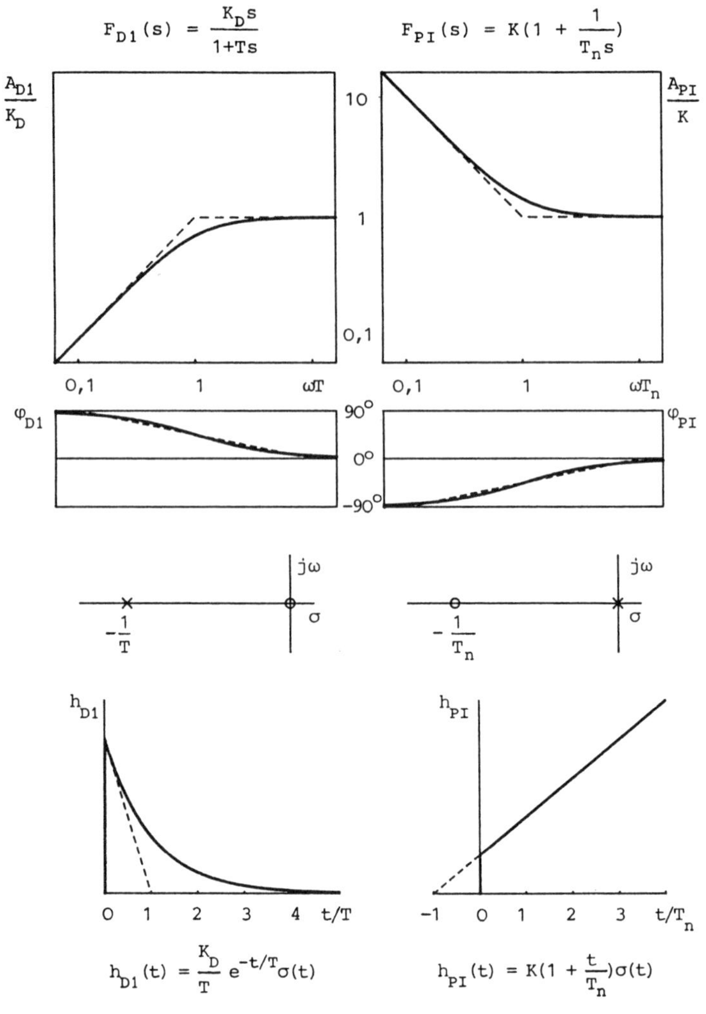

$$F(s) = K\,\frac{1+T_v s}{1+Ts}$$

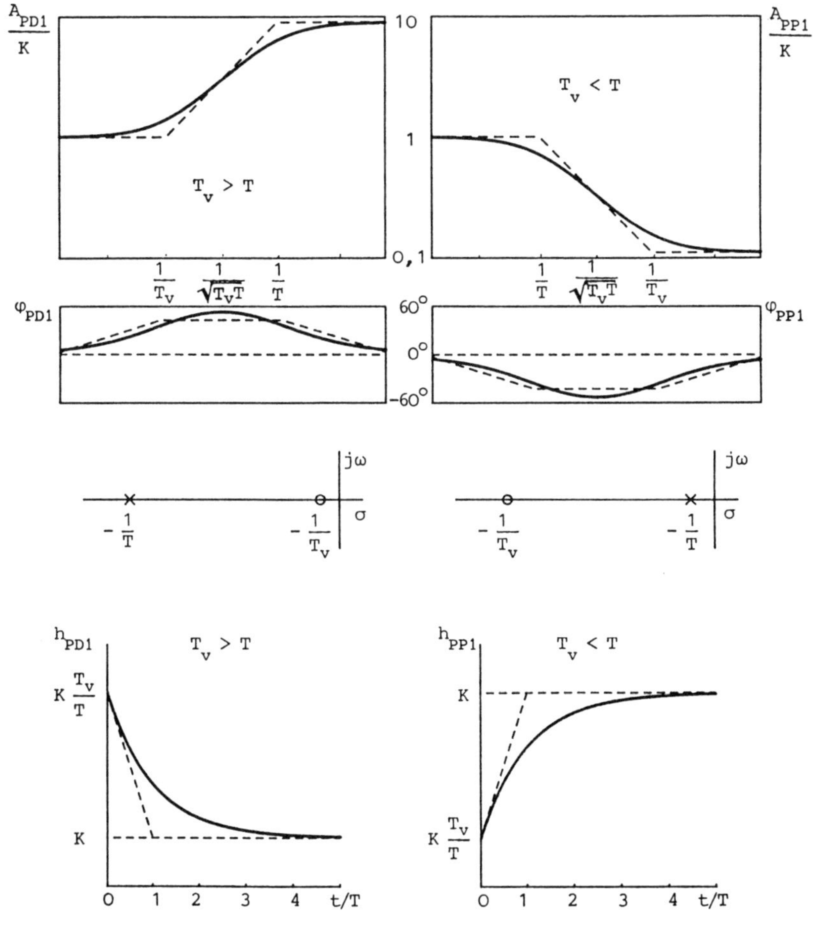

$$h(t) = K[1 + (\frac{T_v}{T} - 1)e^{-t/T}]\sigma(t)$$

Tafel 3.1.3: PD-T_1-Glied PP-T_1-Glied

$$F_2(s) = \frac{K}{1 + 2d\frac{s}{\omega_o} + \left(\frac{s}{\omega_o}\right)^2}$$

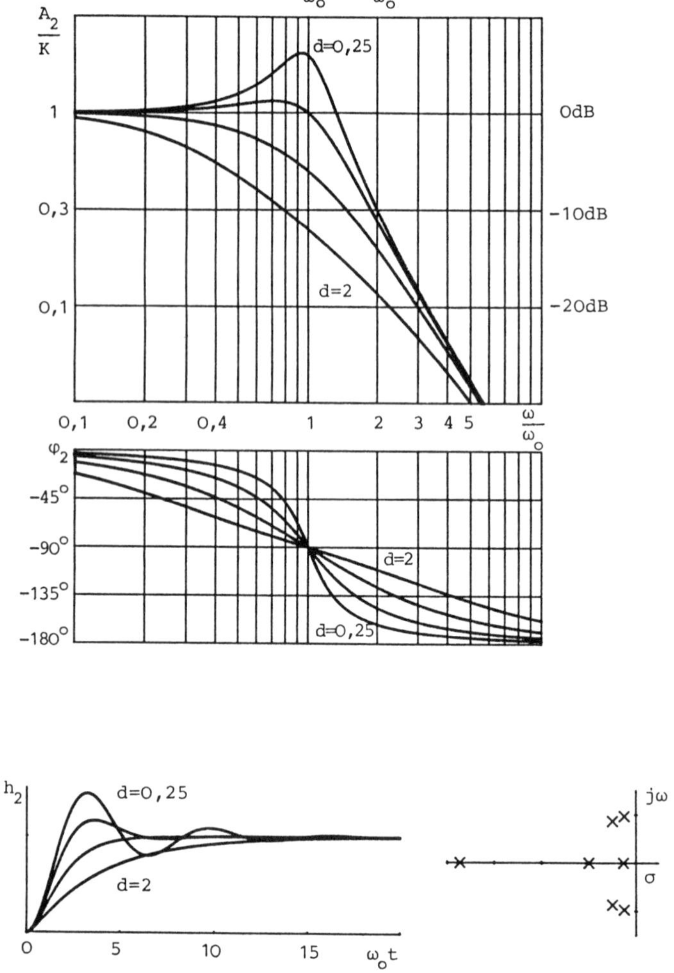

Tafel 3.2.1a: P-T_2-Glied für d = 0,25; 0,5; 1; 2

$$F_2(s) = \frac{K}{(1+T_1 s)(1+T_2 s)} \qquad F_{I1}(s) = \frac{K_I}{s(1+T_1 s)}$$

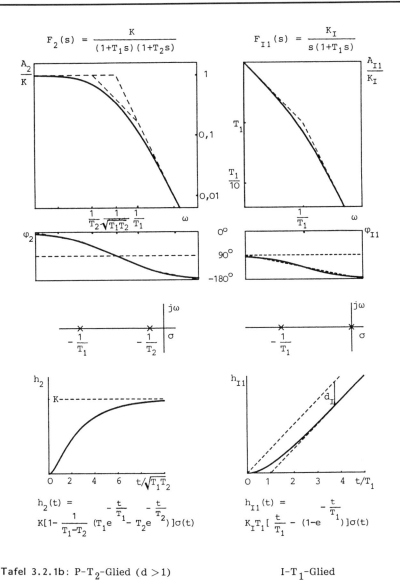

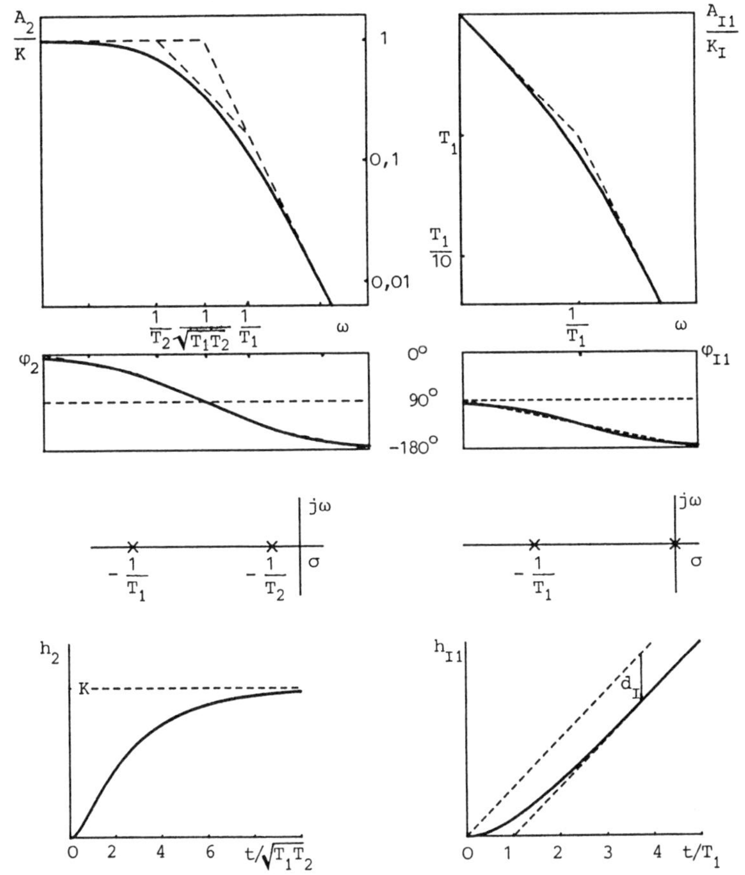

$$h_2(t) = K\left[1 - \frac{1}{T_1 - T_2}\left(T_1 e^{-\frac{t}{T_1}} - T_2 e^{-\frac{t}{T_2}}\right)\right]\sigma(t)$$

$$h_{I1}(t) = K_I T_1\left[\frac{t}{T_1} - \left(1 - e^{-\frac{t}{T_1}}\right)\right]\sigma(t)$$

Tafel 3.2.1b: P-T_2-Glied ($d > 1$) I-T_1-Glied

$$F(s) = K \frac{1+T_n s}{T_n s(1+Ts)}$$

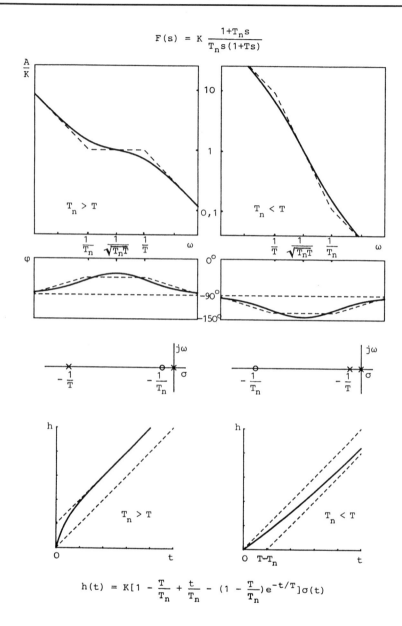

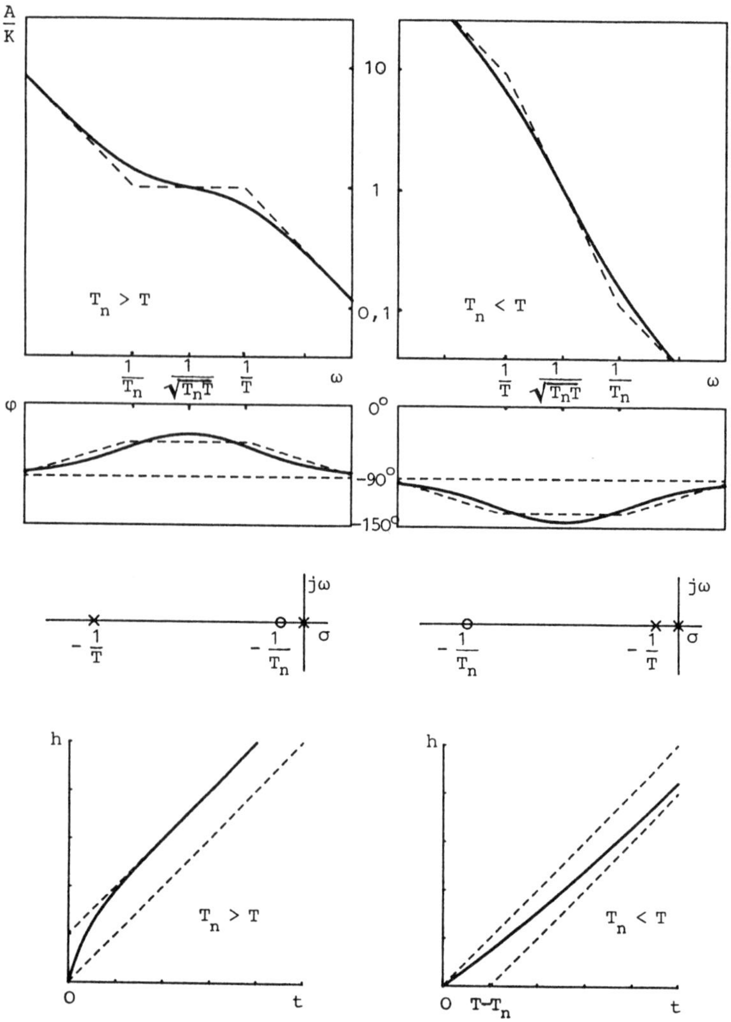

$$h(t) = K[1 - \frac{T}{T_n} + \frac{t}{T_n} - (1 - \frac{T}{T_n})e^{-t/T}]\sigma(t)$$

Tafel 3.2.2: PI-T_1-Glied

$$F(s) = K[1 + \frac{1}{T_n s} + T_v s]\,\frac{1}{1+Ts}$$

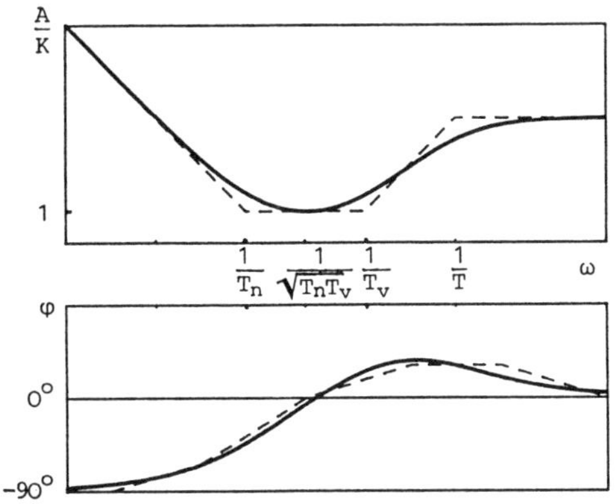

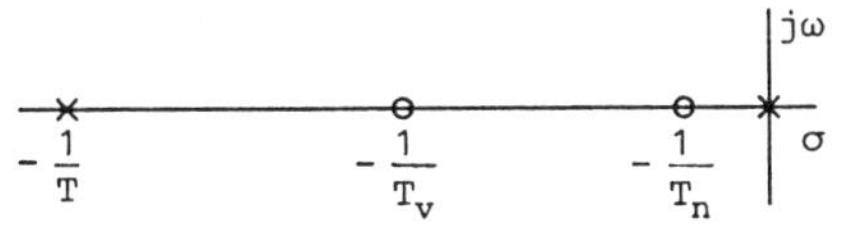

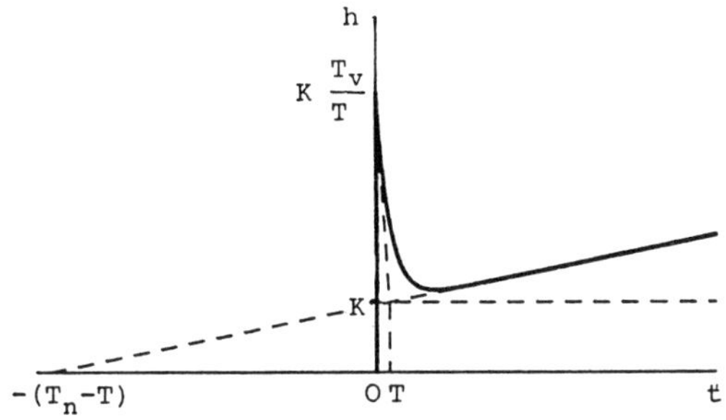

$$h(t) = K[1 - \frac{T}{T_n} + \frac{t}{T_n} - (1 - \frac{T}{T_n} - \frac{T_v}{T})e^{-t/T}]\sigma(t)$$

Tafel 3.2.3: PID-T_1-Glied

$F_A(s) = K \frac{1-Ts}{1+Ts}$ $\qquad$ $F_t(s) = e^{-T_t s}$

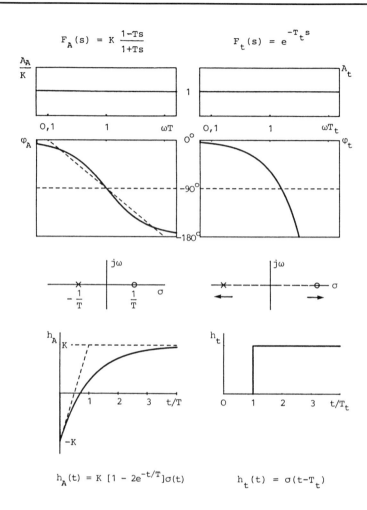

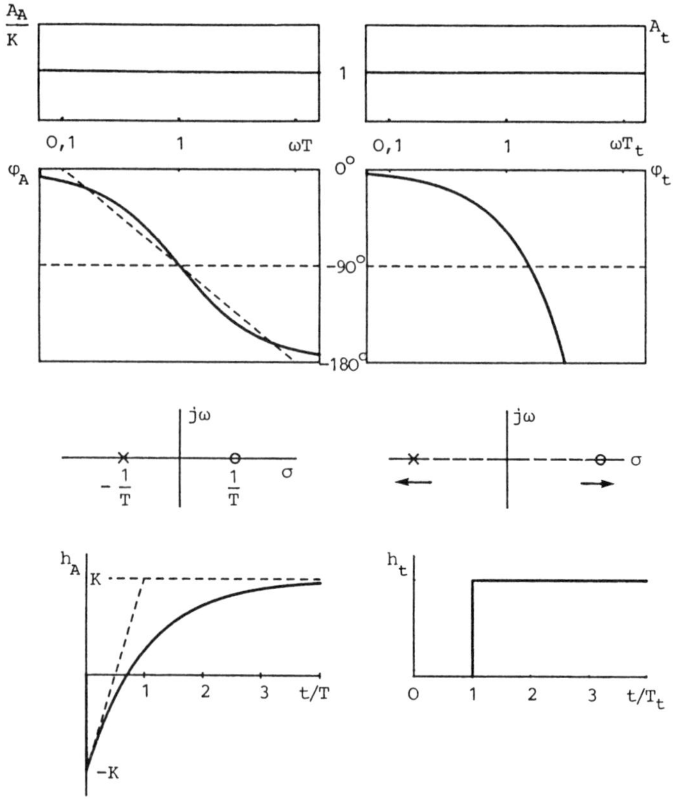

$h_A(t) = K\,[1 - 2e^{-t/T}]\sigma(t)$ $\qquad$ $h_t(t) = \sigma(t-T_t)$

Tafel 3.3.1/3: Allpaß Totzeitglied

Sachregister

G

H

I

K

L

M

N

O

P

Weiterführende Literatur

Günther Schmidt
Simulationstechnik
1980. 247 Seiten, 69 Abbildungen, 12 Tabellen

Das Buch behandelt ein zentrales Thema der modernen Regelungstechnik: Fragen der Nachbildung und der Untersuchung von dynamischen Systemen mit Rechnermodellen. Es stellt die analoge, hybride und digitale Simulationstechnik im Zusammenhang dar.

Otto Föllinger
Lineare Abtastsysteme
3. verbesserte Auflage 1986. 413 Seiten, 113 Abbildungen, 2 Tabellen

Eine gut lesbare und anwendungsnahe Darstellung der gegenwärtig wichtigsten Anwendung der Abtastsysteme, dem Einsatz von Prozeßrechnern zur Steuerung und Regelung (DDC-Technik). Das Buch bringt eine fundierte Darstellung der Begriffsbildungen und Methoden, aus der sich die praktische Handhabung ergibt. Sehr ausführlich sind das Stabilitätsproplem und der Entwurf auf endliche Einstellzeit dargestellt. Aber auch die klassischen Entwurfsverfahren mittels Wurzelortskurve und Frequenzkennlinien wurden berücksichtigt. Durch die Verwendung des Zustandsraumes wird der Anschluß an die neuere Theorie hergestellt.

Otto Föllinger
Optimierung dynamischer Systeme
Eine Einführung für Ingenieure
1985. 392 Seiten, 96 Abbildungen, 7 Tabellen, 16 Übungsaufgaben mit genauer Darstellung des Lösungsweges

Eine Einführung in die Anwendung von Optimierungsmethoden auf dynamische Systeme. Anhand von realen Systemen führt die didaktisch ausgefeilte Darstellung in Begriffe und Methoden ein. Zahlreiche Beispiele und Übungsaufgaben ergänzen und vertiefen den Stoff.

R. Oldenbourg Verlag München Wien

Weiterführende Literatur

Georg Weihrich
Optimale Regelung linearer deterministischer Prozesse
Parameter-Optimierung, Struktur-Optimierung, Zustandsbeobachter

1973. 200 Seiten, 40 Abbildungen

Aus dem Inhalt: Einführung (Zustandsmodelle) – Parameter-Optimierung – Mathematische Verfahren zur Struktur-Optimierung (Variationsrechnung, Maximumprinzip) – Optimale Regelung linearer Prozesse mit quadratischen Gütekriterien – Lineare optimale Regelungssysteme mit deterministischen Führungs- und Störsignalen – Zustands-Beobachter.

Eberhard Hofer / Reinhart Lunderstädt
Numerische Methoden der Optimierung
1975. 231 Seiten, 43 Abbildungen, 12 Tabellen

Leitmotiv war es, nicht ausschließlich rein regelungstechnische Probleme zu behandeln, sondern den grundsätzlichen Zugang zu den numerischen Optimierungsverfahren aufzuzeigen, jedoch vor allem deren Anwendung in den Vordergrund zu stellen. Daher ist den Beispielen ein besonders breiter Raum gewidmet.

Eckhard Freund
Regelungssysteme im Zustandsraum
I: Struktur und Analyse
1987. 274 Seiten, 33 Abbildungen, 30 Beispiele, 12 Übungsaufgaben mit ausführlichen Lösungen

II: Synthese
1987. 223 Seiten, 16 Abbildungen, 10 Beispiele, 7 Übungsaufgaben mit ausführlichen Lösungen

Diese beiden Bände vermitteln eine systematische, in sich geschlossene Behandlung des umfangreichen Gebietes. Die Darstellung konzentriert sich hierbei auf grundsätzliche Überlegungen und Methoden, die zugleich auch einen Einblick in die strukturellen und regelungstechnischen Zusammenhänge ermöglichen. Trotz der erforderlichen mathematischen Präzision wurde auf eine anschauliche Darstellung geachtet.

R. Oldenbourg Verlag München Wien